U0266517

复杂结构井试井分析
理论与方法

程时清　著

科学出版社

北　京

内 容 简 介

本书阐述了试井分析的试井地质论、试井模型论和试井方法论,论述复杂油藏条件下常规水平井、多段压裂水平井、多分支井的试井模型、求解方法、典型曲线特征、典型曲线拟合方法及实际应用,同时介绍了水平井不均匀产油的试井分析方法,体现了最近 20 年来复杂结构井试井技术的最新成就。

本书可供从事试井技术研究工作者与油藏工程师阅读,也可作为高等院校石油天然气工程专业的博士或硕士研究生的试井课程教材,还可供从事油气田勘探开发工程技术人员和管理人员参考。

图书在版编目(CIP)数据

复杂结构井试井分析理论与方法/程时清著. —北京:科学出版社,2018.1

ISBN 978-7-03-055299-0

Ⅰ.①复… Ⅱ.①程… Ⅲ.①试井 Ⅳ.①TE353

中国版本图书馆CIP数据核字(2017)第279012号

责任编辑:万群霞　冯晓利　刘翠娜/责任校对:桂伟利
责任印制:张　伟/封面设计:耕者设计工作室

科学出版社 出版
北京东黄城根北街 16 号
邮政编码:100717
http://www.sciencep.com
北京教园印刷有限公司 印刷
科学出版社发行　各地新华书店经销

*

2018 年 1 月第　一　版　开本:720×1000　1/16
2018 年 6 月第二次印刷　印张:21 1/4
字数:440 000
定价:138.00 元
(如有印装质量问题,我社负责调换)

序

　　复杂结构井是目前提高单井产量的主要井型，广泛应用于各类复杂油气藏及致密油气藏、页岩油气藏和煤层气等非常规油气藏的开发。近年来，随着油气开采过程中钻井技术的发展，复杂结构井渗流及试井理论发展很快，出现了各种复杂井型的试井分析新模型和新方法，并已广泛应用于这些油气藏，为复杂结构井井眼轨迹优化、储层物性测试、开发动态描述及开发方案优化等提供重要技术支持。

　　程时清教授多年来从事试井教学及科研工作，《复杂结构井试井分析理论与方法》一书是他在这一领域的新贡献。该书系统阐述了复杂结构井试井的分析理论、解释方法及实际应用；较全面地介绍了试井分析的地质论、模型论及方法论；重点论述了各种水平井试井分析模型、求解方法、典型曲线特征及流动阶段诊断；既阐述了各种复杂试井理论模型及分析方法，也介绍了一些油气井试井应用实例，体现了最近 20 年来复杂结构井试井技术的进展。

　　该书内容主要是程时清教授及其团队多年科研成果的凝练，并吸收了国内外相关领域科技成果的精髓与矿场实践经验，是一部在复杂结构井试井理论、分析方法及实际应用方面内容丰富且系统性强的专著。该书内容创新性强，如在关于水平井筒段不规则产油气的理论与方法方面，程时清教授针对复杂油气(藏)地质特征及完井条件，提出了水平井不规则产油(气)的概念，建立了常规水平井、多级压裂水平井、多分支水平井的不规则产油(气)试井分析新模型和新方法，为复杂结构井水平井筒段产油(气)位置的初步诊断及参数解释提供新的监测手段。

　　相信该书对从事油气试井、渗流力学、油气藏工程、油气田开发的科研及教学和工程技术人员及研究生和本科生具有重要的参考价值和指导意义。

中国科学院院士

2017 年 2 月

前　　言

自 1928 年世界上第一口真正意义上应用于石油工业的水平井问世以来，水平井技术发展迅猛，随着随钻测井、随钻测量和地质导向技术的发展，出现了鱼骨井、阶梯井、多分支井、双水平井、多底井、螺旋井等复杂井型。笔者在试井领域辛勤耕耘 30 余年，亲身感受到从最初的普通直井到压裂直井，从水平井发展到多分支井、多段压裂水平井的发展变化，试井理论和分析方法不断适应这些新井型，试井技术应用更加广泛。尤其是最近 10 年，在承担高德利院士主持的国家油(气)重大专项"复杂油(气)田地质与提高采收率技术"项目的研究过程中，在非均质油藏复杂结构井试井理论及应用方面取得了一些重要进展，萌生了撰写这方面专著的初衷。

本书系统阐述了复杂结构井试井的分析理论、解释方法及实际应用。全书共 7 章，第 1 章介绍试井的目的及作用、复杂结构井试井发展历史；第 2 章阐述试井理论和方法的核心：试井地质论、试井模型论、试井方法论；第 3 章论述均质油藏水平井试井模型及求解方法、水平井试井储层损害的评价方法、水平井筒不规则产油试井模型及分析方法；第 4 章介绍多重介质、多层介质、各向异性介质及复合模型的水平井试井理论和实际应用；第 5 章论述多段压裂水平井试井模型、多段压裂水平井不规则产油试井模型及分析方法；第 6 章论述多分支井等复杂井型的试井分析理论；第 7 章介绍煤层气井和页岩气井试井分析方法。

本书充分考虑复杂结构井适应的油藏类型，重点论述水平井试井分析的各类模型、求解方法、典型曲线特征及流动阶段划分。在选材方面，每种试井模型均来源于国内外试井界知名专家在重要刊物上发表的论文及论著。本书很多内容是笔者及研究团队最近 10 年的研究成果，包括公开发表的论文、获得的发明专利及重要科研项目的成果报告。全书力求理论联系实际，体现试井分析领域的前瞻性，突出最近 20 年来复杂结构井试井技术的成就。

本书得到了中国石油大学(北京)学术出版基金的资助，同时也与中国石油天然气集团公司、中国石油化工集团公司和中国海洋石油总公司 30 年来的科研资助密不可分。在本书撰写过程中，笔者的诸多博士、硕士研究生付出了辛勤劳动：黄瑶参加了全书的策划及第 3 章、第 6 章的编写，何佑伟参加了第 3 章、第 5 章的编写，符浩参加了第 4 章、第 5 章的编写，张耀峰参加了第 7 章的编写，罗乐参加了第 2 章第 4 节的编写，张满、罗国参加了全书图幅的绘制，方冉、李鼎一等也参加了部分内容的编写。已毕业研究生张利军、刘斌、李双等重新整理了公开发表的论文,并编入本书。在此一并表示衷心感谢。

希望本书有助于广大试井工作者深入了解复杂结构井的试井分析原理及实际资料解释方法,促使试井理论及应用技术适应复杂油气藏勘探开发的挑战。但由于作者水平及学识有限,书中难免存在不足和错误,敬请广大读者批评指正。

程时清

2017 年 8 月于北京昌平

目　　录

第 1 章　概　　论

本章首先介绍试井的目的、试井的作用及试井分析步骤，然后介绍复杂结构井的特点，总结直井及复杂结构井试井理论及分析方法的发展历史。

1.1　试 井 概 述

1.1.1　试井的概念

试井(well testing)，顾名思义，就是对井(油井、气井或水井)进行测试。它是指在不同工作制度下获取井底压力和温度等信号的过程。测试的内容包括测量井的产量、压力、温度变化及取样(包括油样、气样和水样)等。从压力录取和分析方法两个方面看，试井是一种以渗流力学为基础，以各种测试仪表为手段，通过对油井、气井或水井生产动态的测试来研究和确定油、气、水层和测试井的生产能力、物性参数、生产动态规律，判断测试井附近的边界情况，以及油、气、水层之间连通关系的方法。

试井是油藏工程的一个重要分支。试井能定量或定性地获取储层和井的有关参数(如流动系数、有效渗透率、表皮系数和井筒储集系数、测试范围地层压力等)。虽然试井是间接测量法，不如取流体样品或取岩心能直接确定有关参数，但试井可以描述油(气)藏的动态特性。

在试井过程中，一般地面流量装置计量测试井的产量，井下压力计录取井底压力。开井之前，原始地层压力在储层中为常数，且各处相等。在流动阶段，压力降由式(1.1)定义：

$$\Delta p = p_i - p_{wf}(t) \tag{1.1}$$

式中，Δp 为压力降，MPa；p_i 为原始地层压力，MPa；p_{wf} 为流动压力，MPa。关井时，压力恢复变化可根据关井前的流动压力估算：

$$\Delta p = p_{ws}(\Delta t) - p_{ws}(\Delta t = 0) \tag{1.2}$$

式中，p_{ws} 为关井恢复压力，MPa。通过压力响应与开井或关井后的时间关系(图 1.1)进行地层参数计算。

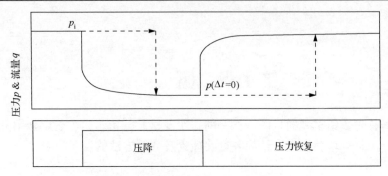

图 1.1　压降及压力恢复试井示意图

油(气)井试井是一项复杂的系统工程,完整的试井程序涉及以下几个方面。

(1)针对油(气)藏和油(气)井的复杂性,进行严密的测试设计。

(2)应用高精度的仪器设备进行现场测试,如压力计精度达 0.02%FS(满量程),分辨率为 0.00007MPa,在井下高温高压条件下连续记录、存储数十万个压力数据点。

(3)测试过程中要求产油(气)井配合测试进程多次开关井,准确计量产油(气)量,并处理好产出的原油和气体。

(4)采用试井解释模型及软件解释测试数据。

(5)结合地质、物探、测井、油藏及钻采工艺措施,进行油(气)藏动、静态精细描述。

因此,试井全过程包括 4 个方面,即试井设计、现场施工(资料录取过程)、试井解释、试井油藏描述(也称油藏评价)。

在许多文献、书籍、技术报告、软件操作指南中经常见到"试井分析"和"试井解释"这两个名词。试井分析的英文表述是 transient pressure analysis,而试井解释的英文名称是 well test interpretation。著名试井专家 Spiver 和 Lee 在其 2016 版专著《实用试井解释方法》中指出,试井分析是指试井模型求解方法,而试井解释则是通过检查、分析由产量变化引起的压力响应特征,进而获取有关油(气)藏信息的过程,试井解释得到的信息既有定量的参数,也有定性的认识。也就是说,试井分析其实是试井模型及分析方法的理论研究,而试井解释就是试井理论应用于实际测试资料解释,得到地层参数。在实际应用过程中,试井解释的首要任务是明确油(气)藏物理特性,其次才是给出描述这种特性参数的大小。

笔者认为,试井分析应该是建立各类复杂油藏的试井物理模型和数学模型,研究求解方法,并提供不稳定压力分析方法和油气井产能分析方法。而试井解释就是对录取的实际试井资料,基于试井理论,提出基于压力资料计算测试井及地层参数的方法,提供解释结果。实际试井工作中还包括试井设计。试井油藏描述是试井分析、试井解释的升级版，结合油藏静态和动态资料，进一步精细描述油藏特征，为油(气)藏勘探开发提供富有成效的建议。

1.1.2　试井的作用

一口井钻完后或中途钻进过程中，必须进行测井，测井能够判别哪些层段是油(气)层，哪些是可能油(气)层，哪些是油(气)同层，哪些是含水油层，哪些是含油水层，哪些是水层，哪些是干层等。但这些测井解释所判断的油(气)层是否确实产油(气)？如果确实产油(气)，能产多少？要回答这类问题，只能依靠试井，所以探井试井是发现油(气)的临门一脚。

一个油(气)田投入开发前，需要编制技术可行、经济效益好的开发方案，开发方案要求预测正确的开发指标，这就需要建立油(气)藏模型；建立的油藏模型必须尽可能符合油(气)藏的动态特征。建立油(气)藏模型，需要地质、地球物理、测井、试井和其他一切可能得到的资料。事实上，试井是油(气)田勘探开发过程中认识地层和油(气)井特性、确定油(气)层参数不可缺少的重要手段。在油(气)藏勘探开发过程中取得各种资料，如岩心分析、电测解释和试井等资料，但岩心和测井资料都是在油(气)藏的静态条件下测取的，只能反映井眼或其附近油(气)藏中的"单个点"的地层特性，只有试井资料才是在油(气)藏的动态条件下测得的，反映测试井及其探测范围内的平均动态地层特性。各种不同研究结果所能反映或辨别的地层特性的范围有很大差异，图1.2汇总了这些方法的探测距离。

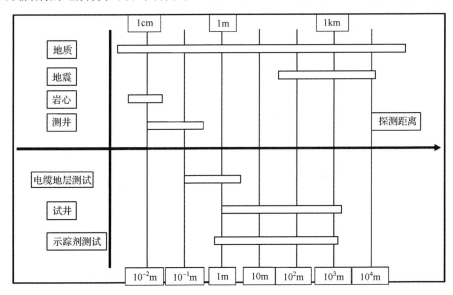

图 1.2　各种不同研究方法所能达到的范围

　　试井解释所提供的储层参数(如储层有效渗透率)为建立油(气)藏模型提供了非常重要的资料。试井解释所得到的有效渗透率是测试影响范围内有效渗透率的平均值,试井压力响应的油藏尺度比单个小岩心及测井井眼要大很多。

　　在油(气)田勘探开发中,油藏渗透率有多种表征方式,如岩心测试的气测渗透率、测井解释渗透率、试井解释渗透率。气测渗透率是空气通过常压岩心流动条件下测取的渗透率,是储层的绝对渗透率,反映油(气)藏渗透能力的高低。测井渗透率是建立在四性关系模型基础上,通过测井解释孔隙度推算的渗透率。由于每口井都有测井渗透率,在地质建模中,主要采用测井渗透率,对于有取心的井,采用岩心渗透率。事实上,不可能保证每口井都取心,三维地质建模和油藏数值模拟都不得不采用测井渗透率。与地质和测井资料不同,试井是在动态条件下获得的储层和井的参数,因而只有试井渗透率是根据地下真实油(气)流动条件测得的压力计算得到的。由于测试的储层体积相对较大,所以估计的参数是大尺度储层的平均值。试井渗透率能够较好地表征油(气)藏动态特征,试井渗透率比气测渗透率和测井渗透率更可靠,是计算油(气)井产量的重要参数。

　　不同类型的油(气)井的试井目的如下。

　　(1)探井。试井用来证实勘探假设和实现最初的产能预测,确定流体性质和产量、原始地层压力及井和储层的参数。试井方法可能仅限于中途试井及完井测试(drill stem testing,DST)。

　　(2)评价井。评价井试井是一种生产试井,通过评价井试井可以修正先前的井和储层描述,进一步验证井的产能、储层非均质性、边界和驱动效率等。井底流体取样可用于 PVT 分析。评价井试井需要较长测试时间。

　　(3)开发井。对生产井进行周期试井,以细化储层描述并确定井是否需要采取措施,如修井、补孔或重新完井,使井的生命周期延长。确定井间连通性(干扰试井)及平均地层压力的连续监测也是开发试井的目的之一。

　　根据压力数据解释可以得到储层和井的信息。

1. 储层方面

　　储层方面得到的信息有:①渗透率(水平渗透率和垂向渗透率);②储层非均质性(天然裂缝、多层、储层性质横向变化);③边界(距离和形状);④压力(原始地层压力和平均地层压力)。

2. 井描述方面

　　井描述方面得到的信息有:①生产能力(采油指数和表皮系数);②井的几何参数;③井间连通性。

1.1.3　试井分析方法及其特点

试井始于 20 世纪 30 年代，到了 20 世纪 70 年代试井技术日新月异。随着渗流力学理论研究的深入及试井软件技术的不断革新，试井分析在油(气)藏勘探开发所起的作用不断扩大和深化。

试井分析方法分为常规试井方法、现代试井方法、数值试井方法。

早期的试井并没有对不同类型地层加以区分，或者说认为地层都是同样的"均匀介质"。20 世纪 50 年代初期出现的半对数直线法[包括 MDH 法(取自 Miller、Dyes 和 Hutchinson 三人名字的首个字母)和霍纳(Horner)法]应用于当井筒储集影响消失后，反映地层情况的径向流动阶段。此时在压力和时间(取对数)的双对数坐标系中，压力变化出现直线段。且直线的斜率与地层的渗透率之间成反比关系，通过斜率与截距计算渗透率与原始地层压力，这就是最早的常规试井分析方法原理。直到 20 世纪 70 年代，世界上普遍使用半对数直线分析方法解释实际试井资料。

常规试井分析方法原理简单，易于推广应用，但具有很大局限性，主要表现如下 3 个方面。

(1)主要处理中晚期资料，要求关井时间很长。对低渗透油田来说，完全取得中晚期资料很困难。当得不到直线段时，常规半对数分析方法无能为力。

(2)有时很难确定直线段的起始点。到底半对数曲线是否出现直线段，直线段从何时开始，当出现两条以上直线段的情形，到底哪一条才是真正的直线段？这些问题很难处理，往往得出错误的分析结果。

(3)不能获得井底附近的详细信息。

20 世纪 70 年代以来，随着科学技术的飞速发展，特别是计算机和高精度测试仪器仪表的出现，在常规试井分析方法的基础上，试井分析理论发生了质的变化，相继诞生了许多试井解释典型曲线图版。1970 年，Ramey(1970)提出了试井分析的图版拟合方法，即双对数分析方法，这是试井分析的一次革命性飞跃，也是现代试井分析方法的奠基石。1979 年，Gringarten 等(1979)对 Ramey 方法进行改进，绘制了符合实际且更方便实用的 Gringarten 图版，提出在计算机辅助下的压降图版拟合分析方法。图版分析方法的出现使试井分析结果的精度大大提高。20 世纪 80 年代初，Bourdet 和 Gringarten(1980)发明了压力导数图版。地层中的每一种流动形态都与导数图版上的特征图形相对应，而每一种流动的产生又都由具体地层的地质条件所决定，从而在地质特征与图形特征之间建立起有机的联系。到目前为止，双对数坐标中压力和压力导数复合图版法，结合半对数分析方法，组成了现代试井分析的核心，压力及导数图版拟合分析也是现代试井解释软件所采用的主流分析方法。目前完整的现代试井解释方法已经建立起来，并在日臻改进和发展，实际应用非常方便。

概括起来，现代试井分析方法具有以下几个特点。

(1)运用系统分析的概念和数值模拟方法，大大丰富了试井分析方法。

(2)建立了双对数分析方法用以识别测试层(井)的类型及划分流动阶段，实现了早期(井筒储集阶段、过渡阶段)资料的解释，从过去认为无用的数据中得到许多有用的信息。通过图版拟合和数值模拟(即压力史拟合)，分析全程压力资料，提高了试井分析的深度，拓展了试井分析的广度。

(3)进一步完善了常规试井解释方法，能够判断是否出现半对数直线段，并给出半对数直线段出现的大致时间，提高了半对数直线分析的可靠性。

(4)引用直角坐标图以进一步验证测试层(井)的类型、划分流动阶段。现代试井解释方法使用 3 种曲线图，即双对数曲线图[识别测试层(井)类型，确定流动阶段]、半对数曲线图及直角坐标图(验证测试层或测试井的类型、流动阶段和计算特性参数)。

(5)不仅适用于油、水井，也适用于气井；可以解释各种不稳定试井资料，如中途测试、生产测试、压降测试、压力恢复测试等。

(6)整个解释过程是一个"边解释边检验"的过程。几乎每个流动阶段的识别、每个参数的计算都要用两种以上不同的分析方法。在用两种以上不同方法解释得到一致的结果之后，还要经过无量纲霍纳曲线拟合检验和压力史拟合检验。通过这一套边解释边检验的解释程序，使每一步骤都做到扎实、可靠，从而保证整个解释结果的可靠性。

1.1.4　试井分析的系统分析原理

系统分析理论认为任何一个研究对象都可以看作是一个系统(System，用 S 表示)。给系统一个"激动"，或称作输入(Input，用 I 表示)，则系统就会出现相应的"响应"，即输出(Output，用 O 表示)，如图 1.3 所示。

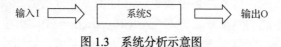

输入I　　⟹　　系统S　　⟹　　输出O

图 1.3　系统分析示意图

系统分析中有两类问题。一类是已知系统 S 的结构和输入信号 I，而要求出未知的输出 O。这称为正问题(direct problem)，用式子表示为 S×I→O。

另一类则是系统 S 为未知，而要由已知输入信号 I 和输出信号 O 反求该系统 S 的结构。这称为反问题(inverse problem)，用式子表示为 O/I→S。

把油(气)藏和测试井看作是一个系统 S。测试过程中给 S 一个输入信号 I(即从测试井以恒定产量采出一定数量的原油或天然气)，由此引起系统 S 中压力发生变化，这就是 S 的输出信号 O(图 1.4)。

图 1.4　试井的系统分析示意图

试井过程就是计量采出的原油和天然气(或注入水、聚合物等)产量,并测量由此引起的井底压力变化,即测取系统的输入信号和输出信号。

试井分析的任务就是由这些资料,即输入 I(产量变化)和输出 O(压力变化),加上某些初始条件和边界条件,以及由其他测试手段所取得的油(气)藏和测试井的有关资料来识别系统 S[油(气)藏和测试井的特性和参数]。也就是说,是解一个反问题。

反问题可以这样理解,对于一个系统施加某一输入,一定得到某一输出;对于不同的系统,施加同样的输入,一般来说将得到不同的输出。因此,可以用不同系统对一定输入的反应,即输出来识别系统本身。

具体来说,就是先找出不同系统[即油(气)藏和油(气)井]的试井理论模型,也就是各种相应的微分方程或微分方程组及其定解条件对于某种输入(即产量变化)的反应,或输出(即压力变化,也称压力响应),实质上就是解各种正问题;而从方法上说,则是解相应的微分方程或微分方程组,把得到的解,即各种类型油(气)藏和油(气)井的压力随时间的变化,分别绘制成曲线,这就是样板曲线,也称典型曲线图版,或试井解释图版。大多数典型曲线图版都是无量纲压力(有时则是无量纲压力对无量纲时间的导数)与无量纲时间(或无量纲时间与其他无量纲量的组合)的双对数曲线。试井的反问题也称参数反演。

必须指出,确实存在这样不同的系统,当施加同样的输入时,却得到相同的输出。这就意味着试井分析存在多解性。不过,随着输出信息的增加,结合其他方面的研究成果进行综合解释,可以大大减少解的数目,甚至能得到唯一解。

1.1.5　试井分析的内容及主要步骤

试井分析主要研究内容及步骤如下。

(1)模型准备。实际油藏和油(气)井背景,搜集必需的各种信息。

(2)模型假设。简化复杂储层,建立试井物理模型(地质模型、流动条件)。

(3)模型构成。数学模型的建立(压力扩散方程、初始条件、内边界条件及外边界条件)。

(4)模型求解。采用拉普拉斯(Laplace)变换(简称拉氏变换)、源函数、格林(Green)函数、有限差分及有限元等方法求解试井数学模型。

(5)模型分析。绘制压力及导数典型曲线图版,进行参数敏感性分析。

(6)模型检验。试井流动阶段的划分、储层类型的诊断、边界分析,与测试中实际现象进行对比分析，检验模型的合理性和适用性。

(7)模型应用。实测压力资料的拟合方法(图版拟合、自动拟合)、油气藏动态描述，包含模型选择、流动阶段诊断、结果验证，其中结果验证除采用半对数直线和压力历史拟合方法检验外，还需要与实际油(气)藏的地质特点和油(气)井生产动态相吻合，进一步检验解释结果的正确性。

1.2　复杂结构井及其试井的特殊性

自1928年世界上第一口真正意义上应用于石油工业的水平井问世以来，水平井技术发展迅猛。随着随钻测井、随钻测量和地质导向技术的发展，除常规水平井外，出现了鱼骨井、阶梯井、多分支井、双水平井、多底井、螺旋井等复杂井型，这里统称为复杂结构井。

复杂结构井的显著优势是具有比直井更长的完井井段，具有水力压裂造缝所不能达到的定向控制和长度控制的优势，能够大幅度增大生产井段与地层的接触面积、连通断块构造并实现储层应力卸载，可以最大限度地疏通油(气)"通道"并改善储层渗透性，由此彻底改变渗流场，能够产生大范围的泄油区，降低生产压差，大幅度提高单井油(气)产量，降低钻井数，节约开发成本，提高经济效益。

复杂结构井广泛应用于常规油(气)藏、薄层油藏、天然裂缝发育油(气)藏、存在底水或气顶的油(气)藏、低渗透油(气)藏、稠油油藏、致密油(气)藏、页岩油(气)藏、煤层气。在海洋、滩海、湖泊及地表条件复杂的地区，可以发挥大位移井的独特作用，达到扩大储量动用程度、降低综合成本及利于环保的目的；在边水、底水油藏及注水开发油藏中，复杂结构井能够有效减缓水流突进并改善油藏渗流剖面，达到控水增油的目的；双水平井、U形井的应用可以高效开发稠油、天然气水合物等非常规油(气)资源，使地下固态能源资源转变为液态或气态采出地面。此外，采用复杂结构井还可以实现井下流体分离、救援井压井、陆-海管线连接及地下管线穿越等目的。

1.2.1　复杂结构井的类型

根据分支井几何形状，多分支井类型主要有反向双分支井、垂向或平面三水平分支井、鱼骨形、辐射形等类型。

(1)蛇形水平井，根据油层平面的变化，水平段呈现蛇曲状，适用厚度不均匀变化的油层(图1.5)。

(2)阶梯形水平井(图1.6)，水平段像蛇形延伸。

(3)U形水平井(图1.7)，水平段呈U形分布。

(4)螺旋形水平井(图1.8)，在平面上水平井筒呈螺旋状散开。

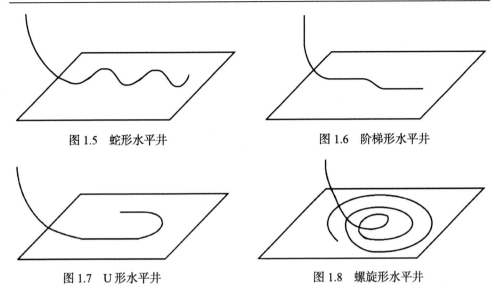

图 1.5　蛇形水平井　　　　　　　　图 1.6　阶梯形水平井

图 1.7　U 形水平井　　　　　　　　图 1.8　螺旋形水平井

(5) 反向双分支井(图 1.9)，垂直井筒上有两个分支，一个分支井眼在下，另一个分支井眼在上，且井眼方向相反；用于开采厚层或两个不同产层。

(6) 平面双分支井(图 1.10)，利用一个主垂向井筒，在平面上钻两个水平分支井。

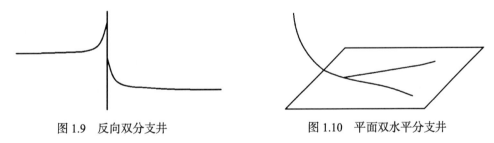

图 1.9　反向双分支井　　　　　　　图 1.10　平面双水平分支井

(7) 平面侧向分支井(图 1.11)，从处于一个平面的水平井眼中钻数个分支井眼、帚状多分支井。

(8) 辐射形 4 分支水平井(图 1.12)，在垂向主井筒上，三维辐射分布 4 个水平分支。

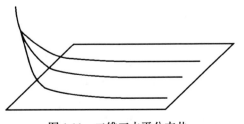

图 1.11　二维三水平分支井

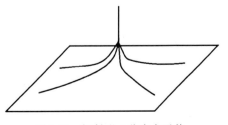

图 1.12　辐射形 4 分支水平井

(9)鱼骨形分支井(图 1.13),在一个水平方向的主井眼的两侧钻不同的分支。分支和主井眼处于一个平面,形状类似鱼骨形状,每个井眼方向的垂直深度相同。

(10)反向鱼骨形水平井(图 1.14),一个主井筒沿两个相反方向钻两个对称的鱼骨状分支井。

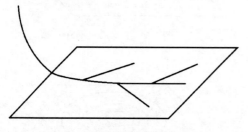   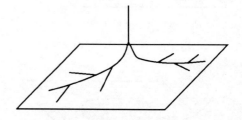

图 1.13　鱼骨形水平分支井　　　　图 1.14　反向鱼骨水平分支井

1.2.2　复杂结构井的试井特点

水平井、多分支井等能大幅度提高油(气)井产能的主要原因是能大幅度提高与油藏的接触面积,与直井相比需要的生产压差较小。水平井与直井相比油藏接触面积及压力传播方式存在很大差异,其试井方法也存在较大差别。主要体现在如下 4 点。

(1)渗流问题复杂。从渗流形态看,水平井试井既涉及平面径向流动,也存在垂向流动,因此是二维试井问题,如果严格考虑平面上物性的差异性,这就涉及三维渗流问题,而直井试井一般只涉及一维流动。

(2)试井模型求解方法繁琐。直井试井一般采用拉普拉斯变换求解方法,而复杂结构井必须考虑井筒结构的三维分布,水平井需要考虑沿井筒方向的压力变化,分支井还需考虑各个分支的压力变化,因此广泛采用点源函数求解方法,求解方法更复杂。

(3)典型压力曲线形态多样。直井的典型曲线图版一般分为井筒储集段、过渡阶段、平面径向流阶段、边界反映阶段。而水平井除了井筒储集和过渡阶段外,主要存在垂向径向流、线性流、地层拟径向流阶段、边界反映阶段,其中边界反映阶段曲线形态除了受边界距离影响外,还受边界与水平井井筒的夹角制约。

(4)试井解释多解性问题严重。直井试井解释中,不同试井模型的曲线形态有类似性,试井解释存在多解性。但水平井涉及的流态更复杂,解释参数更多,多解性更难于排除。例如,存在一条边界的均质模型直井试井问题,需要解释的参数有井储系数、表皮系数、渗透率、边界距离 4 个参数,而均质模型存在边界的水平井试井,需要解释参数有井储系数、表皮系数、平面渗透率、垂向渗透率、水平井筒长度、水平井筒在油层中的位置、边界距离、边界与水平井井筒的夹角 8 个参数，解释参数翻了一倍，因此典型曲线拟合的多解性问题更严重。

1.3　复杂结构井试井研究进展

1.3.1　试井分析主要发展历程

试井作为油藏工程的一个分支，已有 100 多年的发展历史。20 世纪 20 年代初工程师开始用弹簧管压力计测量井底静止压力(俗称"静压点")，用浮子或液面探测仪测量井中液面的深度。工程师们很快发现，测得的"静止"压力与关井时间有密切关系，渗透率越低，关井后井底压力恢复到地层压力所经历的时间就越长；认识到关井后压力恢复速度的快慢与地层渗透率的高低有关。试井分析成为油藏动态分析的重要内容，并孕育了目前广泛使用的不稳定试井压力测量及压力分析方法。

1929 年，Pierce 和 Rawlins(1929)首先研究了井底压力和产能之间的关系。1935 年，Theis(1935)提出地下渗流的数学模型。1936 年，Rawlins 和 Shellhardt(1936)提出无阻流量的概念。1933 年，随着十几种连续记录式压力计的问世，能够连续观察和记录井底压力随时间的变化。1937 年，Muskat(1937)首次提出用压力恢复曲线外推地层压力、估算地层参数的定性分析方法。1949 年，Van Everdingen 和 Hurst(1949)首先应用拉普拉斯积分变换方法，求出试井分析不稳定渗流问题的解析解，初步确立试井分析的理论基础。

1950 年，Miller 等(1950)提出考虑流体压缩性影响的压力分析方法——MDH 法(取自 Miller、Dyes 和 Hutchinson 三人名字的首个字母)。1951 年，Horner(1951)注意到在径向流动情形下，压力变化与时间的对数成直线关系，运用这一关系计算测试层的某些参数，包括渗透率、表皮系数、采油指数和泄油半径等，还可以推算测试层的"静止"压力，Horner 创建了恢复曲线分析方法(Horner 法)，这就是目前所谓的半对数直线分析法。

20 世纪 60 年代至 70 年代初，以 Ramey 为首的一批学者针对半对数直线分析方法所存在的问题，研究了早期数据的解释方法。Ramey(1970)、Agarwal 等(1970)、Earlougher 和 Kersch(1974)和 McKinley(1971)先后研制了多种均质油藏的试井解释图版，创建图版拟合分析方法。这些图版中有的是无量纲压力与无量纲时间的关系曲线(如 Ramey 图版)，有的是有量纲的压力变量组合与时间的关系曲线(如 McKinley 图版)。图版可以辨别流动阶段，分辨出哪些数据点可用来绘制半对数直线段，从而使半对数分析比以前更准确、可靠和容易，同时扩大了试井资料的解释范畴，从过去认为无用的某些数据(如早期井筒储集阶段的数据)中挖掘其中的内涵，解释得到有用的参数(如井筒储集系数)。

20 世纪 70 年代迎来科学技术的飞速发展。电子测试仪表和电子计算机的应用大大提高了试井资料的采集精度，改进了解释结果的可靠性。20 世纪 70 年代末，Gringarten 等(1979)在 Ramey 图版的基础上，采用参数组合的办法，研制了多种模型(均质油藏模型、双重孔隙油藏模型、裂缝井模型等)的压力解释图版，这些图版比以前图版拟合更容易，于是图版拟合分析方法引起了人们的广泛兴趣和高度重视。同时引用了系统分析(或信号理论)的观点、方法和数值模拟技术，把图版拟合分析方法和一直沿用至今的常规试井解释方法(即半对数分析法)及其他方法结合起来，形成一套相当完整的综合"现代试井解释方法"。这种方法包括试井解释模型选择、地层参数计算和解释结果检验等，大大提高了试井解释结果的可靠性。

1983 年，Bourdet 等(1983)成功研制了崭新的试井分析图版——压力导数图版，创建压力导数图版拟合分析方法，随后 Bourdet 压力导数图版和 Gringarten 压力图版合二为一，称为试井复合图版，试井分析取得重要发展。由于不同类型(如均质、非均质)油(气)藏、不同流动阶段(如径向流、球形流、拟稳定流)及各种不同外边界等均在压力导数曲线上有显著不同的反映，所以压力导数图版的应用使试井分析模型的识别和选择、流动阶段的划分以至整个图版拟合分析变得更加容易、更加准确，试井解释结果更加可靠。压力图版拟合分析方法的应用是现代试井分析方法诞生的标志，而压力导数图版拟合分析方法的创立则是试井分析方法发展的一次突破性、革命性的飞跃，是试井发展的里程碑。

无论是直线分析方法还是图版拟合分析方法，存在的最大问题是实际资料解释比较繁琐，分析结果往往因人而异。随着计算机技术的发展，自动试井拟合算法应运而生。1972 年，Earlougher 和 Kersch 提出由计算机进行非线形回归，解决试井分析中的多解性问题。Rosa 和 Horne(1983)、Barua 等(1985, 1988)在 20 世纪 80 年代先后提出计算机辅助试井自动拟合的算法，经过几十年的发展，先后出现了 Gauss-Newton 迭代算法，Levenberg-Marquardt 方法，Newton-Burua 方法、遗传算法、人工智能方法、粒子群算法等，目前商业试井解释软件普遍采用自动拟合算法，大大提高了试井拟合计算的效率和可靠性，也使得基于典型曲线图版拟合的现代试井分析方法变得快速而高效。

1.3.2　复杂结构井试井分析发展历程

自 20 世纪 90 年代以来，随着水平井和多分支井钻完井技术的飞速发展，复杂结构井试井技术取得飞速发展，已经能够适用于各种复杂地质条件和复杂井身结构，尤其是点源函数理论在多分支井试井理论发展中起到非常重要的作用。

1. 水平井试井

水平井和多分支井的渗流规律研究源于点源函数，点源函数最先出现在物理学领域，Casrlwa 和 Jaeger(1959)第一次将点源函数和 Green 函数引入热力传质学。Gringarten 和 Ramey(1975)应用点源函数和 Green 函数解决油藏不稳定渗流问题，指出以前点源函数之所以在油藏工程中不能大量应用，原因是找不出合适的 Green 函数，他们借助 Newman 乘积法，使用合适的点源函数和 Green 函数解决油藏渗流问题，并使用这些不稳定渗流方程的解分析均质油藏或双重介质油藏中无限导流垂直裂缝特征。点源函数作为一个半解析法已经成为研究水平井不稳定压力特征的主要方法，此后更被延伸到研究无限导流井筒条件下复杂结构井不稳定压力特征，线源解被广泛用于求解有限导流井的不稳定压力解。可以说，点源函数理论是水平井试井分析理论和方法的基础。

20 世纪 70 年代至本世纪初，大量学者进一步发展了水平井试井分析理论。Daviau 等(1988)首先提出水平井试井分析模型。Goode 和 Kuchuk(1991)将渗流场分为 4 个阶段：早期径向流、中期线性流、中晚期径向流、晚期线性流，提出另一种水平井试井分析模型，Goode 模型与 Daviau 模型的区别是认为储层存在各向异性(X,Y,Z 方向的渗透率各不相同)，为半无限延伸，即储层上下两个侧面不渗透。Kuchuk 等(1991)考虑储层中存在气顶或底水活跃的情况，一条边界是不渗透，另一边界为定压，提出考虑不渗透/恒压混合边界的试井分析模型，将流动阶段分为早期径向流、中期线性流、稳态流动阶段。Ozkan 和 Raghavan(1990)、Gringarten 和 Ramey(1973，1974)应用 Green 函数建立矩形封闭油藏均匀流量水平井压力动态数学模型，求得拉普拉斯空间解。

Odeh 和 Babu(1989)首先提出处于完全封闭的矩形油藏中水平线源井模型。Ozkan 等(1989)、Raghavan 等(1997)应用 Green 函数法求解上、下为不渗透边界的无限大各向异性均质和双重介质油藏水平井的压力响应，同时采用点源和线源解的方法导出水平井多个试井模型。Ozkan 等(1987，1989，1991c，1995)根据 Dvaiau(1988)的研究成果，应用 Cinco-Ley 有限导流垂直裂缝的边界积分法，提出有限导流水平井概念，建立考虑井筒摩阻影响的非均匀流量分布的水平井模型，认为在定产条件下水平井的流量分布与有限导流垂直裂缝井非常相似。

尽管早在 1973 年 Gringarten 和 Ramey(1973)已运用 Green 源函数和 Newman 乘积法求解不稳定渗流问题，应用源函数方法开发出十分丰富的试井解析解模型库，但他们获得的是实空间(真实时间)解表达式，在实际应用过程中十分不便，一是实空间解通常为积分形式，进行数值积分既耗时，又难以保证精度；二是实空间解不能直接处理变流量问题，如井筒储集、定压生产情况，由源函数法获得的理想解不能描述试井过程的早期压力动态。如果能够将源函数法解的表达式转换为 Laplace 空间解形式，则计算效率问题和变流量问题都迎刃而解，在 Laplace 空间中流量迭加作用只是简单的乘积关系，利用 Stehfest 反演算法能够快速得到实空间的解。

Ozkan 和 Raghavan(1991a，1991b)考虑井筒结构的多变性、不同边界系统、均质或双孔隙度油藏，依据 Laplace 变换提出一个普遍意义的通解，该解分别适合于部分射开直井、水平井及压裂井。Goode 和 Thambynayagam(1987)、Daviau 等(1988)、Ozkan(1994)、Kuchuk(1995)的研究成果丰富了各种水平井和多分支井试井模型的建立和求解，是试井发展历史上的一个重要突破，并促进了试井解释软件的发展。

水平井也适用于各类非均质油藏。Kuchuk 等(1990)引入电磁学中的反射投射法来解决三维多层油藏水平井压力计算问题，建立多层储层水平井的渗流模型。Obinna 和 Alpheus(2013)采用 Laplace 变换、Fourier 变换等方法，研究了各向异性油藏的水平井试井压力解，分析了非均质参数对压力动态的影响。王晓冬和刘慈群(1997a,1997b)、石国新等(2012)分别采用 Fourier 有限余弦积分变换、Laplace 变换和特征值法，求解顶、底封闭、侧面无穷大二区水平井试井复合模型。程时清等(2014)针对水平井筒不规则产油现象，研究水平井不规则产油试井模型及产油位置诊断方法。

2. 多分支井试井

第一个研究多分支井试井的是 Karakas 等(1991)，他们提出多分支水平井不稳定试井解释方法，通过使用数值解，发现大部分多分支井水平井系统可以近似等效于单层泄油系统，并分别绘制 2 分支水平井和 3 分支水平井的压力及压力导数曲线，将曲线划分为 3 个流动段：早期径向流、中期线性流和晚期拟径向流。Kong 等(1996)研究各向异性油藏中的主井筒或分支井井筒与断层或恒压边界成任意夹角的多分支井的不稳定压力特征，基于点源解、线源解和 Green 函数建立多分支井的渗流数学模型，考虑井储和表皮效应情况下，获得井底压力的 Laplace 空间解。Ouyang 等(1997)把每个分支井作为一个线源，建立耦合油藏渗流和井筒管流的模型。Ozkan 等(1998)提出一个计算双分支井压力响应的解析解，讨论了分支段长度、分支之间夹角(相角)和垂向长度对压力的影响。Larsen(2000)提出一个解析法确定层状油藏中多分支井的不稳定压力特征。Ouyang 和 Aziz(1998)根据压裂水平井的渗流数学模型，建立一个多分井的半解析解。Raghavan 和 Ambastha(1998)提出一个半解析流动模型来模拟流入多分支井的不稳定渗流，确定各个流动期，得到每个流动段对应的渐近解，但在早期流动段忽略了分支段之间的干扰效应。

Ding(1999)提出井筒中含有压降的多分支井的不稳定压力解，使用隐式牛顿法解决井筒中的非线性流动问题，最后结合线源法建立井筒和油藏耦合的半解析模型。Ouyang 和 Asiz(1998)提出一个简化的井筒和油藏耦合试井模型，应用于平行六面体油藏中多分支井。Abdelhafid(2003)将水平井模型和叠加原理相结合，建立一个双分支井模型，得到一个无限导流解，并分析了水平非均质性、分支段的相角、无量纲水平距离、机械表皮和井储的影响。

孔祥言等(1996)利用源函数、Green 函数法和 Newman 乘积原理，给出气田分支水平井的拟压力分布表达式，孔祥言等(1997)还研究了各向异性地层中分支水平井的不稳定压力分析和现代试井解释方法，考虑井储和表皮因子，导出任意多分支水平井的 Green 函数(源函数的乘积)，从而给出地层压力分布的解析解，在 Laplace 空间给出了含有井储和表皮的井底压力严格表达式，通过数值反演绘制出分支水平井的典型曲线。王晓冬和刘慈群(1997a)描述了垂向有弱渗透补给的等强度持续点汇三维不定常渗流数学模型，用汇源积分等方法导出平面上均匀分布的分支水平井 Green 函数型压力分布式，给出井壁压力计算方法。段永刚等(2007)研究了多分支井的不稳定压力特征，张利军和程时清(2009)研究多重介质条件下分支水平井的压力解，并分析了地层参数对典型曲线的影响。黄瑶等(2016)建立分支水平井不规则产油的试井模型，提出诊断产油位置的试井方法。

3. 多段压裂水平井

压裂水平井的压力分析难点主要在于合理描述多裂缝间的相互干扰及与地层流动相耦合的横切裂缝(transverse fracture)导流影响。压裂水平井试井研究起源于20 世纪 80 年代，Giger(1985)首先对水平井压裂问题展开研究，并得到压裂水平井稳定流动的渗流场和压力分布规律。Schulte(1986)提出压裂水平井裂缝渗透率和裂缝宽度的折中(增加裂缝网格宽度、降低裂缝的渗透率)方法，克服了小尺寸裂缝造成的数值不稳定现象。Soliman 等(1990)研究压裂水平井的压力不稳定特征，对于横向圆形裂缝来说，当油藏中的流动被视为线性流时，获得 Laplace 空间解。Mukhterejee 和 Economides(1991)对比水平井和垂直井及压裂水平井与压裂直井的压力特征，计算了压裂水平井的最小裂缝条数。Guo 和 Evans(1993)利用 Green 函数和源函数及叠加原理得到无限大油藏压裂水平井不稳定渗流的压力解析解，并在假设各裂缝流量相同的条件下，分析不同裂缝距离和长度比值对压力动态的影响。Guo 等(1994)还进一步分析无限大和封闭油藏中任意裂缝分布的水平井二维压力动态解，讨论了不同裂缝特征对水平井压力动态的影响，可以预测不考虑裂缝干涉的多裂缝系统压裂水平井动态特征。在多裂缝干扰方面，Larsen 和 Hegre(1991，1994)首先给出了三维无限大地层中带有多条圆形有限导流裂缝的压裂水平井不稳态渗流解析解，展示了早、中期阶段的渗流特征。Hegre 和 Larsen(1994)针对多段压裂水平井(multi-fractured horizontal well，MFHW)提出一个等效井径的概念，分析了裂缝导流能力对不稳定压力特征的影响。Raghavan (1997)引入一个新的模型计算多段压裂水平井的不稳定压力。Horne 和 Temeng (1995)研究水平井中的多条横向人工裂缝的不稳定压力特性，将渗流形态分为四部分:第一线性流、第一径向流、第二线性流和第二径向流。Chen 和 Raghavan(1997)在 Laplace 变换域中给出平面无限大地层中带有多条有限导流均匀分布垂直裂缝的压裂水平井不稳态压力解析解,由于采用边界元方法求解有限导流裂缝模型,当裂缝条数比较多时计算速度慢。

Al-Kobaisi 等(2006)建立了一种解析-数值混合网格模型(用解析解表述地层渗流,用差分模型描述裂缝流动),Valkó 和 Amini(2007)提出一种 DVS(distributed volumetric sources)方法,采用数值离散法描述裂缝导流的影响。Brown 等(2011)及 Stalgorova 和 Mattar(2012)将有限导流垂直裂缝的三线性流动模型用于多段压裂水平井动态分析中,虽然能够避免数值求解裂缝流动模型,但不能得到中期径向流动特征。

Valkó 和 Economides(1996)研究纵向压裂水平井的动态,建立三维渗流数学模型。Ding(1996)使用层势的概念和传导系数调整简化 Valkó 和 Economides(1996)的压裂水平井渗流数学模型。

Penmatcha 和 Aziz(1998)将 Odeh 的压裂水平井模型拓展到无限导流井。Spivey 和 Lee(1999)提出一种将各向异性系统等效为各向同性系统的方法。Wan 和 Aziz(1999)建立井的产液量与井的压力及岩块压力之间的关系,得到 MFHW 模型的解析解。Horne 和 Temeng(1995)、Kuppe 和 Settari(1998)用影响函数分析多裂缝之间的干扰。Ouyang 和 Aziz(1998)改进 Wolflsteiner(1999)的半解析方法,将其应用到平行六面体油藏。Wan(1999)拓展了 Chen 和 Raghavan 的水平井解,得到三维裂缝解析解。

Zerzar 等(2004)详细总结裂缝为均匀流量、无限导流和有限导流时压裂水平井的求解方法:①裂缝为均匀流量时,直接采用 Laplace 空间单条裂缝源函数,联立方程组求解即可;②裂缝为无限导流时,把各条裂缝等分成 N 份,假设每小份是均匀流量分布,再联立方程组求解,或利用无限导流模型和均匀流量模型等价点的方法,在水平井 0.732 处两种模型的压力解相等,但对于非对称形式下的压裂水平井,正确性需要验证;③裂缝为有限导流裂缝,则把模型分为两个部分:油藏模型和裂缝模型,油藏模型用点源解的形式得到,对裂缝的数学模型进行求解,最后联立解得到井底压力解,并讨论裂缝倾角对分段压裂水平井井底压力动态的影响,利用压裂水平井压力导数曲线对参数进行直接求解。Ozkan 等(2011)提出利用三线流模型研究非常规油气藏的压裂水平井动态,把模型分为三个不同的区域:外部油藏流动、内部油藏流动和裂缝内流动,该模型简单,计算方便,但无法准确表征压裂水平井各个流动阶段。Zhao 等(2014)在三线性流模型基础上,采用半解析方法研究致密气藏和页岩气藏的不稳定压力特征。Chen 等(2015)讨论压裂缝和天然裂缝正交下的压裂水平井典型曲线特征。

王晓冬等(2014)通过确定导流能力影响函数,给出有限导流垂直裂缝井不稳定渗流的解析解,利用叠加原理得到带有多条有限导流垂直裂缝的压裂水平井不稳定压力分布。

多段压裂水平井裂缝间存在相互干扰、横切裂缝导流及聚流问题。缝间相互干扰问题可通过多井叠加原理解决,而横切裂缝导流和聚流的影响问题,主要有5种处理方式。

(1)采用无限导流假设,不考虑裂缝导流影响,只是附加聚流表皮。

(2)采用经典的边界元方法求解有限导流裂缝的耦合积分方程,再附加聚流表皮。

(3)采用有限差分方法求解有限导流裂缝的耦合积分方程。

(4)采用三线性流动模型或五线性流动模型。

(5)将裂缝内流动考虑为裂缝近井筒端的径向流和远井筒端的变质量线性流。

目前,随着体积压裂技术的发展,压裂水平井复杂缝网的表征及反演引起试井工作者的重视,主要有两类模型来表征裂缝:双重连续介质模型和离散裂缝模型,而对压裂缝网的参数反演,由于待求参数太多,目前还处于探索阶段。

1.4 小 结

(1)试井是确定油(气)藏动态参数的重要方法,试井全过程包括4个方面:试井设计、现场施工(亦称资料录取)、试井解释、试井油藏描述(也称油藏评价)。

(2)试井分析是一个反问题,即已知系统输入(产量史)和系统输出(压力)识别系统,即油(气)藏特性,试井解释存在多解性问题。

(3)近年来,随着大量非常规油(气)藏陆续投入开发,复杂结构井试井理论和分析方法取得重要进展,提出许多重要的分析方法。水平井及其衍生的复杂结构井与直井相比,渗流场更加复杂,试井模型的参数更多,试井解释的多解性问题更加突出,这对广大试井工作者来说是一个巨大挑战。

第 2 章 试井分析中的地质论、模型论及方法论

　　试井是通过监测井底压力的变化来研究油藏及油井特征的油藏动态监测技术。试井分析涉及地质模型、数学模型、分析方法、油(气)藏动态描述，其中试井地质模型和油(气)藏动态描述都归结为试井地质问题。本章讨论试井分析中的地质、模型和解释 3 个方面内容，诠释试井分析的地质论、模型论和方法论的原理。

2.1　试井分析地质论、模型论和方法论的内涵

　　测试井所处的实际油藏非常复杂，油藏的复杂性体现在储层孔隙空间及流体赋存方式多样。首先对实际油(气)藏进行抽象、简化，提炼出可以定量描述的地质模型。另一方面，实际试井压力曲线呈现的形态可能与多个试井模型特征相似，在确定试井模型时，需要结合测试井所在油藏的地质特征和生产动态资料，给出测试井的油藏地质解释，从这个方面讲，试井分析的地质问题与一般静态地质学不同，具有其特殊性，笔者将其称为试井地质论(或试井地质学)。

　　试井的精髓是试井模型，试井模型是从实际油藏抽象出的试井地质模型出发，将压力扩散方程附加测试条件(产量及初始条件)和油藏边界条件等所组成的数学模型。试井数学模型建立起来后，通过各类求解方法得到数学模型的压力解，绘制成典型曲线图版，根据典型曲线形态划分流动阶段，为测试数据的解释提供理论基础。

　　目前，针对各类复杂地质条件的试井数学模型及求解方法不断涌现，这里将专门研究试井数学模型及求解方法的内容体系称为试井模型论(或试井模型学)。

　　实测压力资料蕴涵储层及井筒信息，根据试井理论模型，对实测压力资料解释油藏参数的方法，将其称为试井方法论(或称试井方法学)。试井分析方法包括直线段分析方法、图版拟合方法、自动拟合方法等，分析方法的重要任务是要解决多解性问题，提高解释结果的可靠性。

　　因此，笔者认为试井分析的三大核心是地质论、模型论和方法论，图 2.1 简要概括了三大体系内容。

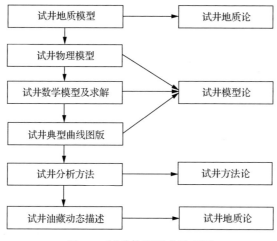

图 2.1 试井体系组成示意图

2.2 试井分析基础

本节以均质油藏模型为例,介绍试井分析的重要概念、试井基本模型及求解方法、试井分析基本方法。

2.2.1 井筒储集效应和表皮效应

井筒储集效应和表皮效应是试井分析中最常见的两种现象,也是试井理论解与一般油(气)渗流力学不稳定压力解的主要区别所在。

1. 井筒储集效应

1)基本概念

油(气)井刚开井或刚关井时,由于原油具有压缩性,地面产量 q_1 与井底产量 q_2 并不相等(图 2.2)。以井筒充满单相原油的情形为例,当油井打开瞬间,从井口采出的原油(产量 q)完全依靠充满井筒的压缩原油的膨胀(井筒卸压)而采出,还没有原油从地层流入井筒。这时,井底产量 $q_2 = 0$,地面产量 $q_1 = q$。随着井筒中原油弹性能量的释放,井底产量逐渐增加,过渡到与地面产量相等,即 $q_1 = q_2 = q$[图 2.2(a)]。

关井过程则相反,如果采取地面(井口)关井,当井口阀门关闭之后,地面产量立即降为 0。但由于井筒中通过压缩过程容纳更多的原油或天然气,仍旧有原油或天然气不断从地层流入井筒中,直到井底压力与地层压力平衡为止,此时井底砂面的产量才降为 0[图 2.2(b)]。

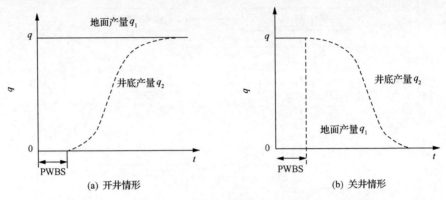

图 2.2　井筒储集效应示意图

当油井刚开井或刚关井时，地面产量与井底产量并不相等，即地层流动出现滞后的现象，称为井筒储集效应，也称为井筒储存效应，简称井储效应。开井情形［图2.2(a)］($q_2=0$)或关井情形［图 2.2(b)］($q_2=q$)的那一段时间，称为纯井筒储集阶段(pure wellbore storage, PWBS)。井筒储及效应也称续流效应。

用井筒储集系数(简称井储系数)C 描述井筒储集效应的强弱，其定义是

$$C = \frac{\mathrm{d}V}{\mathrm{d}p} \approx \frac{\Delta V}{\Delta p} \tag{2.1}$$

式中，C 为井储系数，$\mathrm{m}^3/\mathrm{MPa}$；$\Delta V$ 为井筒中所储原油体积的变化，m^3；Δp 为井筒压力的变化，MPa。

井筒储集系数的物理意义是在井筒储满单相流体(原油、水或天然气)情况下，井筒靠流体压缩性所能增加储存流体的能力，或靠膨胀释放其中所压缩流体的弹性能量排出流体的能力。说得更具体一些，对于油井，当油井关井时，井筒压力升高 1MPa，须从地层中流入 $C(\mathrm{m}^3)$ 原油；开井时，当井筒压力降低 1MPa 时，井筒中原油的弹性膨胀排出 $C(\mathrm{m}^3)$ 原油。

实际井筒中油、气、水的分离和溶解过程存在比较复杂的关系，因此准确确定井筒储集系数值十分困难。

2) 纯井筒储集阶段井筒储集系数的计算方法

试井中流体流动首先出现的是井筒储集阶段，在该阶段假定原油充满整个井筒，在开井或关井 t 小时内，井筒中原油体积的变化为

$$\Delta V = \frac{|q_1 - q_2|t}{24} \tag{2.2}$$

式中，q_1 为地面产量(折算到井底)，m^3/d；q_2 为井底产量，m^3/d；t 为流动时间，h。因此，

$$C = \frac{\Delta V}{\Delta p} = \frac{|q_1 - q_2|t}{24\Delta p} \tag{2.3}$$

在纯井筒储集阶段，有 $q_2 = 0$，$q_1 = q$(开井情形)或 $q_1 = 0$，$q_2 = q$(关井情形)，故

$$|q_1 - q_2| = \begin{cases} q_1 = q & \text{开井情形} \\ q_2 = q & \text{关井情形} \end{cases} \tag{2.4}$$

在开井情形，$|q_1 - q_2|$为油井的稳态产量 q；在关井情形，$|q_1 - q_2|$为关井前的稳态产量 q。所以，在纯井筒储集阶段有

$$\Delta V = \frac{qt}{24} \tag{2.5}$$

故

$$C = \frac{\Delta V}{\Delta p} = \frac{qt}{24\Delta p} \tag{2.6}$$

$$\Delta p = \frac{q}{24C}t \tag{2.7}$$

在这一阶段为了方便起见，对井底产量与地面产量不加区别，都以 q 表示。在实际测试中测得的是地面产量。当 q 代表地面产量时，则井底产量应为 qB，B 为原油的体积系数。

如果井筒是单相的原油(如在井口压力高于饱和压力情况下)，则

$$\Delta V = VC_o\Delta p \tag{2.8}$$

式中，V 为井筒容积，m^3；C_o 为井筒中原油的压缩系数，$1/\text{MPa}$。
故

$$C = \frac{\Delta V}{\Delta p} = \frac{VC_o\Delta p}{\Delta p} = VC_o \tag{2.9}$$

3) 定井筒储集效应的井底压力表达式

在关井时刻，有两种情况的井筒储集效应。

(1) 液面上升或下降型。生产过程中，若环形空间没有充满液体，关井后地层中流体将继续流入井底(图 2.3)，开井后液面正好相反，呈现下降趋势。

(2) 井筒充满流体型。生产过程中，若环行空间已经充满液体，关井后由于液

体是可压缩的，井筒内流体受到压缩，地层中流体也会继续流入油井，以补充被压缩部分的体积(图 2.4)。

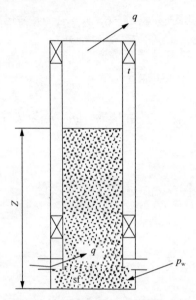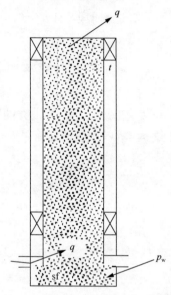

图 2.3　环形空间未充满液体示意图　　　图 2.4　环形空间充满液体示意图

① 情况一，液体没有充满。

当井筒没有充满液体时，关井后流体要继续流入井底，液面将上升。设井筒中充满液体的体积为 V_{wb}，则有

$$\frac{dV_{wb}}{dt} = A_{wb}\frac{dZ}{dt} \tag{2.10}$$

式中，A_{wb} 为井筒截面积，m^3；V_{wb} 为液体充满体积，m^3；Z 为液面高度，m；t 为时间，h。

设流入井筒的流体流量为 $q_{sf}(m^3/d)$，则

$$24A_{wb}\frac{dZ}{dt} = (q_{sf} - q)B \tag{2.11}$$

式中，q 为地面流量，m^3/d；B 为原油体积系数。

设油井的井口压力 $p_t =$ 常数，井底压力为 p_w，则

$$p_w = p_t + 10^{-6}\rho Zg \tag{2.12}$$

式中，ρ 为井筒中液体密度，kg/m³；g 为重力加速度，m/s²。

对式(2.12)求导得

$$\frac{24(p_w - p_t)}{dt} = 10^{-6} \rho g \frac{dZ}{dt} \tag{2.13}$$

将式(2.11)代入式(2.13)得

$$\frac{24 \times 10^{-6} A_{wb}}{\rho g} \frac{d(p_w - p_t)}{dt} = (q_{sf} - q)B \tag{2.14}$$

令

$$C = \frac{10^{-6} A_{wb}}{\rho g} \tag{2.15}$$

则有

$$q_{sf} = q + \frac{24C}{B} \frac{d(p_w - p_t)}{dt} = q + \frac{24C}{B} \frac{dp_w}{dt} \tag{2.16}$$

② 情况二，液体已经充满。

井筒内充满液体时，关井后，由于液体是可压缩的，井筒内流体受到压缩，地层中流体也会继续流入油井，以补充被压缩部分的体积。设地面流量为 q，井筒体积为 V_{wb}，井筒内液体的压缩系数为 C_{wb}，地层流体流量为 q_{sf}，则由质量守恒定律可得

$$(q_{sf} - q)B = 24 V_{wb} C_{wb} \frac{dp_w}{dt} \tag{2.17}$$

故

$$q_{sf} = q + \frac{24}{B} V_{wb} C_{wb} \frac{dp_w}{dt} \tag{2.18}$$

令

$$C = C_{wb} V_{wb} \tag{2.19}$$

将式(2.19)代入式(2.18)可得

$$\frac{q_{sf}}{q} = 1 + \frac{24C}{B} \frac{dp_w}{dt} \tag{2.20}$$

4) 变井筒储集现象

井筒储集系数不变仅仅是理想情况，如果在井筒储集效应阶段井筒中存在相态变化现象，则井筒储集常数也将发生变化。假如在压降测试开始时井口压力稍高于饱和压力，井筒中原油呈单相状态，此时井筒储集常数 C 与原油的压缩系数成正比。开井后，井口压力很快下降到低于饱和压力，井筒中原油开始脱气。此时，由于流体(原油和自由气)的压缩系数增大，井筒储集常数 C 也随之增大。反之，如果在压力恢复的井筒储集阶段井口压力由稍低于饱和压力迅速上升到高于饱和压力，井筒储集常数 C 则将变小。

井筒相分布现象发生在油管内存在气液两相流的井中，这种井在地面关井后，重力效应引起液体下降，气体上升到表面，由于液体的相对不可压缩性和气体在封闭系统中无法膨胀的特点，这种相分布可引起井筒中的压力净增。这种现象发生在压力恢复测试时，井筒中增加的压力可通过地层泄压释放，最终在井筒和邻近地层之间达到平衡状态。但在早期压力可增加到地层压力以上，结果在半对数压力恢复曲线上(图 2.5)可见驼峰效应。图 2.5 中 p_{wD} 是无量纲井底压力，$p_{\phi D}$ 是考虑相分布的井底压力，t_D 为无量纲时间。相分布可引起井筒储集系数增加或减少，井筒储集系数可以变成负值，这时表明流动方向相反。

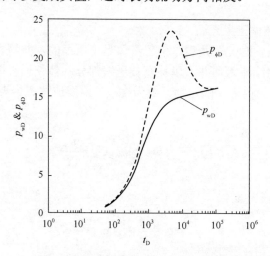

图 2.5　相分布对恢复压力可能产生的影响

对于注水井，在注入过程中其井口流动压力高于大气压，但当储层压力低于其静液柱压力时，关井进行压力降落测试。突然关井后，井筒充满水，由于水相压缩系数很小，初始井筒储集系数非常低，当井筒液面位置逐渐降低并变成真空状态时，井筒储集系数突然增大。

变井筒储集效应具有多种现象：井储系数突然增大或减少，因相态分离导致井储系数明显增大、因热效应导致井储系数明显增大或减小，以及几种现象混合在一起导致井储系数明显增大。

　　显然，在试井过程中希望降低或尽量消除井筒储集效应，于是出现了井底关井的测试方法，测试过程中的"井底关井器"应运而生，并已经得到广泛应用，如钻杆地层测试就是最常见的井底关井测试方法。

2. 表皮效应

　　一口钻开地层并固井完井的油(气)井，其压力分布如图 2.6 中实线所示。由于钻井过程中钻井液侵入地层、固井时水泥浆的侵入及射孔不完善等原因，完井后的井壁附近受某种程度的损害(也称伤害或污染)，这样在油(气)井开井后，压力下降幅度变大，如图 2.6 中双点划线所示。由于地层损害的存在，实际井的压力分布不同于理想井的压力分布，存在损害的压力降大于无损害的压力降，这种区别在油井井壁附近最大，随着与油井距离的增加而减少。

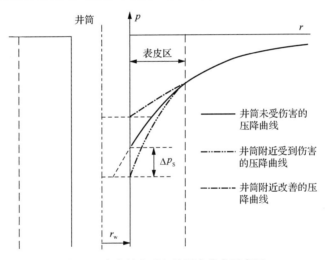

图 2.6　表皮效应引起的压力分布示意图

　　受到损害的区域称为表皮损害区。在表皮损害区内，由于储层损害造成的井底附加压降为 Δp_s。设想在井筒周围有一个很小的环状区域。钻井泥浆的侵入、射开不完善、酸化、压裂等因素导致这个小环状区域的渗透性与油层渗透性不同。因此，当原油从油层流入井筒时产生一个附加压力降，这种现象叫做表皮效应。

　　用来表征油(气)井表皮效应的性质和严重程度的参数，称为表皮系数(也叫表皮因子)，用符号 S 表示。井底附加压降 Δp_s 也可以用来表征表皮效应的严重程度。对于不同渗透性的地层，井底附加压降具有不同的含意。如当渗透率 K 值很低时，生产压差本身就很大，此时如果存在数量值不大的 Δp_s，对油井的生产不一定造成较大影响。相反，如果 K 值很高，那么对于一个同样量值的 Δp_s 也可能造成产量的成倍变化。因此需要对 Δp_s 加以无量纲化，才能显示受损害的真实程度，无量纲化后的系数也就是表皮系数。

根据附加压降的大小来定义表皮系数 S：

$$S = \frac{Kh}{1.842 \times 10^{-3} q\mu B} \Delta p_s \tag{2.21}$$

或

$$S = \frac{Kh}{1.842 \times 10^{-3} q\mu B} \left(p'_{wf} - p_{wf} \right) \tag{2.22}$$

式中，$\Delta p_s = p'_{wf} - p_{wf}$，$p_{wf}$ 为理想井的井底压力，MPa；p'_{wf} 为实际井的井底压力，MPa；S 为表皮系数；K 为储层渗透率，$10^{-3}\mu m^2$；h 为储层有效厚度，m；q 为产量，m^3/d；B 为流体体积系数；μ 为流体黏度，$mPa \cdot s$。

以上定义为稳态表皮效应，即将损害或增产带视为零，一般认为表皮效应的存在使得在井底附近无限薄层上产生一附加压力降。另一种定义为不稳态表皮效应，即不将损害带或增产带视为零，因此，在地层中将存在两个区：损害区和非损害区。同时地层也将有两个不同的渗透率，设损害区（改变区）的渗透率为 K_1，非损害区（原始区）的渗透率为 K_2，则根据 Hawkins(1956)，表皮系数 S 定义为

$$S = \left(\frac{K_2}{K_1} - 1 \right) \ln \left(\frac{r_a}{r_w} \right) \tag{2.23}$$

式中，r_a 为损害区（增产区）带宽，m；K_1 为损害区储层渗透率，$10^{-3}\mu m^2$；K_2 为原始储层渗透率，$10^{-3}\mu m^2$；r_w 为井底半径，m。

如果改变区的渗透率 K_1 比地层渗透率 K_2 低，称之为储层受到损害，用式(2.23)计算的表皮系数是正值。反之，如果改变区的渗透率比地层渗透率高，称之为储层受到改善，表皮系数是负值。

当改变区的渗透率增大到无限大时（相当于改变区内没有储层岩石），$K_2 \ll K_1$，式(2.23)变为

$$S = -\ln \left(\frac{r_{we}}{r_w} \right) \tag{2.24}$$

式中，r_{we} 为折算井筒半径，也称有效井筒半径(有效半径)，或试井筒半径。故有

$$r_{we} = r_w e^{-s} \tag{2.25}$$

式 (2.25) 即为有效半径的定义式。对于一口受损害的井，如同井筒被缩小，流动变得困难；对于改善的井，如同井底半径扩大，流动变容易。表皮效应表征油井附近流体的流动特性，表皮系数 S 的数值表征损害或增产措施见效的程度。如果 $S>0$，表示有流动阻力或地层存在损害，S 数值越大，表示损害严重；如果 $S<0$，表示流动阻力降低或进行增产措施，井底附近流动性改善，负 S 的绝对值越大，表示增产措施效果越好。

受钻井和完井多种因素的影响，油(气)井井壁流动条件发生改变。试井分析中，表皮系数反映井壁附近各种因素引起的表皮效应的总和，可用以下方程表示：

$$S_t = S_m + S_G + S_{ani} + S_{RC} + S_{ND} \tag{2.26}$$

式中，S_t 为总表皮系数；S_m 为真实表皮系数或机械表皮系数，表征钻完井过程中对储层的损害程度；S_G 为由于流线弯曲产生的几何表皮系数(含射孔、压裂井、局部打开、斜井、水平井)；S_{ani} 为油藏渗透率的非均质性产生的表皮系数；S_{RC} 为近井地带地层流度比变化产生的表皮系数(含径向复合地层渗透率或流体性质变化)；S_{ND} 为井筒附近非达西流引起的表皮系数。

一般把表皮系数考虑为固定值，即定表皮系数，但也存在变表皮效应现象，如 DST 测试中开井流动时出现自行解堵现象。特别是对于探井测试，初开井可以排出井底附近的钻井液，减少储层损害程度。对于气井测试，当流量依次从小到大开井流动时，高速流动的气体能有效带出钻完井过程中侵入井眼附近储层的液相及固相污染物，降低污染程度，流动速度越大，改善效果越好。因此，气井测试过程中不同流量的流动阶段表皮系数是不一样的。

变表皮效应是指表皮系数随时间增加或减小的现象，易发生在新投产的井或措施后不久的井的压降测试过程中。在 DST 测试过程中，压降期反映的储层动态与压力恢复期明显不同。

2.2.2　试井分析中的无量纲量

量纲(physical dimension)是指物理量的基本属性。物理学中采用物理量定量描述各种物理现象，所采用的各类物理量之间关系密切，即它们之间具有确定的函数关系。为了准确地描述这些关系，物理量可分为基本量和导出量，一切导出量均可从基本量中导出，由此建立整个物理量之间函数关系，这种关系通常称为量制。以给定量制中基本量量纲的幂的乘积表示某物理量量纲的表达式，称为量纲式或量纲积，定性表达导出量与基本量的关系。量纲和单位是完全不同的概念，

量纲表示物理量的特征，而单位却是其计量尺度。在试井发展历史上曾先后建立过不同的量制：达西单位制、工程单位制、SI 国际单位制。不同单位制下，物理量的单位各不相同，同一物理量在不同量制下具有不同的数值。

一般来说，某一物理量被度量的数值大小与测量单位的选择有关，称此物理量为有量纲量，如体积具有长度三次方的量纲 $[L^3]$，产量的量纲 $[L^3T^{-1}]$，渗透率的量纲为 $[L^2]$ 等。但也有些物理量不具有量纲，即量纲为 1，如含油饱和度、原油体积系数、孔隙度、表皮系数等，这些物理量称为无量纲量。表 2.1 列出了试井理论中常用的物理量及其量纲形式。

表 2.1　常用物理量量纲形式表

变量名称	符号	量纲形式
压力	p	$ML^{-1}T^{-2}$
流量	q	L^3T^{-1}
黏度	μ	$ML^{-1}T^{-1}$
渗透率	K	L^2
厚度	h	L
井半径	r	L
时间	t	T
压缩系数	C	$M^{-1}LT^2$
孔隙度	ϕ	1

注：M 为质量；L 为长度；T 为时间。

要计算某一有量纲物理量往往需涉及许多其他有量纲物理量，有时很不方便。为了简化计算的目的，常常把某些有量纲的物理量无量纲化，即引进新的无量纲量。一般来说，物理量的无量纲化就是这一物理量与别的一些物理量的组合，并与这一物理量成正比。物理量的无量纲常常用下标 D 表示。

如无量纲时间 t_D 与开井时间 t 或关井时间 Δt 成正比：

$$t_D = \frac{3.6K}{\phi\mu C_t r_w^2} t \tag{2.27a}$$

$$t_D = \frac{3.6K}{\phi\mu C_t r_w^2} \Delta t \tag{2.27b}$$

式中，C_t 为综合压缩系数，1/MPa；t 为时间，h；ϕ 为孔隙度。

油井的无量纲压力 p_D 与压差 Δp 成正比：

$$p_D = \frac{Kh}{1.842 \times 10^{-3} q \mu B} \Delta p \tag{2.28}$$

无量纲井筒储集系数 C_D 与井筒储集系数 C 成正比：

$$C_D = \frac{C}{2\pi \phi C_t h r_w^2} \tag{2.29}$$

无量纲距离 r_D 与距离 r 成正比：

$$r_D = \frac{r}{r_w} \tag{2.30}$$

无量纲储容比：

$$\omega = \frac{(\phi C_t)_f}{(\phi C_t)_f + (\phi C_t)_m} \tag{2.31}$$

式中，ω 为储容比。下标 f 和 m 分别代表裂缝和基质。

无量纲化方法不是唯一的，往往根据不同的需要用不同的方法定义同一个无量纲量。如在试井分析中，在不同的场合使用不同的无量纲时间，除了用井的半径定义以外，还有用供油半径 r_e、油藏面积 A 或裂缝半长 x_f 定义：

$$t_{De} = \frac{3.6K}{\phi \mu C_t r_e^2} t \tag{2.32a}$$

$$t_{DA} = \frac{3.6K}{\phi \mu C_t A} t \tag{2.32b}$$

$$t_{Df} = \frac{3.6K}{\phi \mu C_t x_f^2} t \tag{2.32c}$$

$$C_{Df} = \frac{C}{2\pi \phi C_t h x_f^2} \tag{2.33}$$

式中，x_f 为裂缝半长，m；r_e 为供油半径，m。

引入无量纲量有许多好处，最大的好处是通过引入无量纲物理量，避免用有量纲物理量计算所遇到的麻烦，用无量纲研究某些特定问题能够得出普遍的规律，获得的结果适用于任何实际场合及单位制。如某一数学模型的无量纲解，适用于这一模型后，可再由无量纲量与实际物理量之间的关系把无量纲换算成所需要的有量纲数值。正是由于这个原因，根据各类试井解释模型研制无量纲试井典型曲线图版，这些图版具有普遍规律。

试井分析中常用的无量纲量的定义如表 2.2 所示。

表 2.2 常用无量纲量定义表

无量纲量	定义式	流动几何形态
r_D	$\dfrac{r}{r_w}$	平面径向流
r_D	$\dfrac{r}{r_w}\sqrt{\dfrac{K_h}{K_v}}$	垂向径向流
x_D	$\dfrac{x}{r_w}\sqrt{\dfrac{K_h}{K_v}}$	线性流
t_D	$\dfrac{3.6Kt}{\phi\mu C_t r_w^2}$	径向流
t_{Df}	$\dfrac{3.6Kt}{\phi\mu C_t x_f^2}$	线性流
p_D	$\dfrac{Kh(p_i-p)}{1.842\times10^{-3}q\mu B}$	线性流/径向流

2.2.3 均质地层表皮效应模型及拉氏空间解

均质油藏试井模型是在 Ramey(1970)、Gringarten 和 Ramey(1973)、Bourdet (1983)等研究基础上发展起来的基本试井模型。

1. 物理模型

考虑无限大均质储层中心一口井，以定产量 q 生产，试井物理模型如下：①油藏各向同性、均质；②地层流体和地层岩石微可压缩，且压缩系数为常数 C_t；③地层流体单相，流动满足线性达西渗流定律；④油井半径为 r_w，考虑井筒储集影响；⑤井壁存在表皮效应；⑥油井生产前，地层中各点压力均匀分布，且为 p_i；⑦忽略重力和毛管力的影响。其渗流模式如图 2.7 和图 2.8 所示。

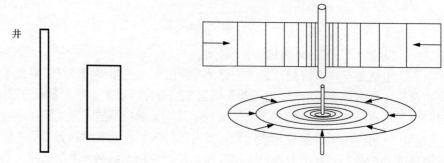

图 2.7 均质试井模型示意图 　　　　　图 2.8 均质试井模型向井流动示意图

2. 数学模型及拉普拉斯变换求解方法

无限大均质油藏弹性渗流不稳定试井数学模型如下:

$$\frac{\partial^2 p}{\partial r^2} + \frac{1}{r}\frac{\partial p}{\partial r} = \frac{1}{3.6\eta}\frac{\partial p}{\partial t}, \qquad 基本偏微分方程 \qquad (2.34)$$

$$p(r,0) = p_i, \qquad 初始条件 \qquad (2.35)$$

$$\lim_{r\to\infty} p(r,t) = p_i, \qquad 外边界条件 \qquad (2.36)$$

内边界条件:

$$\frac{Kh}{1.842\times10^{-3}\mu}r\left(\frac{\partial p}{\partial r}\right)\bigg|_{r=r_w} = 24C\frac{dp_w}{dt} + q, \qquad 考虑井储效应的定产量条件$$

$$(2.37)$$

$$p_w = \left[p - S\left(\frac{\partial p}{\partial r}\right)\right]_{r=r_w}, \qquad 考虑表皮效应 \qquad (2.38)$$

式中, η 为导压系数, $\mu m^2 \cdot MPa/(mPa \cdot s)$。

采用无量纲量,其试井数学模型简化为

$$\frac{\partial^2 p_D}{\partial r_D^2} + \frac{1}{r_D}\frac{\partial p_D}{\partial r_D} = \frac{\partial p_D}{\partial t_D}, \qquad 基本偏微分方程 \qquad (2.39)$$

初始条件:

$$p_D(r_D,0) = 0 \qquad (2.40)$$

$$\lim_{r_D\to\infty} p_D(r_D,t_D) = 0, \qquad 外边界条件 \qquad (2.41)$$

$$C_D\frac{dp_{wD}}{dt_D} - \left(\frac{\partial p_D}{\partial r_D}\right)_{r_D=1} = 1, \qquad 内边界条件 \qquad (2.42)$$

$$\bar{p}_{wD} = \left[\bar{p}_D - S\frac{d\bar{p}_D}{dr_D}\right]_{r_D=1} \qquad (2.43)$$

式中，p_D 为地层未受井底污染时地层任意一点的无量纲地层压力；p_{wD} 为井底污染后的无量纲井底压力。式 (2.39 至式 (2.43) 数学模型中含有井筒储集系数 C_D 和表皮系数 S，简称表皮效应试井模型。

对上述方程进行 Laplace 变换，简称拉氏变换，这种求解方法称为 Laplace 变换法。

按拉氏变换的定义有

$$F(u) = \int_0^\infty f(t) \mathrm{e}^{-u} \mathrm{d}t = L[f(t)] \tag{2.44}$$

$F(u)$ 称为 $f(t)$ 的拉氏变换的像函数，$f(t)$ 为 $F(u)$ 的拉氏逆变换的原函数，考虑

$$L[p_D] = \int_0^\infty p_D \mathrm{e}^{-u t_D} \mathrm{d}t_D = \overline{p}_D \tag{2.45}$$

对式 (2.39) 导数项分别做变换，有

$$L\left[\frac{\partial p_D}{\partial t_D}\right] = \int_0^\infty \frac{\partial p_D}{\partial t_D} \mathrm{e}^{-u t_D} \mathrm{d}t_D = u\overline{p}_D - 0 = u\overline{p}_D \tag{2.46}$$

$$L\left[\frac{\partial p_D}{\partial r_D}\right] = \int_0^\infty \frac{\partial p_D}{\partial r_D} \mathrm{e}^{-u t_D} \mathrm{d}t_D = \frac{\mathrm{d}\overline{p}_D}{\mathrm{d}r_D} \tag{2.47}$$

$$L\left[\frac{\partial^2 p_D}{\partial r_D{}^2}\right] = \int_0^\infty \frac{\partial^2 p_D}{\partial r_D{}^2} \mathrm{e}^{-u t_D} \mathrm{d}t_D = \frac{\mathrm{d}^2 \overline{p}_D}{\mathrm{d}r_D{}^2} \tag{2.48}$$

$$L[1] = \int_0^\infty 1 \cdot \mathrm{e}^{-u t_D} \mathrm{d}t_D = \frac{1}{u} \tag{2.49}$$

于是有

$$\frac{\mathrm{d}^2 \overline{p}_D}{\mathrm{d}r_D{}^2} + \frac{1}{r_D} \frac{\mathrm{d}\overline{p}_D}{\mathrm{d}r_D} - u\overline{p}_D = 0 \tag{2.50}$$

$$\overline{p}_D(r_D, 0) = 0 \tag{2.51}$$

$$\lim_{r_D \to \infty} \overline{p}_D(r_D, u) = 0 \tag{2.52}$$

$$C_D u \overline{p}_{wD} - \frac{\mathrm{d}\overline{p}_D}{\mathrm{d}r_D}\bigg|_{r_D = 1} = \frac{1}{u} \tag{2.53}$$

$$\overline{p}_{\mathrm{wD}} = \left[\overline{p}_{\mathrm{D}} - S \frac{\mathrm{d}\overline{p}_{\mathrm{D}}}{\mathrm{d}r_{\mathrm{D}}} \right]_{r_{\mathrm{D}}=1} \tag{2.54}$$

将式(2.50)两边各除以 u，改写成二阶线性常微分方程：

$$\frac{\mathrm{d}^2 \overline{p}_{\mathrm{D}}}{\mathrm{d}(r_{\mathrm{D}}\sqrt{u})^2} + \frac{1}{r_{\mathrm{D}}\sqrt{u}} \frac{\mathrm{d}\overline{p}_{\mathrm{D}}}{\mathrm{d}(r_{\mathrm{D}}\sqrt{u})} - (1^2 + 0)\overline{p}_{\mathrm{D}} = 0 \tag{2.55}$$

令 $x = r_{\mathrm{D}}\sqrt{u}$，可得

$$\frac{\mathrm{d}^2 \overline{p}_{\mathrm{D}}}{\mathrm{d}x^2} + \frac{1}{x} \frac{\mathrm{d}\overline{p}_{\mathrm{D}}}{\mathrm{d}x} - (1^2 + 0)\overline{p}_{\mathrm{D}} = 0 \tag{2.56}$$

因式(2.56)第三项为负，故式(2.56)为虚宗量贝赛尔函数，其通解为

$$\overline{p}_{\mathrm{D}} = A\mathrm{I}_0(x) + B\mathrm{K}_0(x) \tag{2.57}$$

式中，A、B 为常数；I_0 与 K_0 分别为第一类与第二类零阶虚宗量(变形)贝赛尔函数。求式(2.57)的特解，就需要利用边界条件确定式(2.57)的常数 A 与 B。根据外边界条件，式(2.57)为

$$\lim_{r_{\mathrm{D}}\to\infty} \overline{p}_{\mathrm{D}}(r_{\mathrm{D}}, s) = A\mathrm{I}_0(x) + B\mathrm{K}_0(x) = 0 \tag{2.58}$$

按贝赛尔函数的性质，有

$$\lim_{r_{\mathrm{D}}\to\infty} \mathrm{I}_0(x) \to \infty \tag{2.59}$$

而

$$\lim_{r_{\mathrm{D}}\to\infty} \mathrm{K}_0(x) = 0 \tag{2.60}$$

由于 $\mathrm{I}_0(x)$ 不为零，要使式(2.58)等于零，只有 $A=0$ 时才能成立，故式(2.57)可写成

$$\overline{p}_{\mathrm{D}} = B\mathrm{K}_0(x) = B\mathrm{K}_0\left(r_{\mathrm{D}}\sqrt{u}\right) \tag{2.61}$$

考虑

$$\frac{\mathrm{d}\overline{p}_{\mathrm{D}}}{\mathrm{d}r_{\mathrm{D}}} = -B\sqrt{u}\mathrm{K}_1\left(r_{\mathrm{D}}\sqrt{u}\right) \tag{2.62}$$

把内边界条件式(2.53)和式(2.54)联立求解 B，有

$$C_{\mathrm{D}}u\left[\bar{p}_{\mathrm{D}} - S\frac{\mathrm{d}\bar{p}_{\mathrm{D}}}{\mathrm{d}r_{\mathrm{D}}}\right]_{r_{\mathrm{D}}=1} - \frac{\mathrm{d}\bar{p}_{\mathrm{D}}}{\mathrm{d}r_{\mathrm{D}}}\bigg|_{r_{\mathrm{D}}=1} = \frac{1}{u} \tag{2.63}$$

$$C_{\mathrm{D}}u\left[B\mathrm{K}_0\left(\sqrt{u}\right) + S\sqrt{u}B\mathrm{K}_1\left(\sqrt{u}\right)\right] + B\sqrt{u}\mathrm{K}_1\left(\sqrt{u}\right) = \frac{1}{u} \tag{2.64}$$

得

$$B = \frac{1}{u\left\{\sqrt{u}\mathrm{K}_1\left(\sqrt{u}\right) + C_{\mathrm{D}}u\left[\mathrm{K}_0\left(\sqrt{u}\right) + S\sqrt{u}\mathrm{K}_1\left(\sqrt{u}\right)\right]\right\}} \tag{2.65}$$

进一步得

$$\bar{p}_{\mathrm{wD}} = \left[\bar{p}_{\mathrm{D}} - S\frac{\mathrm{d}\bar{p}_{\mathrm{D}}}{\mathrm{d}r_{\mathrm{D}}}\right] = B\mathrm{K}_0\left(\sqrt{u}\right) + S\sqrt{u}\mathrm{K}_1\left(\sqrt{u}\right) \tag{2.66}$$

整理得

$$\bar{p}_{\mathrm{wD}} = \frac{\mathrm{K}_0\left(\sqrt{u}\right) + S\sqrt{u}\mathrm{K}_1\left(\sqrt{u}\right)}{u\left\{\sqrt{u}\mathrm{K}_1\left(\sqrt{u}\right) + C_{\mathrm{D}}u\left[\mathrm{K}_0\left(\sqrt{u}\right) + S\sqrt{u}\mathrm{K}_1\left(\sqrt{u}\right)\right]\right\}} \tag{2.67}$$

式(2.67)是 Laplace 空间井底无量纲压力表达式,通过逆变换可得到实空间的精确解为

$$p_{\mathrm{wD}}(t_{\mathrm{D}}) = \frac{4}{\pi^2}\int_0^\infty \frac{\left(1 - \mathrm{e}^{-u^2 t_{\mathrm{D}}}\right)\mathrm{d}u}{u^3\left\{\left[C_{\mathrm{D}}u\mathrm{J}_0(u) - \left(1 - C_{\mathrm{D}}Su^2\right)\mathrm{J}_1(u)\right]^2 + \left[C_{\mathrm{D}}u\mathrm{Y}_0(u) - \left(1 - C_{\mathrm{D}}Su^2\right)\mathrm{Y}_1(u)\right]^2\right\}} \tag{2.68}$$

式中,$\mathrm{J}_0(u)$、$\mathrm{J}_1(u)$ 分别为零阶与一阶第一类贝塞尔函数;$\mathrm{Y}_0(u)$、$\mathrm{Y}_1(u)$ 分别为零阶与一阶第二类贝塞尔函数;u 为积分变量。式(2.68)实际计算比较复杂,需要采用数值积分方法计算。

在试井分析中,一般采用 Stehfest 方法对式(2.67)进行数值逆变换求解井底压力。

式(2.67)含有两个参数 C_{D} 和 S,Bourdet 和 Gringarten(1980)对此式进行简化,然后再用 Stehfest 数值反演算法求得井底压力解。式(2.67)改写为

$$\overline{p}_{wD} = \cfrac{1}{u\left[C_D u + \left(S + \cfrac{K_0\left(\sqrt{u}\right)}{\sqrt{u}K_1\left(\sqrt{u}\right)} \right)^{-1} \right]} \qquad (2.69)$$

分析式 (2.69) 中 $\dfrac{K_0\left(\sqrt{u}\right)}{\sqrt{u}K_1\left(\sqrt{u}\right)}$ 的渐近式，发现 $S + \dfrac{K_0\left(\sqrt{u}\right)}{\sqrt{u}K_1\left(\sqrt{u}\right)}$ 与 ue^{-2u} 成半对数

关系曲线 (图 2.9)。

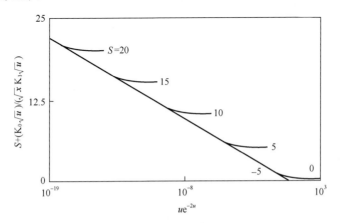

图 2.9　$S + \dfrac{K_0\left(\sqrt{u}\right)}{\sqrt{u}K_1\left(\sqrt{u}\right)}$ 与 ue^{-2u} 的关系曲线

由图 2.9 可以看出，不同 S 值的各条曲线随 ue^{-2u} 减小时都合并在一条直线上，如

果考虑 p_D 的变化范围，用这条半对数直线，即 $\ln \dfrac{2}{\gamma\sqrt{ue^{-2S}}}$ 近似表示 $S + \dfrac{K_0\left(\sqrt{u}\right)}{\sqrt{u}K_1\left(\sqrt{u}\right)}$，

式中 $\gamma = 1.78$ 是欧拉常数的指数。

于是式 (2.69) 可以改写为

$$\overline{p}_{wD}(u) = \cfrac{1}{u\left(C_D u + \ln \cfrac{2}{\gamma\sqrt{ue^{-2S}}} \right)} \qquad (2.70)$$

定义变换 $u' = uC_D$，即

$$u = \frac{u'}{C_D} \qquad (2.71)$$

式(2.70)变为

$$\bar{p}_{\mathrm{wD}}(u') = \cfrac{1}{u'\left\{u' + \left(\ln\cfrac{2}{\gamma\sqrt{u'/C_{\mathrm{D}}\mathrm{e}^{2S}}}\right)^{-1}\right\}} \tag{2.72}$$

对式(2.72)进行变换，相对于将无量纲时间 t_{D} 变化为 $t_{\mathrm{D}}/C_{\mathrm{D}}$，即 $p_{\mathrm{wD}}(t_{\mathrm{D}}) \to p_{\mathrm{wD}}(t_{\mathrm{D}}/C_{\mathrm{D}})$。

事实上，在不同的时间范围内，式(2.72)可以进一步简化。张义堂和童宪章 (1991)认为，在 $u'/C_{\mathrm{D}}\mathrm{e}^{2S}$ 很小时，用式(2.72)近似计算有较大误差。

根据贝塞尔函数的性质，从式(2.69)还可以得到井底压力的渐近公式。

在流动早期，时间 $t_{\mathrm{D}} \to 0$，相当于 $u \to \infty$：

$$\mathrm{K}_n(u) \approx \sqrt{\frac{\pi}{2u}}\mathrm{e}^{-u}, \qquad n = 0 \text{ 或 } 1 \tag{2.73}$$

式(2.69)短时渐近解为

$$p_{\mathrm{wD}} = \frac{1}{C_{\mathrm{D}}}\left(t_{\mathrm{D}} - \frac{t_{\mathrm{D}}^2}{2C_{\mathrm{D}}S} + \frac{8t_{\mathrm{D}}^{\frac{5}{2}}}{15\sqrt{\pi}C_{\mathrm{D}}S^2} + O\left(t_{\mathrm{D}}^3\right)\right), \qquad S,\ C_{\mathrm{D}} \neq 0 \tag{2.74}$$

$$p_{\mathrm{wD}} = \frac{1}{C_{\mathrm{D}}}\left(t_{\mathrm{D}} - \frac{4t_{\mathrm{D}}^{3/2}}{3C_{\mathrm{D}}\sqrt{\pi}} + O\left(t_{\mathrm{D}}^3\right)\right), \qquad S = 0,\ C_{\mathrm{D}} \neq 0 \tag{2.75}$$

如果时间很小或堵塞很严重，即 $S \to \infty$ 时，式(2.74)可进一步简化为

$$p_{\mathrm{wD}} = t_{\mathrm{D}}/C_{\mathrm{D}} \tag{2.76}$$

在流动时间足够长时，$t_{\mathrm{D}} \to \infty$，相当 $u \to 0$。根据贝塞尔函数的性质，有

$$\mathrm{K}_0(u) \approx -\left(\ln\frac{u}{2} + \gamma\right) \tag{2.77}$$

$$\mathrm{K}_1(u) \approx \frac{1}{u} \tag{2.78}$$

式(2.69)长时间的渐近解(t_{D} 较大时的近似解)为

$$p_{\mathrm{wD}} = \frac{1}{2}\left(\ln t_{\mathrm{D}} + 0.8091 + 2S\right) \tag{2.79}$$

式 (2.76) 表示流动早期压力与是时间成直线关系，而式 (2.79) 表明在流动中期，压力与时间呈半对数直线关系。这种关系式是常规半对数分析方法的理论基础。

2.2.4　常规分析方法

在 20 世纪 90 年代以前，普遍使用半对数分析方法，这种半对数分析方法被称作常规试井分析方法。

1. 变产量压降常规试井分析方法

假设油井测试前，产量随时间变化，试井分析时通常把变化的产量划分成若干个 "台阶"，即把生产过程分成若干个时间段，在每一个时间段产量变化不大，近似看作是个常数，第 i 个时间段的产量为 $q_i(i=1,2,3,\cdots,n)$，如图 2.10 所示，即

$$q=q_1,\qquad 0\leqslant t<t_1$$

$$q=q_2,\qquad t_1\leqslant t<t_2$$

$$q=q_3,\qquad t_2\leqslant t<t_3$$

$$\cdots\cdots \tag{2.80}$$

$$q=q_{n-1},\qquad t_{n-2}\leqslant t<t_{n-1}$$

$$q=q_n,\qquad t\geqslant t_{n-1}$$

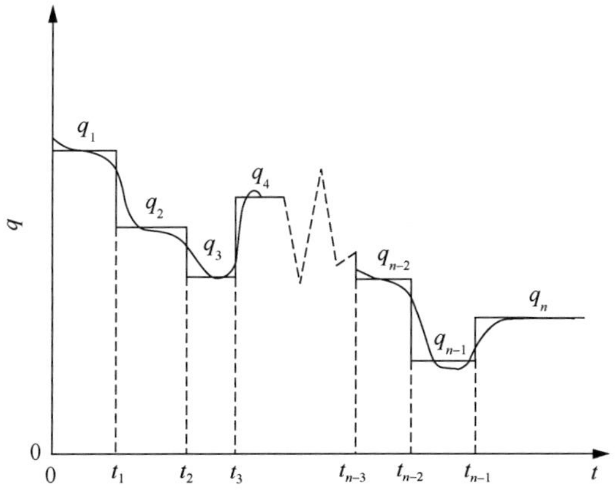

图 2.10　产量变化近似表示示意图

在第一个时间段 $(0\leqslant t\leqslant t_1)$，由式 (2.80) 得

$$p_{wf}(t) = p_i - \frac{2.121 \times 10^{-3} q_1 \mu B}{Kh} \left(\lg \frac{Kt}{\phi \mu C_t r_w^2} + 0.9077 + 0.8686S \right), \quad 0 \leqslant t < t_1 \quad (2.81)$$

在第二个时间段 $(t_1 \leqslant t < t_2)$，由叠加原理可导出

$$p_{wf}(t) = p_i - \frac{2.121 \times 10^{-3} \mu B}{Kh}$$

$$\left[q_1 \lg t + (q_2 - q_1) \lg(t - t_1) + q_2 \left(\lg \frac{K}{\phi \mu C_t r_w^2} + 0.9077 + 0.8686S \right) \right], \quad t_1 \leqslant t < t_2 \quad (2.82)$$

同理，在第三个时间段 $(t_2 \leqslant t < t_3)$，有

$$p_{wf}(t) = p_i - \frac{2.121 \times 10^{-3} \mu B}{Kh} \Big[q_1 \lg t + (q_2 - q_1) \lg(t - t_1) + (q_3 - q_2) \lg(t - t_2)$$

$$+ q_3 \left(\lg \frac{K}{\phi \mu C_t r_w^2} + 0.9077 + 0.8686S \right) \Big], \quad t_2 \leqslant t < t_3 \quad (2.83)$$

在第 n 个时间段 $(t > t_{n-1})$，有

$$p_{wf}(t) = p_i - \frac{2.121 \times 10^{-3} \mu B}{Kh} \Big[q_1 \lg t + (q_2 - q_1) \lg(t - t_1) + (q_3 - q_2) \lg(t - t_2)$$

$$+ \cdots + (q_n - q_{n-1}) \lg(t - t_{n-1}) + q_n \left(\lg \frac{K}{\phi \mu C_t r_w^2} + 0.9077 + 0.8686S \right) \Big] \quad (2.84)$$

式 (2.84) 可写成

$$p_{wf}(t) = p_i - \frac{2.121 \times 10^{-3} q_n \mu B}{Kh}$$

$$\left[\sum_{j=1}^{n} \frac{q_j - q_{j-1}}{q_n} \lg(t - t_{j-1}) + \left(\lg \frac{K}{\phi \mu C_t r_w^2} + 0.9077 + 0.8686S \right) \right], \quad t > t_{n-1} \quad (2.85)$$

式中，$t_0 = 0$；$q_0 = 0$。

由式 (2.85) 可知，$p_{wf}(t)$ 与 $\sum\limits_{j=1}^{n} \dfrac{q_j - q_{j-1}}{q_n} \lg(t - t_{j-1})$ 呈直线关系，其斜率为

$\dfrac{2.121\times10^{-3}q_n\mu B}{Kh}$，则当已知该直线斜率时，即可计算地层参数。

变产量半对数分析方法的具体步骤如下。

(1) 在直角坐标系中，绘制 $p_{\mathrm{wf}}(t)$ 与 $\displaystyle\sum_{j=1}^{n}\dfrac{q_j-q_{j-1}}{q_n}\lg\left(t-t_{j-1}\right)$ 的关系曲线（图 2.11）。

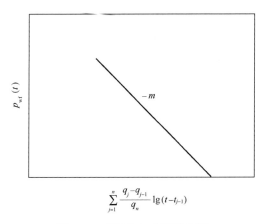

$$\sum_{j=1}^{n}\frac{q_j-q_{j-1}}{q_n}\lg\left(t-t_{j-1}\right)$$

图 2.11　产量叠加曲线示意图

(2) 求直线段斜率 m 和截距 b。

(3) 由式 (2.85) 可知，直线段斜率(取绝对值)和截距公式为

$$m=\frac{2.121\times10^{-3}q_n\mu B}{Kh} \tag{2.86}$$

$$b=p_i-\frac{2.121\times10^{-3}q_n\mu B}{Kh}\left(\lg\frac{K}{\phi\mu C_t r_w^2}+0.9077+0.8686S\right) \tag{2.87}$$

由式 (2.86)、式 (2.87) 可算出

$$K=\frac{2.121\times10^{-3}q_n\mu B}{mh} \tag{2.88}$$

$$S=1.151\left(\frac{p_i-b}{m}-\lg\frac{K}{\phi\mu C_t r_w^2}-0.9077\right) \tag{2.89}$$

2. 变产量压力恢复分析方法

如果关井压力恢复前整个生产阶段的产量不稳定，但关井前的一段时间，产

量比较稳定(设为 q)，则可把这一稳定产量 q 作为整个生产期间的产量，而取

$$t_\mathrm{p} = \frac{24Q}{q} \tag{2.90}$$

式中，t_p 为关井前的生产时间，称为折算生产时间，h；Q 为关井前整个生产阶段的累计产量，m^3。

当产量变化幅度较大时，必须采用变产量的解释方法，即通过叠加的方式处理压力变化。油井以变产量生产后关井进行压力恢复测试，关井前的产量可分作 n 个台阶，即设想成把全部产量分成 $n+1$ 个时间段，其中第 $n+1$ 段的产量为零(图 2.12)。

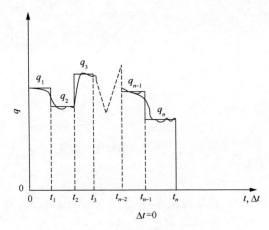

图 2.12　产量变化处理示意图

根据叠加原理，得到关井后($\Delta t = 0$ 时刻关井)的井底压力为

$$
\begin{aligned}
p_\mathrm{ws}(\Delta t) =\ & p_\mathrm{i} - \frac{2.121 \times 10^{-3}\, \mu B}{Kh}\Big[q_1 \lg t + (q_2 - q_1)\lg(t - t_1) + (q_3 - q_2)\lg(t - t_2) \\
& + \cdots + (q_n - q_{n-1})\lg(t - t_{n-1}) - q_n \lg \Delta t \Big] \\
=\ & p_\mathrm{i} - \frac{2.121 \times 10^{-3}\, \mu B}{Kh}\left[\sum_{i=1}^{n}(q_i - q_{i-1})\lg(t - t_{i-1}) - q_n \lg \Delta t \right] \\
=\ & p_\mathrm{i} - \frac{2.121 \times 10^{-3}\, q_n \mu B}{Kh}\left[\sum_{i=1}^{n}\frac{(q_i - q_{i-1})}{q_n}\lg(t - t_{i-1}) - \lg \Delta t \right] \tag{2.91}
\end{aligned}
$$

式中，$t_0 = 0$；$q_0 = 0$。

因为 $t = t_n + \Delta t$，式(2.91)可写为

$$p_{ws}(\Delta t) = p_i - \frac{2.121 \times 10^{-3} q_n \mu B}{Kh} \left[\sum_{i=1}^{n} \frac{(q_i - q_{i-1})}{q_n} \lg(t_n + \Delta t - t_{i-1}) - \lg \Delta t \right] \quad (2.92)$$

由式 (2.92) 可知，关井井底压力 $p_{ws}(\Delta t)$ 与 $\left[\sum\limits_{i=1}^{n} \dfrac{(q_i - q_{i-1})}{q_n} \lg(t_n + \Delta t - t_{i-1}) - \lg \Delta t \right]$

呈直线关系，其斜率为 $-\dfrac{2.121 \times 10^{-3} q_n \mu B}{Kh}$，则当已知该直线斜率和直线段的截距 b 时，即可计算地层参数，渗透率可通过下式算出：

$$K = \frac{2.121 \times 10^{-3} q_n \mu B}{mh} \quad (2.93)$$

直线的截距即为 p_i，可计算表皮系数

$$S = 1.151 \left(\frac{b}{m} - \lg \frac{K}{\phi \mu C_t r_w^2} - 0.9077 \right) \quad (2.94)$$

2.2.5　现代试井分析方法

1. 典型曲线图版及特征

根据试井模型井底压力解计算无量纲压力与无量纲时间数据，在某种坐标系中(一般是双对数坐标)绘制成一组或若干组曲线，称为试井典型曲线图版，也称为样板曲线。在绘制典型曲线图版时，考虑的因素及选取的变量不同，得到的图版也不一样。最常用的是 Gringarten 和 Bourdet 复合图版。

根据井底压力的理论解式 (2.76) 和式 (2.79)，可以导出复合图版的特征表达式。

在流动早期，即井筒储集阶段：

$$p_{wD} = \frac{t_D}{C_D} \quad (2.95)$$

Bourdet 导数图版是指压力对时间的导数再乘以时间，即

$$p'_{wD} \frac{t_D}{C_D} = \frac{dp_{wD}}{d\left(\dfrac{t_D}{C_D}\right)} \frac{t_D}{C_D} = \frac{dp_{wD}}{d\ln\left(\dfrac{t_D}{C_D}\right)} \quad (2.96)$$

在流动早期，其无量纲形式为

$$p'_{wD} \frac{t_D}{C_D} = \frac{dp_{wD}}{d\left(\dfrac{t_D}{C_D}\right)} \frac{t_D}{C_D} = \frac{t_D}{C_D} \tag{2.97}$$

在径向流动阶段，式(2.79)可改写为

$$p_{wD} = \frac{1}{2}\left[\ln\left(\frac{t_D}{C_D}\right) + 0.8091 + \ln\left(C_D e^{2S}\right)\right] \tag{2.98}$$

其导数为

$$p'_{wD} \frac{t_D}{C_D} = 0.5 \tag{2.99}$$

产量变化所引起的油(气)藏动态压力可以用 p_{wD}、t_D/C_D 和 $C_D e^{2S}$ 3 个无量纲变量组合描述，典型曲线图版就是这三者的关系曲线。在双对数坐标系中，以无量纲压力 p_{wD}、p'_{wD} 为纵坐标，无量纲时间 t_D 和无量纲井筒储集系数 C_D 的比值 t_D/C_D 为横坐标，$C_D e^{2S}$ 为参变量的典型曲线图版(图 2.13)。

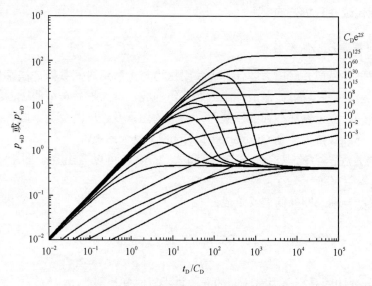

图 2.13　压力及其导数典型曲线复合图版

图版中每一条样板曲线对应一个 $C_D e^{2S}$ 值，表征井筒及其周围的情况。一般来说，损害井，$C_D e^{2S} > 10^3$；未受损害井，$5 < C_D e^{2S} \leqslant 10^3$；酸化见效井，$0.5 < C_D e^{2S} \leqslant 5$；压裂见效井，$C_D e^{2S} \leqslant 0.5$。

压力导数曲线图版是在压力曲线图版基础上对压力求导数。在双对数坐标系中，以 $\mathrm{d}p_{\mathrm{wD}}\big/\mathrm{dln}\left(\dfrac{t_{\mathrm{D}}}{C_{\mathrm{D}}}\right)$ 为纵坐标，简称为 p'_{wD}（本书的典型曲线图版都用 p'_{wD}），

$\dfrac{t_{\mathrm{D}}}{C_{\mathrm{D}}}$ 为横坐标。

典型曲线图版的首要优势在于划分流动阶段，对于无限大均质油藏模型，根据典型曲线形态，可将其划分为 3 个流动阶段（图 2.14）。

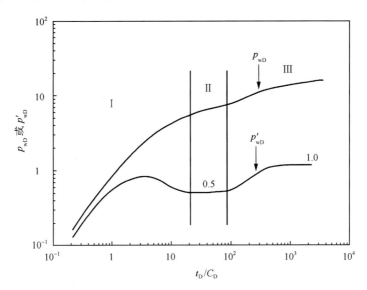

图 2.14　均质油藏模型的压力及压力导数曲线示意图

（1）阶段 I 为井筒储集阶段，在双对数图上，压力及其导数合二为一，均呈现单位斜率（45°）的上升直线，表示井筒储集效应的影响。

（2）阶段 II 为过渡阶段，在双对数曲线 45°线和 0.5 水平线线之间，是一组对应于不同 $C_{\mathrm{D}}\mathrm{e}^{2S}$ 值的曲线，导数曲线形如一侧平缓、另一侧为陡峭的山峰，导数曲线出现峰值后向下倾斜，即呈现驼峰状，$C_{\mathrm{D}}\mathrm{e}^{2S}$ 值越大，"驼峰"隆起的幅度就越大，"峰顶"也就越高，峰值越大，表明表皮系数越大，井底污染越严重。

（3）阶段 III 为径向流动阶段，压力导数呈现水平线，水平截距为 0.5，为方便起见，简称为 0.5 水平线。该阶段反映地层向井筒的径向流动特性。

复合图版是在图版的基础上改进得到，具有许多优点，如容易区分流动阶段，较易选到唯一的拟合曲线，适用范围（对 $C_{\mathrm{D}}\mathrm{e}^{2S}$ 变化范围而言）比较广等。

2. 典型曲线拟合方法

下面着重讨论 Gringarten 和 Bourdet 复合典型曲线图版拟合分析方法，其步骤如下。

(1)整理实测压力数据。

求出压差 $\Delta p = p_i - p_{wf}(t)$ 及压力导数 $(\mathrm{d}\Delta p/\mathrm{d}\ln\Delta t)$，绘制 Δp 及 $(\mathrm{d}\Delta p/\mathrm{d}\ln\Delta t)$ 的双对数曲线，根据曲线形态，划分流动期，即井筒储集阶段、过渡阶段、径向流动阶段及边界作用阶段。

(2)特征曲线分析。

首先，进行早期纯井筒储集阶段曲线分析。在直角坐标上，用导数曲线划分出的井筒储集阶段数据(双对数曲线中落在斜率为 1 的直线段上的早期数据点)画出直线，由这个直线段的斜率 m 计算井筒储集系数 C：

$$C = \frac{qB}{24m} \tag{2.100}$$

如果直线不通过原点，则可能存在时间误差，应进行校正。

然后，进行径向流动阶段的特征曲线分析(半对数曲线分析)。

在半对数坐标纸上，画出所有的数据点，用初拟合过程中所划分出的径向流动阶段的数据点，绘制 $p_{wf}(t)$ 与 t 的关系曲线。由直线段斜率的绝对值 m 算出地层渗透率，见式(2.88)。在直线段或其延长线上读出 1 小时的井底压力，由式(2.89)计算表皮系数。

(3)典型曲线拟合。

把实测曲线图叠放在解释图版上，通过上下和左右移动，找出一条与实测曲线最吻合的典型曲线，并读出其 $C_D e^{2S}$ 值。从典型曲线图版上读出拟合点的 $(p_D)_M$ 和 $(t_D/C_D)_M$ 值，从实测曲线上读出该点的 $(\Delta p)_M$ 和 $(t)_M$ 值，再从拟合的典型曲线上读出 $\left(C_D e^{2S}\right)_M$ 值。同样 $\dfrac{(p_D)_M}{(\Delta p)_M}$ 为压力拟合值，$\dfrac{(\Delta t)_M}{(t_D/C_D)_M}$ 为时间拟合值，$\left(C_D e^{2S}\right)_M$ 为中间参数拟合值。

由压力拟合值计算流动系数、地层系数和渗透率：

$$K = \frac{1.842\times10^{-3}q\mu B}{h}\frac{(p_D)_M}{(\Delta p)_M} \tag{2.101}$$

由时间拟合值计算井筒储集系数：

$$C = 22.62\frac{Kh}{\mu}\frac{(\Delta t)_M}{(t_D/C_D)_M} \tag{2.102}$$

式中，$\dfrac{Kh}{\mu}$ 已由压力拟合值算出，再由 C 算出 C_D 值：

$$C_{\mathrm{D}} = \frac{C}{2\pi\phi h C_{\mathrm{t}} r_{\mathrm{w}}^{2}} \tag{2.103}$$

最后，由曲线拟合值计算表皮系数：

$$S = \frac{1}{2}\ln\frac{\left(C_{\mathrm{D}}\mathrm{e}^{2S}\right)_{\mathrm{M}}}{C_{\mathrm{D}}} \tag{2.104}$$

在第二步和第二步用不同的方法算出 K、S 和 C 的数值，三者必须彼此相符。必须指出，就计算参数而言，如果流动期选取正确，特征曲线分析的结果要比图版拟合分析更为可靠，如果用不同的方法算出的同一参数相差超过 10%，则表明解释过程中出现问题，必须重新检查。

(4) 解释结果检验。

半对数曲线拟合检验。用所选用模型计算油藏参数后，计算压力降落或压力恢复数据，绘制压力曲线，并与实测压力降落或压力恢复曲线拟合。如果选用正确的试井模型，解释无误，应该得到较好的拟合。

压力史拟合检验。用解释的结果，结合实际测试过程，计算压力变化的全过程，与实测压力拟合，故称为压力历史拟合。更具体地说，就是用解释过程中所识别的油藏类型、油井类型和计算的每个参数，以及实际开关井情况和各次流动时间和产量等资料计算压力变化，实际上又是解正问题。将计算的压力和实测压力相对比，如果解释结果正确，则它们应能很好地互相拟合；如果拟合不好，则表明上述解释结果有问题，必须重新检查。

这里要特别强调的是，要实现测试阶段的全压力史拟合比较繁琐，而只进行部分压力史拟合则相对容易。如测试进行"三开三关"，只解释"二关"（第二次关井）的压力恢复资料，然后只作二关这个阶段的压力恢复拟合（其他阶段的压力史则不进行拟合）非常容易做到，但这往往不足以验证解释结果的正确性；而全压力史拟合要求拟合测试全过程的压力变化。要做到这一点，往往需要反复试验和调整，找到最合适的试井模型，获取正确的模型参数，最终得到满意的全程压力史拟合。

3. 自动试井拟合方法

用手工方法完成图版拟合，费时费力，且解释精度难以保证。自动试井拟合方法是在图版拟合基础上，基于计算机技术和最优化方法发展起来的高效、快速拟合方法，目前商业试井解释软件广泛采用自动拟合方法。顾名思义，自动试井拟合方法就是采用最优化方法原理,通过计算机不断调整待求模型参数,将实测压力曲线与计算的理论曲线自动拟合,达到最优拟合后,计算地层参数。该方法与图版拟合方法相比大大减轻人工拟合劳动强度,且解释结果更可靠,此外该方法还能评价解释结果的可信度。

目前自动拟合方法中的目标函数多数采用实测数据与理论数据之间的残差平方和,即最小二乘法,同时考虑压力 Δp 及其导数 $\Delta p'$进行拟合的目标函数为

$$J(\boldsymbol{\alpha}) = \sum_{j=1}^{N} \left\{ \left[F\left(\Delta t_j, \overline{\boldsymbol{\alpha}}\right) - \Delta p_j \right]^2 + \beta \left[F'\left(\Delta t_j, \overline{\boldsymbol{\alpha}}\right) - \Delta p'_j \right]^2 \right\} \qquad (2.105)$$

式中, $J(\boldsymbol{\alpha})$ 为目标函数; $\boldsymbol{\alpha}$ 为所求的地层参数,由向量组成; Δp 为实测压力的与地层压力的差; $F(\Delta t_j, \overline{\boldsymbol{\alpha}})$ 为试井模型的理论解; j 为实测时间点数; β 为导数加权因子。

由于试井分析模型函数都比较复杂,均为拟合参数的非线性函数,自动试井拟合就变成非线性最小二乘法问题。牛顿法是求解一般最优化问题的常用算法。但牛顿法难以保证 Hessian 矩阵的正定性及结果的收敛性,对某些复杂问题的应用受到限制。若忽略 Hessian 矩阵中的二阶导数项,则为 Gauss-Newton 方法,该方法仍未消除 Hessian 矩阵的病态问题。Rosa 和 Horne(1983)引入了 Marquardt 系数来保证 Hessian 矩阵的正定性,称为 Gauss-Marquardt 方法,或 Levenberg-Marquardt 方法,在具体的运用过程中还加入罚函数,并对参数作约束限制。Watson 和 Lee (1986)提出了利用加权最小残差平方和作为试井分析自动拟合目标函数。Barua 等(1988)提出 Newton-Barua 法,Rosa 和 Horne(1996)又提出一种使用最小绝对偏差的非线性参数估计方法。

目前自动试井拟合中也采用遗传算法、粒子群算法、模拟退火法、蚁群算法及其混合方法。

2.3 试井建模中的地质论

试井研究的油藏地质学问题涉及两个方面,一是试井分析的基础——地质模型的建立,其次是实际测试资料解释后进行的油藏动态描述。本节阐述与试井数学模型密切相关的地质模型,本章 2.5 节将论述试井油藏动态描述。

2.3.1 试井地质模型

无论是从宏观还是从微观上看,油(气)渗流的多孔介质非常复杂,试井分析是用数学方法刻画复杂流动介质的渗流过程。为了便于数学求解,首先必须建立

理想化的地质模型。理想地质模型是对实际储层的抽象和简化，并限制在某种范围内加以应用。

对于试井来说，人们更加关注油藏非均质的描述。油藏非均质的表现千差万别，总体来看，既有储层物性分布方面的非均质性，又有储层流体分布的非均质性。从成因上看，非均质性主要分为两大类型：一类是天然的非均质性，另一类是由于油田开发导致流体再分布而形成的非均质性。天然非均质性主要是因为油(气)储层在形成过程中受沉积环境、成岩作用和构造作用的影响，在空间分布及内部各种属性上都存在不均匀变化，这种变化被称为储层广义上的非均质性。储层的这种非均质性是影响地下油、气、水运动及油、气采收率的主要因素。油田开发形成的非均质性，主要由开发方式及地下流体性质的物理化学变化而形成的，如注水开发油田，水的注入使地下流体分布发生变化。注气(氮气、二氧化碳气或烃气体等)开发油(气)藏与此类似。对注入聚合物、胶体或凝胶进行开发的油(气)田，还要考虑非牛顿流体的渗流机理，因此油田开发形成的非均质性主要是流体分布类型的非均质性，这也是一种动态上的非均质性，而天然非均质性则是静态的。在探井试井阶段，油藏基本处于原始状态，试井研究的非均质性主要指储层的非均质性。

如果在油藏任意空间点上多孔介质性质都相同，流体的分布均匀，且压力在油藏中的传播规律是线性的，称这类油藏为均质油藏。严格地说，自然界不可能存在理想化的均质储层。但在进行试井研究时测试时间有限，压力影响范围也有限，因而在有限的时间和空间范围内，被分析的对象与均质储层大体一致。单从空间看，测试影响的区域有限，但外延的区域仍可认为是无限大。如对于砂岩储层，常常简化成无限大均质砂岩储层。

如果多孔介质性质在油藏任意空间点上不都相同，或流体的分布不均匀，或压力在油藏中的传播规律不都是线性，那么称这类油藏为非均质油藏。均质油藏和非均质油藏是从宏观方面判断和区分的，判别的标准是对于完全等效介质油藏中任意空间点上多孔介质性质、流体分布是否相同。这种不均匀变化具体表现在储层岩性、物性、含油性及微观孔隙结构等内部属性特征和储层空间分布等方面的不均质性。无论是海相储层还是陆相储层，碎屑岩储层还是碳酸盐岩储层，其非均质性普遍存在。储层的非均质性决定储层质量的好坏，研究储层的非均质性实际上就是研究储层的各向异性，定性或定量描述储层特征及空间变化规律，为油藏数值模拟研究提供精确的地质模型。

储层的均质性是相对的，而其非均质性则是绝对的。对于一个河道沉积的砂体而言，在研究某层系内不同河道砂体的层间渗透率差异时，可将该河道砂体看作一个相对的均质体。只需考虑该砂体的平均渗透率。但在研究该砂体的空间渗透性时，将该砂体视为非均质体，需要测量其垂向上不同部位的渗透率值，这种情况下每一个小测量单元则可视为均质体。钻完井所取的岩心也不是绝对的均质体，因为它由不同的颗粒和孔隙组成，这也是储层非均质性的表现。

储层性质本身可以是各向同性，也可以是各向异性。有的储层参数是标量，如孔隙度，其数值测量不存在方向性问题，即在同一测量单元中，沿三维空间任一方向测量，其数值大小相等。换句话说，对于呈标量性质的储层参数，非均质性是由参数值空间分布的差异程度表现出来的，与测量方向无关。有的储层参数为矢量，如渗透率，其数值测量涉及方向性问题，即在同一测量单元内沿三维空间任一方间测量，其数值大小不等，如垂直渗透率与水平渗透率就有差别。因此，具有矢量性质的储层参数，其非均质性的表现不仅与参数值的空间分布有关，且与测量的方向有关。由此可见，矢量参数的非均质性表现极其复杂。

根据裘亦楠和薛淑浩(1994)提出的划分方案，将储层非均质性分为宏观非均质性(层间非均质性、平面非均质性和层内非均质性)和微观非均质性(孔隙非均质性、颗粒非均质性和填隙物非均质性)。层间非均质反映纵向上多个油层之间的非均质变化，特别是不同层次油层或砂组或砂组之间的非均质性，包括层系的旋回性、砂层间渗透率的非均质程度、隔层分布、特殊类型层的分布；平面非均质性主要描述一个储层砂体平面上的非均质变化，包括砂体成因单元的连通程度、平面孔隙度、渗透率的变化、渗透率非均质程度、渗透率的方向性。层内非均质性主要反映单层内垂向上的非均质变化，包括粒度韵律性、层理构造序列、渗透率差异程度、高渗透段位置、层内不连续薄泥质夹层的分布频率和大小、其他不渗透隔层、全层规模的水平与垂直渗透率比值等。试井分析中更加注重从渗流力学角度对储层进行简化。

1. 常规试井地质模型

对于储层物性存在规律性变化(如径向变化)、储层形状规则的油藏，可以用解析方法求解试井数学模型。从试井角度看，这类油藏的地质表征有以下几种类型。

1)单重介质

油藏中孔隙大小及形态相近或固体骨架结构具有一致的相似性，在用数学模型描述时，将等效介质的任意空间点描述为既有孔隙又有骨架，孔隙所占的份额用孔隙度描述，流动通道的渗透性用渗透率描述。所有空间点上的性质都相同，且只有一个孔隙度和渗透率，这种介质称为单重孔隙介质，简称单重介质，也称为单一介质。如果物性均匀分布、各向同性，其中流体性质也单一，即油藏中只有一种流动系数为 kh/μ、储能系数为 $\phi C_t h$ 的流体参与流动，更严格地说，就是在整个油藏中流动系数和储能系数的变化非常小，小到试井资料无法区分，就可称为均质油藏。在砂岩、某些裂缝不发育的碳酸盐岩等测试过程中经常表现出均质储层特征。

2) 多重介质

储层中有两种或两种以上不同流动系数或储能系数的多孔介质及流体参与流动，这些多孔介质及(或)流体在油藏中均匀分布，或分区块分布；其流动系数和储能系数的数值相差很大，称为非均匀介质。

如果油藏中存在两种孔隙空间，且孔隙的大小及形态相差较大，其中一种孔隙较小，渗透性较差，一般考虑为只是流体的存储空间，渗透性可以忽略不计，那么在用数学模型描述时，将等效介质的任意空间点描述为既有骨架又有两种孔隙，但只有一个渗透率，称这种介质为双重孔隙介质，简称为双孔介质或双重介质，这类油藏模型称为双重介质模型。为了便于研究，通常把这种双重孔隙结构地层简化为由互相垂直的裂缝系统和被裂缝系统所切割开的岩块组成(图 2.15)。

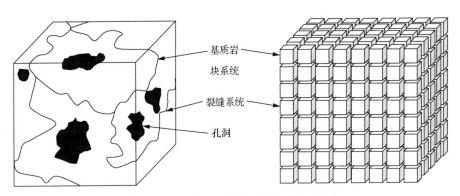

图 2.15　双重介质模型油藏单元体示意图

双重介质也可以认为是油(气)藏中的每个单元均由渗透率不同(因而流动系数也不同，即含有高渗透介质和低渗透介质)、孔隙度不同(因而储能系数体也不同)的两个系统组成，其中只有高渗透介质中的流体能流入井筒，而低渗透介质只起给高渗透介质补给流体的作用；其早期基本特性由高渗透系统的流动系数和储能系数控制，而后期则由高渗透系统的流动系数和整个系统的储能系数(高渗透系统和低渗透系统的储能系数之和)控制。

目前双重介质模型的基质岩块可分为层状基质、球形基质和圆柱型基质，图 2.16 为几种常见基质岩块形状。

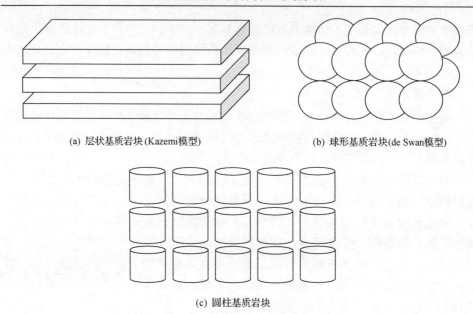

(a) 层状基质岩块(Kazemi模型)   (b) 球形基质岩块(de Swan模型)

(c) 圆柱基质岩块

图 2.16　常见基质岩块系统示意图

大多数碳酸盐岩油藏可以看成双重孔隙油藏，如四川盆地的石炭系至二叠系碳酸盐岩气层，我国西部塔河油(气)田均属于裂缝发育的碳酸盐岩油(气)藏。此外，某些裂缝发育的砂砾岩储层也属于双重介质储层，如新疆火烧山砾岩油藏。

如果油藏中存在 3 种孔隙空间，且孔隙的大小及形态相差较大(如孔隙、裂缝和洞穴)，但渗透性相差不大，3 种孔隙都是流体的存储空间和流动空间，那么在用数学模型描述时将等效介质的任意空间点描述为既有骨架又有 3 种孔隙，且有 3 个渗透率，因此把这种介质称为三重孔隙介质，简称三重介质。

如果油藏中存在 3 种以上孔隙空间，且孔隙的大小及形态相差较大(如孔隙、大裂缝、微裂缝、毛细裂缝和洞穴等)，但渗透性相差不大，这些孔隙都是流体的存储空间和流动空间，那么将等效介质的任意空间点描述为既有骨架又有多种孔隙，且有多个渗透率，因此称这种介质为多重孔隙介质，简称多重介质。

3) 双渗介质

如果油藏中存在两种孔隙空间，且孔隙的大小形态相差较小，两种孔隙都是流体的存储空间和流动空间，但渗透性相差较大，那么在用数学模型进行油藏描述时将等效介质的任意空间点描述为既有骨架又有两种孔隙，且有两个渗透率，因此称这种介质为双重渗透介质，简称双渗介质或双渗。符合这一模型的油藏是物性相差悬殊的双层油藏(图 2.17)。双渗介质也可认为是由渗透率不同(因而流动系数也不同)、孔隙度不同(因而储能系数也不同)的两个系统组成，但与双孔介质藏不同；在双渗介质中，两种介质中的流体都能直接流入井筒。最常见的双渗介质油藏是渗透率不相同的双层油藏。

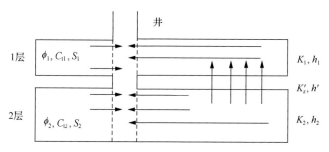

图 2.17 双重渗透介质模型(双层模型)示意图

与多重孔隙介质类似,也有三重渗透性介质、多重渗透性介质油藏。

4) 厚层部分打开

对于巨厚油层,经常采用部分射开方式。当厚层油(气)藏含底水时,为防止底水锥进造成水淹,一般只射开油(气)层上部 1/3 厚度,典型底水油藏如图 2.18 所示。

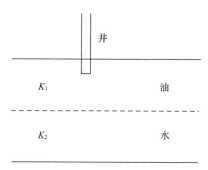

图 2.18 部分打开油层示意图

四川盆地的威远气田主要产气层位是震旦系含底水块状气藏。气藏含气高度 244m,原始气、水界面在海拔–2434m。由于储层裂缝发育,为避免底水锥进,开发井大多采取完钻于气、水界面以上,并只打开上部地层的方法完井开采。部分打开井在测试曲线上显示与全部射开井不同的形态。

新疆克拉 2 气田是个巨厚且含有底水的背斜气田。主要含气层位是白垩系砂岩地层,气藏含气高度约 350m,气、水界面在–2468m。为避免底水锥进,气井射开上部气层段投产。在克拉 2 气田试气过程中曾采取分小层段射开的方法逐层进行测试,结果发现,压力恢复曲线明显显示"部分射开"的特征。测试时打开的部位不只在顶部,也有在中间部位。

需要指出的是,如果存在底水,且底水和上部油层物性不一致,那么油井生产或测试过程中底水会发生锥进,对油井生产有较大影响,试井曲线上也出现特殊形态。

2. 物性规则分布的试井地质模型

油藏物性分布规则是指在某些区域内物性相同，为某个数值，而另外区域的物性则不同，为另一数值，但这两个区域形状都很规则。如油层酸化就是通过地面高压泵，把酸液打进要处理的油层中，让酸液和油层物质接触发生化学溶蚀作用，溶解地层堵塞物，通过强酸的腐蚀，疏通油层中孔隙及吼道，从而促使油、气、水等流动通道畅通。同时利用酸液解除生产井和注水井井底附近的污染，消除孔隙或裂缝中的堵塞物质，扩大地层原有孔隙或裂缝，减少流入井的阻力或注水阻力，提高油层的渗透率，达到采油井增产、注水井增注的目的。酸化后的油井渗流区域可看成是以油井为中心、存在两个物性不同的圆形区域，内区为酸化改善的区域，外区为原始区域，这种模型称为二区径向复合模型(图 2.19)。内区渗透率 K_1，外区渗透率为 K_2，内区半径为 r_1。

如果考虑储层中的流体性质差异，复合模型也可认为是由多个(至少两个)具不同流动系数或(和)储能系数的区域组成，其成因可能是储集层厚度或孔隙度发生变化，也可能是流体相态发生变化，或近井地带酸化改善了渗透性。除了二区径向复合模型外，还存在三区径向复合模型。

在试井模型中，常见的复合模型除径向复合模型外，还有线性复合模型，对于条带状分布的砂体，存在注水优势通道的地层，可视为线性复合模型(图 2.20)。

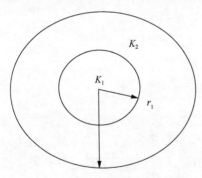
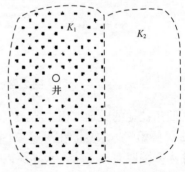

图 2.19　复合油藏试井模型示意图　　　　图 2.20　线性复合模型示意图

3. 压裂裂缝的试井地质模型

人工水力压裂是提高低渗透油藏油井产量的最有效措施。水力压裂是通过对低渗透储层泵注高黏度前置液，以高压形式压开裂缝并延展，而后泵注混有支撑剂的携砂液，携砂液可继续延展裂缝，同时携带支撑剂深入裂缝，最后使压裂液破胶降解为低黏度流体，流向井底返排而出，在地层中留下一条高导流能力的通道，以利于油(气)从远井地层流向井底。裂缝的生成是在井底压裂液压力高于地层岩石的最小主应力时产生的。裂缝往往沿着地层最大主应力方向向外延伸(图2.21)。

　　压裂时的前置液在生成裂缝后向远井地带推进，携砂液推进速度要比其中的砂子推进速度快，因此压裂液所到之处形成的裂缝破裂前缘总要比压裂砂波及更远，一旦停泵返排，在地应力作用下裂缝会再度闭合，只有那些被足够多的压裂砂填充的裂缝会继续保持开启状态，称之为支撑缝(图2.22)。

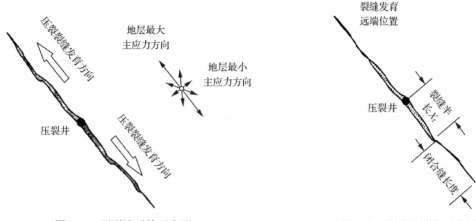

图2.21　压裂缝延伸示意图　　　　　图2.22　支撑缝分布示意图

　　裂缝的导流能力用导流系数来表示，导流系数定义为裂缝渗透率与裂缝宽度的乘积。试井分析中通常采用无量纲导流系数，其定义如下：

$$F_{\mathrm{CD}} = \frac{K_{\mathrm{f}}}{K}\frac{W}{X_{\mathrm{f}}} \tag{2.106}$$

式中，K 为地层渗透率，$10^{-3}\mu\mathrm{m}^2$；K_{f} 为加砂裂缝的渗透率，$10^{-3}\mu\mathrm{m}^2$；X_{f} 为支撑裂缝半长，m；W 为裂缝宽度，m。

　　如果整条压裂裂缝中压力相同，即沿着裂缝面没有压降产生，此时裂缝的渗透率 K_{f} 为无限大，称为无限导流裂缝。如果裂缝导流能力有限，沿着裂缝面存在压力降，则称为有限导流裂缝。有限导流裂缝导流系数一般较小，认为压裂缝是低导流能力缝。如果假定裂缝具有很强的导流能力，即裂缝中的压降很小，且地层流体流进每单位横切面上裂缝面积的流量相等，称为均匀流裂缝。均匀流量裂缝与无限导流裂缝有相似的压力特性，这两种裂缝流动条件差别很小。

　　需要指出的是，试井解释的裂缝半长与压裂工程设计及施工的半长具有本质的区别，试井解释裂缝半长一般小于压裂设计裂缝半长，称之为有效裂缝半长。从渗流角度讲，有效裂缝半长是指裂缝出现线性流特征的长度，相当于支撑缝的有效长度。而压裂施工的裂缝半长是指压裂液波及的长度，其包含裂缝闭合或部分闭合的长度、压裂液波及但支撑剂未波及的长度(图 2.22)。

2.3.2　储层边界及流体边界

　　油气储层在平面上经常会遭遇断层，岩层受力出现断裂，断裂面两旁的岩层有明显的相对位移，这种断裂构造称为断层，复杂断块油藏属于构造油藏中的一种特殊类型，是断层封闭形成的圈闭。在油、气渗流力学中，一般将断层看成是油(气)渗流的遮挡，相当于不渗透边界。为了计算方便，一般将断层形成的遮挡看成直线形状。而对于地层油(气)藏和岩性油(气)藏，储层的外边界也是不渗透边界。在油(气)渗流区域上将断层及岩性尖灭线看成不渗透边界。在这种具有不渗透边界地层中，由于边界影响，试井压力曲线形状发生变化，边界主要影响试井曲线的晚期形状。对于油(气)田开发来说，大家比较关心的储层边界除断层和岩性尖灭外，还有油层上部的盖层边界和下部的底界。

　　对于边、底水油(气)藏，边水或底水起到补充地层能量的作用，在油(气)渗流中，将能保持边水或底水界面处压力恒定的条件看成定压边界。储层边界及流体边界在试井上统称为油藏外边界。需要指出的是，试井分析中的恒压边界都认为边底水位置不动，这样在渗流区域只存在单相流体。

1. 规则油藏边界

　　规则的油藏边界一般分为一条直线边界、两条平行边界、两条夹角边界、三条相互垂直边界、四条相互垂直边界、圆形封闭边界等。

1)一条边界

　　一条不渗透边界多数是指井周围有一条断层[图 2.23(a)]。一条定压边界是指井周围有一条强边水边界，边水能够及时补充地层能量，油(气)水界面压力保持不变[图 2.23(b)]。

(a) 不渗透边界　　　　　　　　　　　　　(b) 定压边界

图 2.23　一条边界示意图

2)两条边界

　　两条边界按相互组合分为三种情况：两条相互垂直定压边界[图 2.24(a)]、两条相互垂直封闭边界[图 2.24(b)]和两条相互垂直混合边界[图 2.24(c)]。

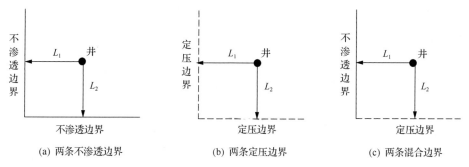

(a) 两条不渗透边界   (b) 两条定压边界   (c) 两条混合边界

图 2.24   具有两条垂直边界示意图

对于河流相沉积形成的曲流河储层中，单层有效厚度越薄，河道宽度越窄，则越容易形成长条带型不渗透边界，如图 2.25(a)所示的两条平行边界。如果储层中每个方向存在一条断层，在测试井另一个平行方向存在边水，则可以看成由不渗透和定压组成的混合平行边界[图 2.25(b)]。

(a) 两条水渗透边界   (b) 两条平行混合边界

图 2.25   两条平行边界示意图

当两条边界相互成楔型夹角时，且比率 θ(θ 为夹角)是一个整数时，可以用镜像法则处理边界影响。两条相互成楔型夹角的边界又可分为如图 2.26 所示三种情况(夹角为 60°)，即为两条不渗透边界[图 2.26(a)]、两条定压边界[图 2.26(b)]和两条混合边界[图 2.26(c)]。对于这种夹角规则的相交边界，通过叠加原理可以获得边界影响引起的无量纲井底压力。

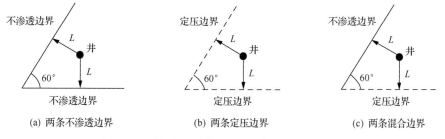

(a) 两条不渗透边界   (b) 两条定压边界   (c) 两条混合边界

图 2.26   两条相互成楔型 60°夹角的边界示意图

3) 三条边界

最简单的三条边界形状是相互垂直的边界。可分为全不渗透、全定压和混合三种情况，其中混合边界分为四种情况(图 2.27)。

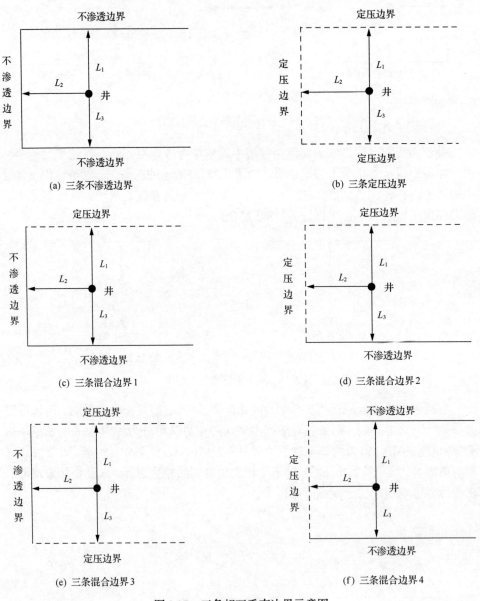

图 2.27　三条相互垂直边界示意图

4) 四条边界

最简单的四条边界是矩形。根据不渗透和定压边界的组合形式，可以形成五种常见的形式(图 2.28)。

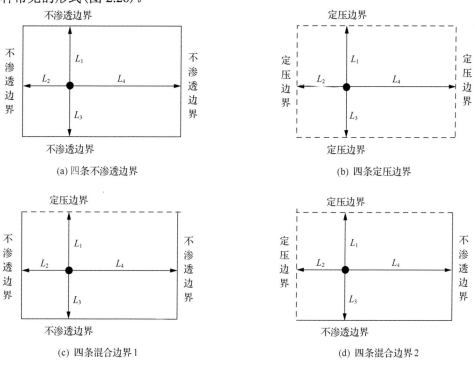

(a) 四条不渗透边界

(b) 四条定压边界

(c) 四条混合边界1

(d) 四条混合边界2

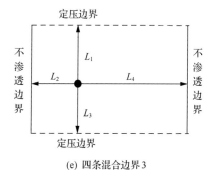

(e) 四条混合边界3

图 2.28　四条相互垂直边界示意图

5) 圆形封闭边界

若有限油藏的外边界为圆形时，其边界如图 2.29 所示。圆形封闭边界是试井分析及油藏工程计算中最常见的边界。

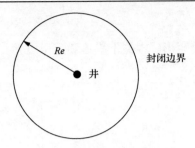

图 2.29　圆形封闭边界示意图

2. 优势通道

中高渗油藏、疏松砂岩油藏在注水过程中容易形成优势渗流通道，优势渗流通道是指河道砂岩储层由于渗透率的差异性，加上油水的重力分异作用，造成注入水优先沿河道砂岩主体带底部向油井突进，并在长期注水冲刷条件下逐渐形成油水井间相互连通的高渗透、强水洗通道。优势渗流通道简称优势通道，或大孔道。优势渗流通道的存在导致油井快速水淹，大大降低了水驱效果。胶结疏松且渗透率较高的砂岩，在强注强采开发方式下更容易形成大孔道。优势通道在试井上一般用矩形区域组成的高渗透条带表示(图 2.30)。优势通道区域的孔隙度高于优势通道外的孔隙度，其渗透率更是远远高于通道外的渗透率。

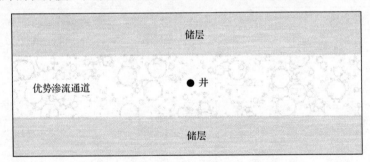

图 2.30　优势通道的试井模型示意图

3. 流体分布差异的试井模型

在试井分析中，流体分布的差异性是指以测试井为中心，在平面上流体类型及性质的变化，这里的性质主要指流体的黏度。

1) 流体分布差异引起的复合模型

试井分析边界大多为不渗透性边界，但在某些情况下流体流动时，存在截然不同的流体界面。如在注水开发过程中以注水井为中心，注入水径向外推进，这种内外流体类型差异引起的复合区域也称为复合模型，模型中内区为水相，外区为油相(图 2.31)。

图 2.31　注水井复合模型示意图

采用蒸汽吞吐方式的稠油热采井,高温蒸汽促使近井区域的原油黏度降低,这样以热采井为中心,形成了内外黏度不同的径向复合区域。

2) 不流动流体引起的阻流边界

在注水开发过程中,当注入水只沿某个局部区域推进时,在该区域以外存在静止状态的油相,这里把流动与不流动流体的界面称为阻流边界,也称为滞留边界。阻流边界一般以阻流带形式出现,阻流带具有一定的渗透性,但流动性差,这与常规不渗透边界不同。同种类型的井间,如两排油井或两排注水井之间,容易形成死油区,死油区与流动区的界面可看成滞留边界。

3) 凝析气井反凝析引起的流体界面

凝析气藏在开发过程中常常伴随较为复杂的相态变化。随着地层压力的下降,储层中的流体类型及流动状态发生一定的变化。凝析油的聚集和流动是一个逐渐形成的过程,在生产和测试过程中,当流动压力低于露点压力时凝析油会在储层中反凝析出来。多孔介质的干燥表面对凝析油产生强烈的吸附作用,从而导致凝析油在多孔介质内不断堆积。当凝析油饱和度不断增加,达到临界凝析流动饱和度时,凝析油开始流动,储层流动因而表现出两相流动特征。这种凝析油不断析出、堆积和流动的过程是凝析气藏渗流的显著特征。与常规溶解气驱两相流动不同(原油的气驱过程中实际上是一相对另一相的整体驱替),这种油、气分布状态可以采用如图 2.32 所示的三区油、气分布来描述。

凝析气井试井的三区试井模型描述如下。

(1) 可动气和可动油区(Ⅰ区),凝析油和凝析气均可流动区,此区域的气油比是常数。随着时间增加,凝析液不断聚集,Ⅰ区也不断扩大。

(2) 可动气和不可动油区(Ⅱ区),凝析气可动和凝析油不可动区域。在这个区域内凝析油饱和度低于临界凝析流动饱和度,因此凝析油表现出净聚集的状态;在储层压力低于露点压力的早期阶段,Ⅱ区范围最大。

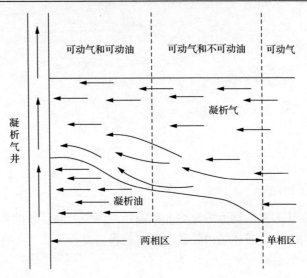

图 2.32 凝析气井生产过程中三区油、气分布示意图

(3) 可动气区（Ⅲ区）。此区域为单相气，在凝析气藏平均地层压力高于露点压力时，Ⅲ区总是存在。

如果井底流压低于露点压力，Ⅰ区总是存在。如果气藏压力低于露点压力，Ⅱ区总是和Ⅰ区同时存在，在这种情况下Ⅲ区不存在。当整个气藏压力低于露点压力、同时井底流压低于露点压力时，前两个区域同时存在。在凝析气井试井过程中，三个区域的范围随生产时间的变化而变化。

2.3.3 非均质储层的试井模型

对于非均质储层，纵向非均质性和平面非均质性是试井描述的重点。

1. 径向多区复合模型

在平面上，多区径向复合模型是指以井为中心，将储层划分为 n 个环形区域，各个区域的储层物性（孔隙度、渗透率、厚度、综合压缩系数）不同，地层厚度也沿径向变化。图 2.33 中 η 为导压系数，$\eta_i = \left(\dfrac{K}{\phi \mu C_t} \right)_i$，$i = 1, 2, \cdots, n$。

考虑层间非均质性的双渗透两层模型或三层模型是对层间（纵向上）非均质性的很好描述。如果沿径向流体黏度发生变化，也可以看成多区复合模型。

2. 平面不规则物性变化的试井模型

储层物性呈规则变化的情况很少，很多油藏物性的变化是不规则的。对于因沉积相的变化引起的平面非均质性，可采用不规则物性变化区域。

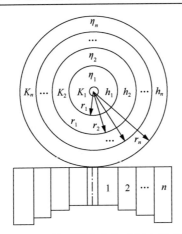

图 2.33　多区不等厚横向非均质复合模型示意图

如长庆靖边气田完井层位为奥陶系马五组，测试井本身处于裂缝发育部位，远离井区物性变差。笔者在 20 世纪 90 年代中期进行靖边气田试井解释研究时，就指出储层物性不是以完全封闭的圆形变化，有可能是朝某个方向开口的弧形变化，也就是说只在某部分区域物性变差或变好(图 2.34)。

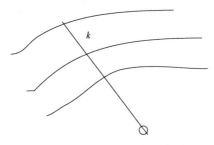

图 2.34　地层物性变化示意图

榆林气田山 2 段沉积模式为三角洲前缘沉积。Y42-0 井为一口高产井，2004年 11 月 5 日投产，投产前地层压力为 27.6MPa，投产前油套压 22.8MPa。该井于2006 年 4 月 13 日至 6 月 14 日关井测压，关井恢复 60d，关井前产量 $8.85 \times 10^4 \mathrm{m}^3/\mathrm{d}$，测试成功获取测压资料。试井曲线呈现复合模型特征，结合储层精细描述成果，认为该井所在储层物性存在 3 个不规则区域(图 2.35)。

3. 水驱非均质性的试井模型

在平面强非均质性油藏注水过程中，水线推进严重不均匀。长庆低渗透油田大量注水井的试井资料表明注入水在某些方向上发生突进(图 2.36)，注入水推进方向上的油井产液量很高，而侧向油井产液量较低。

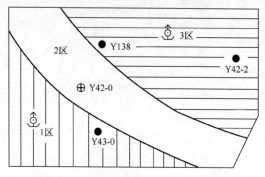

图 2.35　Y42-0 井物性分区分布地质模型

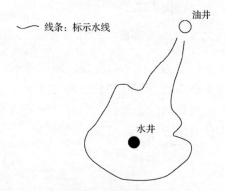

图 2.36　注水引起的平面非均匀推进示意图

　　需要指出的是，非均质储层的测试资料一般采用数值试井方法建立数值试井模型，通过精细试井解释得到非均质特征参数。

2.4　试井分析中的模型论

　　试井模型就是对实际地层和测试井的井筒进行一定的假设，以描述地层和测试井井筒中流动特征而建立的渗流模型。试井分析中的模型包括物理模型和数学模型。
　　试井物理模型是建立试井数学模型的基础，也是一种理想化的模型，理想化模型是根据所研究的物理问题的需要，从客观存在的事物中抽象出来的一种简单、近似、直观的模型。具体地说，理想模型是分析事物的各个物理因素、忽略与问题无关或影响较小的因素，突出对问题起作用较大的主控因素，从而简化问题的复杂性。简单来说，理想化模型是一种理想的简化模型。
　　理想化模型具有 4 个主要特征：近似性、抽象性、局限性和相对性。模型的近似性主要表现在任一理想化模型都是以一定的客观实体为基础，反映事物的主要性质。另一方面，模型与实体不同，它在实际问题中不真实存在，又体现了抽象性。任何理想化模型都是在一定的条件下建立起来的，离开这一条件该模型就不能使用，这就是理想化模型的局限性。前面提到的均质模型实际上是对复杂储层的宏观近似。因此，试井物理模型也是试井基本假设，是对试井研究的储层及流动条件的理想化的简化(或假设)。

试井分析中的数学模型是运用数理逻辑方法和数学语言构建的科学或工程模型。用数学语言综合表达油(气)或水向井渗流过程的全部力学现象的内在联系和运动规律的方程式(或方程组)，称为试井数学模型。油(气)井试井数学模型包括不稳定渗流的基本方程、初始条件、外边界条件、内边界条件。而渗流力学的基本方程包括达西定律、连续性方程、状态方程。试井数学模型是油(气)渗流力学模型的演变，其核心是在内边界条件中引入井筒储集效应和表皮效应，主要研究向井的流动过程。

2.4.1　试井数学模型

试井数学模型中的内边界条件是井筒及井壁附近的流体及储层物性限制条件，这里主要考虑井筒储集效应及表皮效应，这两种效应与测试井的井筒流动状况和储层损害密切相关。

1. 物理模型

建立试井数学模型前，必须建立试井物理模型，所谓物理模型，是指为了形象、简捷地处理物理问题，经常把复杂的实际现象转化成一定的、容易接受的、简单的物理情境，从而形成一定的经验性规律，即物理模型。对于试井物理模型，需要对储层、流体、钻完井条件及生产条件进行理想化或部分理想化，给出假设条件。

1) 储层假设条件

试井物理模型的基本储层类型具有如下 4 种：①均质模型；②双重孔隙模型；③双渗透模型；④复合模型。

2) 测试井的假设条件

测试井的假设条件主要是完井条件，具有如下 6 种形式：①井筒储集效应；②表皮效应；③压裂裂缝贯通井底；④部分射开；⑤大斜度井；⑥水平井。

3) 外边界假设条件

外边界假设条件如下：①无限大外边界；②单一直线不渗透外边界或多条直线边界的组合；③封闭外边界，封闭的小断块或岩性圈闭；④由于岩性或流体性质变化形成的非均质边界；⑤半渗透边界，河流相沉积不同时期河道叠合边界；⑥边水、底水、注入水组成的定压边界。

4) 流体性质假设条件

储层的流体包括原油、边水、底水、注入介质(水、聚合物、蒸汽)等，一般认为流体为牛顿流体，流体微可压缩，其压缩系数为常数。而对于聚合物、稠油等假设为非牛顿流体。

常见的流体假设条件为：①油、气、水或凝析气；②油、气、和水的组合；③聚合物及其他化学剂；④热采引起的原油黏度降低；⑤油(气)井生产假设条件。

油(气)井生产条件包括井的位置、工作制度、注入方式等，井位置假设条件为：①井(直井)位于无限大油藏中心；②底水油藏，油井(直井)只射孔油层上部 1/3 部位；③水平井井筒位于油层中间。

工作制度或注入方式假设条件为：①定产量或变产量生产；②油井生产前地层压力相同，为原始地层压力。

5) 渗流规律假设条件

一般认为油气渗流满足达西渗流规律，低渗透油藏则满足低速非达西渗流规律。

按以上条件互相组合，就构成对某一特定油(气)藏的试井物理模型。如均质油藏试井物理模型如下：①油藏各向同性、均质、等厚，油井以定产量生产；②流体和岩石微可压缩，且压缩系数为常数；③地层流体单相，渗流满足线性达西渗流定律；④油井半径为 r_w，考虑井筒储集效应；⑤存在表皮效应；⑥油井生产前，地层中各点压力均匀分布，且为常数；⑦忽略重力和毛管力的影响。

2. 试井模型组合

实际地质问题的复杂性使试井模型丰富多样。表 2.3 列出从井储、井类型、储层、外边界等方面常见的试井模型。

表 2.3　常见试井模型

井储条件	井条件	储层模型	外边界
常井储	直井	均质	无限大
变井储(Fair，1981)	均匀流量压裂井	双孔隙(拟稳态)	一条边界
变井储(Hegeman 等，1993)	无限导流压裂井	双孔隙(平板)	渗透性断层
	有限导流压裂井	双孔隙(球形)	圆形边界
	水平井	双层	平行断层
	部分打开直井	径向复合	交叉断层
	大斜度井	线性复合	三条边界
			矩形边界

目前商业试井解释软件中，通过表 2.3 的内边界条件、储层模型及外边界条

件的组合，试井模型总数多达数万个。

2.4.2 数学模型的求解方法

试井模型可采用解析方法求解(也称为解析试井)和数值方法求解(也称为数值试井)

采用解析方法研究油藏渗流特征和流动规律是油藏工程中最重要的方法之一，试井数学模型大多采用解析求解方法。目前主要解析试井方法有源函数、Green函数、积分变换、Laplace 变换及其解析反演和数值反演等。

1949 年，Van Everdingen 和 Hurst(1949)首先将 Laplace 变换法引入油(气)层渗流，该方法广泛应用于求解试井问题。Laplace 变换方法是对时间变量作变换，将渗流偏微分方程中对时间的偏导数消去，从而在 Laplace 空间中得到变换函数对空间变量求导数的常微分方程。虽然这种变换得到的解比较简单，但由于所求得的像函数必须经过反演才能实际应用，除了少量特殊情形外，像函数的解析反演相当困难，因而该方法的应用曾受到限制。20 世纪 70 年代以来，Laplace 变换的数值反演算法有了长足的发展，Laplace 变换法在油气渗流力学中得到广泛应用，不仅用于均质地层，也用于各类非均质地层；不仅用于牛顿流体，也用于非牛顿流体；不仅适用于直井，也可用于水平井。

下面将以均质无限大油藏为例，介绍考虑井筒储集及表皮效应的试井模型Laplace 变换求解方法。

1. 考虑井筒储集和表皮效应的压力通解

根据 Van Everdingen 和 Hurst(1949)提出的叠加原理，如果不考虑井筒储集和表皮效应，一口井开始生产时，$t=0$，它的无量纲井底压降为

$$p_{wD}(t_D) = \int_0^{t_D} q_D'(\tau) p_D(t_D - \tau) \mathrm{d}\tau \tag{2.107}$$

对式(2.107)取 Laplace 变换，变成

$$\bar{p}_{wD}(u) = u\bar{q}_D(u)\bar{p}_D(u) \tag{2.108}$$

当考虑井筒储集效应时，无量纲产量 q_D 表达成如下形式：

$$q_D(t_D) = 1 - C_D \frac{\mathrm{d}p_{wD}}{\mathrm{d}t_D} \tag{2.109}$$

对式(2.109)取 Laplace 变换，有

$$\bar{q}_{\mathrm{D}}(u) = \frac{1}{u} - C_{\mathrm{D}} u \bar{p}_{\mathrm{wD}}(u) \tag{2.110}$$

对定产量的压力响应，加上表皮系数，可以写成 $p_{\mathrm{D}}(t_{\mathrm{D}}) + S$，其 Laplace 变换为 $\bar{p}_{\mathrm{D}}(u) + S/u$，代入井底压力无量纲表达式中，得

$$\bar{p}_{\mathrm{wD}}(u) = u\left[\frac{1}{u} - C_{\mathrm{D}} u \bar{p}_{\mathrm{wD}}(u)\right]\left[\bar{p}_{\mathrm{D}}(u) + \frac{S}{u}\right] \tag{2.111}$$

整理得

$$\bar{p}_{\mathrm{wD}}(u) = \frac{u\bar{p}_{\mathrm{D}}(u) + S}{u\left\{1 + C_{\mathrm{D}} u\left[u\bar{p}_{\mathrm{D}}(u) + S\right]\right\}} \tag{2.112}$$

式 (2.112) 是在不考虑井筒储集和表皮效应井底压力解 $\bar{p}_{\mathrm{D}}$ 基础上，引入井筒储集和表皮效应后 Laplace 空间不稳定井底压力 $\bar{p}_{\mathrm{wD}}$ 的表达式。

对于一般试井模型的求解，可以先不考虑井筒储集和表皮效应，得到 Laplace 空间的压力解 $\bar{p}_{\mathrm{D}}$，再通过式 (2.112) 将井筒储集和表皮效应加进来，得到试井模型的井底压力解 $\bar{p}_{\mathrm{wD}}$，这种求解方法简化了试井模型的求解难度。

式 (2.112) 含有参数 C_{D} 和 S，本章第 2 节提到，Bourdet 和 Gringarten (1980) 推导出考虑井筒储集和表皮效应的渐近解，简化了中间参数，中间参数变为 $C_{\mathrm{D}}\mathrm{e}^{2S}$。除了 Gringarten 解外，还有一种处理方法，就是有效井径模型解。

2. 有效井径形式的井底压力解

有效井径的概念是指将表皮效应引起的井壁附近储层损害视为井筒半径缩小。采用有效井径 r_{we} 后，均质无限大地层试井数学模型为

$$\frac{\partial^2 p}{\partial r^2} + \frac{1}{r}\frac{\partial p}{\partial r} = \frac{1}{3.6\eta}\frac{\partial p}{\partial t}, \quad \text{基本偏微分方程} \tag{2.113}$$

$$p(r, 0) = p_{\mathrm{i}}, \quad \text{初始条件} \tag{2.114}$$

$$\lim_{r \to \infty} p(r, t) = p_{\mathrm{i}}, \quad \text{外边界条件} \tag{2.115}$$

$$\frac{Kh}{1.842 \times 10^{-3}\mu} r\left(\frac{\partial p}{\partial r}\right)\bigg|_{r=r_{\mathrm{we}}} = 24C\frac{\mathrm{d}p_{\mathrm{w}}}{\mathrm{d}t} + q, \quad \text{边界条件} \tag{2.116}$$

以有效井径为基础定义无量纲量如下：

$$r_{\mathrm{De}} = \frac{r}{r_{\mathrm{we}}} = r_{\mathrm{D}} \mathrm{e}^{S} \tag{2.117}$$

$$t_{\mathrm{De}} = \frac{3.6Kt}{\phi \mu C_{\mathrm{t}} r_{\mathrm{we}}^{2}} = t_{\mathrm{D}} \mathrm{e}^{2S} \tag{2.118}$$

$$C_{\mathrm{De}} = \frac{C}{2\pi\phi C_{\mathrm{t}} h r_{\mathrm{we}}^{2}} = C_{\mathrm{D}} \mathrm{e}^{2S} \tag{2.119}$$

则得到有效井径条件下的试井无量纲数学模型：

$$\frac{\partial^{2} p_{\mathrm{D}}}{\partial r_{\mathrm{De}}^{2}} + \frac{1}{r_{\mathrm{De}}} \frac{\partial p_{\mathrm{D}}}{\partial r_{\mathrm{De}}} = \frac{1}{C_{\mathrm{De}}} \frac{\partial p_{\mathrm{D}}}{\partial (t_{\mathrm{De}}/C_{\mathrm{De}})} \tag{2.120}$$

$$p_{\mathrm{D}} \left(r_{\mathrm{De}}, 0 \right) = 0 \tag{2.121}$$

$$p_{\mathrm{D}} \left(\infty, t_{\mathrm{De}} \right) = 0 \tag{2.122}$$

$$\left[\frac{\mathrm{d} p_{\mathrm{wD}}}{\mathrm{d} \left(t_{\mathrm{De}}/C_{\mathrm{De}} \right)} - r_{\mathrm{De}} \frac{\partial p_{\mathrm{D}}}{\partial r_{\mathrm{De}}} \right]_{r_{\mathrm{De}}=1} = 1 \tag{2.123}$$

对式(2.120)～式(2.123)取 Laplace 变换，得

$$\frac{\partial^{2} \bar{p}_{\mathrm{D}}}{\partial r_{\mathrm{De}}^{2}} + \frac{1}{r_{\mathrm{De}}} \frac{\partial \bar{p}_{\mathrm{D}}}{\partial r_{\mathrm{De}}} = \frac{u}{C_{\mathrm{De}}} \bar{p}_{\mathrm{D}} \tag{2.124}$$

$$\bar{p}_{\mathrm{D}} \left(\infty, u \right) = 0 \tag{2.125}$$

$$\bar{p}_{\mathrm{D}} \left(r_{De}, u \right) = 0 \tag{2.126}$$

$$\left(u\bar{p}_{\mathrm{wD}} - r_{\mathrm{De}} \frac{\partial \bar{p}_{\mathrm{D}}}{\partial r_{\mathrm{De}}} \right)_{r_{\mathrm{De}}=1} = \frac{1}{u} \tag{2.127}$$

采用 Laplace 变化方法，求解方程式(2.124)～式(2.127)，得到有效井径形式下的 Laplace 空间压力解为

$$\bar{p}_{\mathrm{wD}}(u) = \frac{\mathrm{K}_{0}\left(\sqrt{\dfrac{u}{C_{\mathrm{D}}\mathrm{e}^{2S}}} \right)}{u\left[u\mathrm{K}_{0}\left(\sqrt{\dfrac{u}{C_{\mathrm{D}}\mathrm{e}^{2S}}} \right) + \sqrt{\dfrac{u}{C_{\mathrm{D}}\mathrm{e}^{2S}}}\mathrm{K}_{1}\left(\sqrt{\dfrac{u}{C_{\mathrm{D}}\mathrm{e}^{2S}}} \right) \right]} \tag{2.128}$$

式 (2.128) 的中间参数组合为 $C_\mathrm{D}\mathrm{e}^{2S}$，张义堂和童宪章 (1991) 通过大量对比计算，认为表皮系数形式下的压力解 [式 (2.67)] 只适用于表皮系数大于 0 的情形。无论表皮系数为正或为负，有效井径形式的压力解 (2.128) 都适用。式 (2.128) 的推导过程没有做任何近似，从理论上分析，应该比 Gringarten 表达式 (2.72) 更精确。

3. 变井筒储集效应模型

Fair (1981) 最早提出井筒储集系数增大的变井储模型解，用于描述井筒相重分布。Hegeman 等 (1993) 在 Fair (1981) 变井储模型基础上，提出一种分析井筒储集系数增加或减小的变井筒储集模型。目前这两种变井筒储集模型应用最广泛。

1) Fair 模型

定井储模型的内边界条件为式 (2.20)，改写为无量纲形式，得

$$\frac{q_\mathrm{sf}}{q} = 1 - C_\mathrm{D}\frac{\mathrm{d}p_\mathrm{wD}}{\mathrm{d}t_\mathrm{D}} \tag{2.129}$$

Fair (1981) 认为井筒相态重新分布就是一种变井筒储集效应，提出相态分离时压力变化的经验模型。考虑测试过程中，在垂直管柱中充满气液混合物，关井时井筒液相、气相开始分离，相态发生变化，气泡会上升。Fair (1981) 引入相态分离引起的压力变化 p_ϕ。

Fair (1981) 模型假设条件如下：①压力恢复开始时，相态分离压力 p_ϕ 为 0；②时间无限大时，压力变化 p_ϕ 为正的常数；③压力变化单调递增；④时间无限大时，压力变化 p_ϕ 的导数为 0。

这 4 个假设条件分别表示如下：

$$\lim_{t \to 0} p_\phi = 0 \tag{2.130}$$

$$\lim_{t \to \infty} p_\phi = C_\phi \tag{2.131}$$

$$\frac{\mathrm{d}p_\phi}{\mathrm{d}t} > 0 \tag{2.132}$$

$$\lim_{t \to \infty} \frac{\mathrm{d}p_\phi}{\mathrm{d}t} = 0 \tag{2.133}$$

为了满足式(2.130)～式(2.133)，Fair 认为 p_ϕ 用指数函数形式较为合适，即设

$$p_\phi = C_\phi\left(1 - \mathrm{e}^{-\frac{t}{\alpha}}\right) \tag{2.134}$$

式中，p_ϕ 为相态分离引起的与时间相变的压力变化函数，MPa；C_ϕ 为相分布压力参数，MPa；α 为相分布时间参数(也称特征气泡上升时间)，h。

Fair(1981)之所以选择式(2.134)的形式，是因为该式与实验室某些相态分离实验吻合，且在 Laplace 空间形式简单。

式(2.134)的无量纲形式为

$$p_{\phi D} = C_{\phi D}\left(1 - \mathrm{e}^{-\frac{t_D}{\alpha_D}}\right) \tag{2.135}$$

式中，$p_{\phi D}$ 为无量纲相分布压力；$C_{\phi D}$ 为无量纲相分布压力参数，与 C_D 的定义一致；α_D 为无量纲相分布时间参数。

$p_{\phi D}$ 定义式为

$$p_{\phi D} = \frac{Kh}{1.842\times10^{-3}q\mu B}p_\phi \tag{2.136}$$

α_D 定义为

$$\alpha_D = \frac{3.6K\alpha}{\phi\mu\, C_t r_w^2} \tag{2.137}$$

通过叠加变井储压差项 p_ϕ(其无量纲形式为 $p_{\phi D}$)来修正井底压力，其无量纲形式为

$$\frac{q_{sf}}{q} = 1 - C_D\left(\frac{\mathrm{d}p_{wD}}{\mathrm{d}t_D} - \frac{\mathrm{d}p_{\phi D}}{\mathrm{d}t_D}\right) \tag{2.138}$$

考虑变井储效应及表皮效应的数学模型与定井储模型的区别在于内边界条件不同，其形式如下：

$$C_D\left(\frac{\mathrm{d}p_{wD}}{\mathrm{d}t_D} - \frac{\mathrm{d}p_{\phi D}}{\mathrm{d}t_D}\right) - \left.\frac{\partial p_D}{\partial r_D}\right|_{r_D=1} = 1 \tag{2.139}$$

同样采用 Laplace 反演方法求解，得

$$\bar{p}_{wD} = \frac{\left[\dfrac{K_0\left(\sqrt{z}\right)}{\sqrt{z}K_1\left(\sqrt{z}\right)} + S\right]\left[1 + C_D C_{\phi D} z^2\left(\dfrac{1}{z} - \dfrac{1}{z + 1/\alpha_D}\right)\right]}{z\left\{1 + C_D z\left[\dfrac{K_0\left(\sqrt{z}\right)}{\sqrt{z}K_1\left(\sqrt{z}\right)} + S\right]\right\}} \qquad (2.140)$$

当 $\alpha_D = 0$ 时，式 (2.140) 简化为式 (2.67)，即定井储井底压力解是变井储时间系数等于零时的特例。

式 (2.135) 的 Laplace 变换为

$$\bar{p}_{\phi D} = \frac{C_{\phi D}}{z} - \frac{C_{\phi D}}{z + 1/\alpha_D} \qquad (2.141)$$

在早期，$t_D \to 0$，$z \to \infty$，式 (2.140) 简化为

$$\bar{p}_{wD} = \frac{1}{C_D z^2} + \frac{C_{\phi D}}{z^2 \alpha_D} \qquad (2.142)$$

考虑定井储系数的压力表达式为

$$p_{wD} = \frac{t_D}{C_{aD}} \qquad (2.143)$$

Fair(1981) 发现，由压力变化式 (2.135) 产生的早期压力响应表现出试井储系数比真实的井储系数低，无量纲试井储系数表示为

$$\frac{1}{C_{aD}} = \frac{1}{C_D} + \frac{C_{\phi D}}{\alpha_D} \qquad (2.144)$$

式中，C_{aD} 为无量纲试井储系数，是真实试井储系数 C_a 的无量纲化，C_a 为早期试井储系数，m^3/MPa。

Fair 变井储模型典型曲线如图 2.37 所示，出现两条斜率为 1 的直线，第一条对应 Fair 模型中试井储系数 C_a，第二条对应根据井储体积计算的基础系数。由于井筒相分布存在，两条直线之间出现驼峰，$C_{\phi D}$ 越大，驼峰越高。

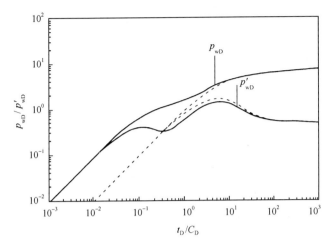

图 2.37　Fair 模型典型曲线

典型的变井储压力形式有增压型和减压型两种形式(图 2.38)。

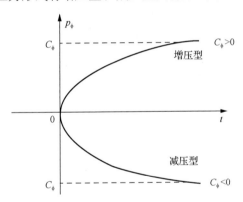

图 2.38　变井储井底附加压力示意图

2) Hegeman 模型

Hegeman 等(1993)将 Fair 模型中压力变化指数函数用误差函数代替，即

$$p_{\phi D} = C_{\phi D} \mathrm{erf}\left(\frac{t_D}{\alpha_D}\right) \tag{2.145}$$

式中，erf 为误差函数，其数学表达式为

$$\mathrm{erf}\, x = \frac{2}{\sqrt{\pi}} \int_0^x \mathrm{e}^{-u^2} \mathrm{d}u \tag{2.146}$$

误差函数式(2.146)的 Laplace 变换为

$$\overline{p}_{\phi D} = \frac{C_{\phi D}}{z}\,e^{(\alpha_D/2)^2}\,\mathrm{erfc}\!\left(\frac{\alpha_D z}{2}\right) \tag{2.147}$$

式中，erfc 为余误差函数，其数学表达式为

$$\mathrm{erfc}\,x = 1 - \mathrm{erf}\,x \tag{2.148}$$

在早期，$t_D \to 0$，$z \to \infty$，同样可以得到

$$\overline{p}_{wD} = \frac{1}{C_D z^2} + \frac{C_{\phi D}}{z^2 \alpha_D}\frac{2}{\sqrt{\pi}} \tag{2.149}$$

根据式(2.143)，同样可得到

$$\frac{1}{C_{aD}} = \frac{1}{C_D} + \frac{C_{\phi D}}{\alpha_D}\frac{2}{\sqrt{\pi}} \tag{2.150}$$

　　变井储误差函数模型典型曲线如图 2.39 和图 2.40 所示，可以明显看出，无论 $C_{\phi D}$ 值是正还是负，随着 $C_{\phi D}$ 绝对值的增大，变井储所影响的时间始终是增大的。减压型变井储典型曲线其特征为早期压力和导数曲线上升斜率超过 45°，导数线高于压力线。增压型变井储典型曲线早期压力上升慢，导数线低于压力线，当井储稳定后，导数线类似于定井储曲线特征线。与定井储曲线对比可知，增压型变井储导数线低于定井储型，减压型变井储线高于定井储型，随井储效应的稳定而趋于重合。

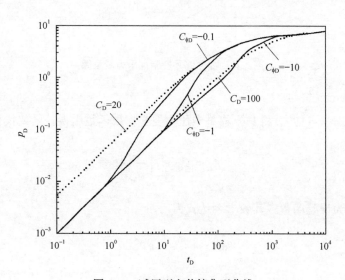

图 2.39　减压型变井储典型曲线

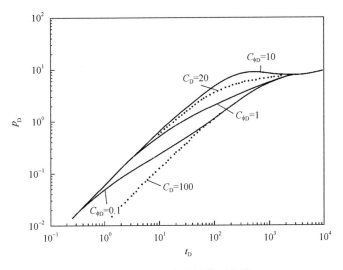

图 2.40 增压型变井储典型曲线

从变井储模型 Laplace 反演解[式(2.140)]与定井储集模型反演解[式(2.67)]对比，可得到下式：

$$\bar{P}_{wD变井储} = \bar{P}_{wD定井储}\left(1 + C_D z^2 \bar{P}_{\phi D}\right) \tag{2.151}$$

式(2.151)是一个普遍适用的模型，它可以把各种定井储模型的 Laplace 空间压力转换成变井储模型的 Laplace 空间压力。

对比 Fair 模型可以看出，Hegeman 模型井储系数变化更急剧。

3) 变井储模型典型曲线拟合方法

采用变井储模型进行典型曲线拟合的应用步骤为：通过 Gringarten 典型曲线初拟合，确定一个井储系数 C，在进行可靠性检验时，首先采用变井储模型，输入 C_a / C（早期试井储系数/井储系数；C_a / C 小于 1，表示井储系数减少，反之，表示井储系数增大），然后计算 C_a、C 值，再输入 $C_{\phi D}$ 值，算出 $\bar{P}_{\phi D}$，最终算出 $\bar{p}_{wD定井储}$，进行终拟合。

2.4.3 拉氏反演数值计算方法

在试井求解真实空间井底压力时，需要将 Laplace 空间的模型解反演到实空间。除了少量特殊情况外，Laplace 空间像函数的解析反演相当困难。经过众多学者的不懈努力，自 20 世纪 70 年代以来，数值反演方法获得极大改进，成为井底压力的主要求解方法。因此试井模型的井底压力解其实是一种半解析解。

下面介绍 3 种比较常见的数值反演方法：基于函数概率密度理论的 Stehfest

方法、将 Stehfest 方法改进的 AWG 方法、基于 Fourier 级数理论的 Crump 方法。

1. Stehfest 方法

该方法由 Stehfest(1970)提出，其原理是根据函数 $f(t)$ 对于概率密度 $f_n(a,t)$ 的期望，其中 $f_n(a,t)$ 为

$$f_n(a,t) = a\frac{(2n)!}{n!(n-1)!}(1-\mathrm{e}^{-at})^n\mathrm{e}^{-nat} \qquad (a>0) \qquad (2.152)$$

反演公式如下：

$$f(t) = \frac{\ln 2}{t}\sum_{i=1}^{N}V_i\overline{f}(s) \qquad (2.153)$$

式中，N 为偶数；s 用 $i\ln 2/t$ 代入，而 V_i 为

$$V_i = (-1)^{\frac{N}{2}+i}\sum_{k=[\frac{i+1}{2}]}^{\min(i,\frac{N}{2})}\frac{k^{N/2}(2k)!}{(\frac{N}{2}-k)!k!(k-1)!(i-k)!(2k-i)!} \qquad (2.154)$$

利用式(2.154)，给定一个时间 t 值和 i 值，就可算出一个 $\overline{f}(s)$ 值和一个 V_i 值，从而由像函数 $\overline{f}(s)$ 算出原函数 $f(t)$ 的数值。

式(2.154)中 N 必须是偶数，而 N 值的选取比较重要，它对计算精度有很大影响，在计算实践过程中，不同类型函数 N 的取值不同。在多数情况下，取 $N=8$、10 或 12 是适合的；若取 $N>16$，会降低计算精度，一般 $N=8$ 时误差最小。

2. AWG 方法

由于 Stehfest 反演方法对 N 值限制较窄，虽然对某些变化平缓的函数计算简单快捷，但对变化较陡的函数会引起数值弥散和振荡。为此，一些学者试图在 Stehfest 方法基础上加以修正，使 N 的取值范围增大。如 Wooden 等(1992)修正 Stehfest 方法用于油(气)藏的压力分析，称为 AWG 方法。

设 $\overline{f}(s)$ 为像函数，$f(t)$ 为原函数，反演公式为

$$f(t) = \frac{\ln 2}{t}\sum_{i=1}^{N}V_i\overline{f}\left(\frac{\ln 2}{t}i\right) \qquad (2.155)$$

式(2.155)与式(2.154)形式相同，但其中 V_i 修改为

$$V_i = (-1)^{\frac{N}{2}+i} \sum_{k=\left[\frac{i+1}{2}\right]}^{\min\left(i,\frac{N}{2}\right)} \frac{k^{N/2}(2k+1)!}{(k+1)!k!(\frac{N}{2}-k+1)!(i-k+1)!(2k-i+1)!} \quad (2.156)$$

式中，N 仍为偶数，但 N 的取值在 10～30。在多数情况下，取 N = 18、20 或 22 比较适合。进行上述修正后，在物理空间解变陡的位置处，其数值弥散和振荡有所改善。

将 Stehfest 和 AWG 两种数值反演方法运用于有限导流垂直裂缝模型中，比较这两种方法的计算结果（图 2.41），由图 2.41 可知，在无量纲时间为 10^{-5} 附近，Stehfest 方法计算结果出现剧烈振荡，这与实际不相符，而用 AWG 方法则无这一反常现象。

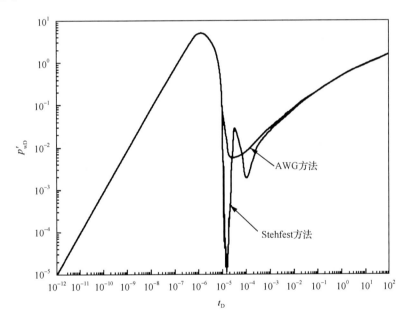

图 2.41　有限导流模型 Stehfest 和 AWG 方法计算的压力导数

3. Crump 方法

该方法是 Crump(1976)采用 Fourier 级数原理提出的，其与前两种方法最大的不同之处为预先设定计算误差，根据设定的误差选取 a 值，因而可以控制反演精度，但是计算过程相对麻烦。

将 Laplace 反演定义式中被积函数的实部和虚部分开，写成

$$f(t) = \frac{e^{at}}{\pi} \int_0^\infty \left[\mathrm{Re}\{\bar{f}(s)\} \cos \omega t - \mathrm{Im}\{\bar{f}(s)\} \sin \omega t \right] \mathrm{d}\omega \tag{2.157}$$

式中，a 为大于 α 的任意实数，当 $t \to \infty$ 时，存在常数 $\alpha \geqslant 0$ 和 $M > 0$，使 $|f(t)| e^{-at} \leqslant M$；$\alpha$ 是满足此条件的常数。

对式 (2.157) 应用梯形公式，近似得到反演公式为

$$f(t) = \frac{e^{at}}{T} \left\{ \frac{1}{2} \bar{f}(a) + \sum_{k=1}^\infty \left[\mathrm{Re} \left\{ \bar{f} \left(a + \frac{\pi k i}{T} \right) \right\} \cos \frac{\pi k t}{T} - \mathrm{Im} \left\{ \bar{f} \left(a + \frac{\pi k i}{T} \right) \right\} \sin \frac{\pi k t}{T} \right] \right\} + E \tag{2.158}$$

其中误差 E 为

$$E = e^{at} \sum_{n=1}^\infty \exp[-a(2nT+t)] f(2nT+t) = \sum_{n=1}^\infty e^{-2naT} f(2nT+t) \tag{2.159}$$

按照条件 $|f(t)| \leqslant Me^{at}$，对式 (2.159) 求和，可得

$$E \leqslant \frac{Me^{at}}{e^{2T(a-\alpha)} - 1}, \qquad 0 < t < 2T \tag{2.160}$$

选取 a 远大于 α，可使误差 E 按所期望的值变小，且分母中的 1 可略去。于是，式 (2.161) 可改写成

$$E \leqslant Me^{at} e^{-2T(a-\alpha)}, \qquad 0 < t < 2T \tag{2.161}$$

在利用反演公式 (2.158) 进行数值反演计算时，要规范 T 和 a 的选取方法。另外，为了按式 (2.161) 限制误差到规定值以下，需要确定 a 与 α 的关系，因而还必须规范 α 的计算方法。具体反演步骤如下。

(1) 选取 T 值。按以上所述，应取 $T > t_{\max}/2$，

(2) 选取 a 值。若所期望的相对误差：

$$E / (Me^{\alpha t}) = 10^{-k} \ (\text{如 } k = 6) \tag{2.162}$$

则由式 (2.161) 得 $e^{-2T(a-\alpha)} \leqslant 10^{-k}$

即得

$$a = \alpha - \frac{\ln[E / (Me^{at})]}{2T} = \alpha - \frac{\ln(10^k)}{2T} \tag{2.163}$$

在选取 α 值时，要确定像函数 $\overline{f}(s)$ 的奇点 s_n，α 值稍大于 s_n 实部中最大的一个。

（3）在选定 T 值和 a 值之后，即可按照式（2.153）由像函数 $\overline{f}(s)$ 算出原函数 $f(t)$ 的数值。

分析计算过程中出现的误差，可以使选取的 a 值最佳化。选取 a 的最佳值应使离散误差等于截断误差，即 $\dfrac{e^{at}}{T}S(N)\varepsilon = e^{-2aT}f(2T+t)$，所以 a 的最佳值 a_{op} 为

$$a_{op} = \frac{1}{2T+t}\ln\left|\frac{S(N)\varepsilon}{Tf_N(2T+t)}\right| \tag{2.164}$$

式中，$S(N)$ 为式（2.159）的级数表达式，$f_N(t)$ 为 $f(t)$ 取有限项 N 项算出的。

取两个较大的 a 值 a_1 和 $a_2(a_1 \neq a_2)$，按截断误差分析，则有

$$f_N^{(1)}(t) - f_N^{(2)}(t) \approx \frac{S(N)\varepsilon}{T}(e^{a_2 t} - e^{a_1 t}) \tag{2.165}$$

将 $S(N)$ 代入（2.163），即得 a 的最佳值：

$$a_{op} = \frac{1}{2T+t}\ln\left|\frac{f_N^{(1)}(t) - f_N^{(2)}(t)}{(e^{a_2 t} - e^{a_1 t})f_N^{(1)}(2T+t)}\right| \tag{2.166}$$

总之，对于像函数曲线变化平缓情形，建议采用 Stehfest 方法。而对于曲线变化陡峭的情形，建议采用 AWG 方法或者使用可预先设定误差的 Crump 方法。

2.4.4　试井模型的 Laplace 空间解及典型曲线

常见的试井模型有均质模型、双重介质模型、垂直裂缝模型、两层无窜流模型、两层有窜流模型、复合模型。下面列出常见试井模型的拉氏空间井底压力解，分析其典型曲线图版特征。

1. 均质模型

本章第 1 节和第 2 节介绍了均质模型在无限大地层条件下的 Laplace 空间解，这里不再赘述。如果储层存在外边界，其典型曲线如图 2.42 所示。庄惠农（2014）将具有不渗透边界的均质储层典型曲线比喻为其形状像一把"两齿叉子"，分成 4 个阶段。

（1）阶段 I 是纯井筒储集阶段，形状是"叉把"部分，这一阶段双对数压力和压力导数曲线合二为一，呈 45° 的上升直线，这是纯井筒储集效应的显著特征。

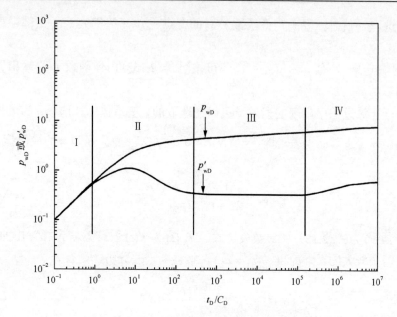

图 2.42　具有一条边界的均质模型典型曲线图

(2)阶段Ⅱ为过渡段，压力导数出现峰值后向下倾斜。峰值的高低，取决于参数 $C_{De}{}^{2S}$ 值的大小，在参数组 $C_{De}{}^{2S}$ 中，C_D 为无量纲井筒储集系数，S 为表皮系数。由于 S 处于指数位置，参数受表皮系数 S 值的影响更大一些。$C_{De}{}^{2S}$ 越大，则峰值越高，下倾越陡，而且峰值出现时间较迟。

(3)阶段Ⅲ为径向流段，呈现水平直线段，这是地层中产生径向流的标志。

(4)阶段Ⅳ为边界影响段，对于不渗透边界，压力导数在径向流以后先表现为上升，然后变平。如果是恒压边界，导数曲线者变为向下掉的曲线，并趋于 0。

在试井分析中，一般把径向流出现之前的阶段，即井储储集和驼峰阶段统称为早期阶段，径向流动阶段称为中期阶段，而边界阶段则称为晚期阶段。

均质模型实际应用时需要注意：①无论孔隙性储层还是裂缝性储层，在测试井控制的有限范围内，储层参数(渗透率、孔隙度)宏观上都接近均一；②从试井曲线所反映出的流动特征看，在有限区域内表现为径向流动(或拟径向流动)，没有出现明显的流动受阻或变畅现象。

对于大面积分布的砂岩储层、河流相沉积形成的曲流河、辫状河条带状砂岩储层，以及裂缝不发育的碳酸盐岩储层，试井曲线经常表现出均质模型特征。

2. 双重介质模型

1)井底压力 Laplace 空间解

定义窜流系数：

$$\lambda = \frac{\alpha r_{\mathrm{w}}^2 K_{\mathrm{m}}}{K_{\mathrm{f}}} \tag{2.167}$$

定义储容比：

$$\omega = \frac{(\phi C_{\mathrm{t}})_{\mathrm{f}}}{(\phi C_{\mathrm{t}})_{\mathrm{f}} + (\phi C_{\mathrm{t}})_{\mathrm{m}}} \tag{2.168}$$

式中，λ 为窜流系数；α 为形状因子；K_{f} 为裂缝渗透率，$10^{-3}\mu\mathrm{m}^2$；K_{m} 为基质渗透率，$10^{-3}\mu\mathrm{m}^2$；ω 为弹性储能比。

采用有效井径形式，双重介质模型的 Laplace 空间解如下：

$$\bar{p}_{\mathrm{wD}}(u) = \frac{\mathrm{K}_0\left[\sqrt{uf(u)/C_{\mathrm{D}}\mathrm{e}^{2S}}\right]}{u\left\{u\mathrm{K}_0\left[\sqrt{uf(u)/C_{\mathrm{D}}\mathrm{e}^{2S}}\right] + \sqrt{uf(u)/C_{\mathrm{D}}\mathrm{e}^{2S}}\,\mathrm{K}_1\left[\sqrt{uf(u)/C_{\mathrm{D}}\mathrm{e}^{2S}}\right]\right\}} \tag{2.169}$$

式中，

$$f(u) = \frac{\omega(1-\omega)(u/C_{\mathrm{D}}\mathrm{e}^{2S}) + \lambda\mathrm{e}^{-2S}}{(1-\omega)(u/C_{\mathrm{D}}\mathrm{e}^{2S}) + \lambda\mathrm{e}^{-2S}} \tag{2.170}$$

双重介质模型的井底 Laplace 空间解式(2.170)与均质模型的解式(2.128)相比，只是用 $uf(u)$ 代替原来的 u。这种求解方法具有推广意义，可以用于双重介质直井和水平井试井模型的求解。

2) 典型曲线特征

在双重介质储层中，存在基质和裂缝两种介质，裂缝具有较高的渗透性，但基质岩块的渗透率非常低，油(气)只有通过裂缝系统才能流入井内。测试过程的流动形态如下。

(1) 裂缝流动。

当井打开以后，与井连通的裂缝系统压力开始下降，油(气)沿着裂缝通道流向井底，此时基质岩块内由于渗透性非常差，还没有形成足够的压差，没有流体流出。

(2) 过渡流动。

当裂缝系统的压力由于油(气)采出而下降以后，基质压力尚未下降，基质系统与裂缝系统之间形成压差，促使基质内的流体向裂缝过渡，补充了一部分流体，也缓和了裂缝系统的压力下降过程。

(3) 总系统流动。

随着流动的进行，裂缝系统与基质系统压力达到平衡，裂缝系统与基质系统共同参与向井内供应流体，这一阶段称为总系统流动。

　　图 2.43 表示具有两个径向流段的双重介质模型典型曲线，其典型曲线划分为 4 个阶段。

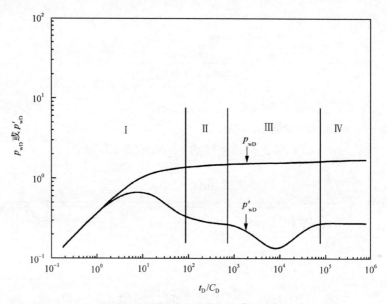

图 2.43　具有裂缝和总系统径向流的双重介质模型典型曲线

　　(1)阶段 I 为续流阶段。与均质模型类似，先呈现 45°的上升直线，然后出现驼峰，反应井筒储集和表皮效应的影响，该阶段相当纯井筒储集阶段和过渡阶段。

　　(2)阶段 II 为裂缝径向流。在裂缝流动段将出现裂缝径向流。

　　(3)阶段III为基质与裂缝过渡段。裂缝径向流之后，由于基质岩块开始向裂缝供给油(气)流，平抑裂缝中的压力下降，以致压力导数向下凹，表现为基质向裂缝过渡流段。

　　(4)阶段IV为系统径向流。当裂缝压力与基质压力达到某种动态平衡以后，裂缝与基质压力同时下降，形成总系统径向流，压力导数再一次呈现水平直线段。

　　双重介质模型经常表现出缺失裂缝径向流段(图 2.44)，这种双重介质曲线的特征如下。

　　(1)原本对应裂缝流动段的裂缝径向流水平线，由于测试井具有较大的井储系数，使续流段右移；或由于地层具有较大的窜流系数，使过渡段向早期(左方)移动，以致掩盖了裂缝径向流阶段，致使裂缝径向流段的导数水平线缺失。

　　(2)作为双重介质地层特征的过渡期导数曲线下凹段，仍然是这类曲线的主要特征。

　　(3)在过渡流段以后，呈现总系统径向流段。

　　从图 2.43 和图 2.44 看出，压力导数的下凹是双重介质模型最重要的特征。

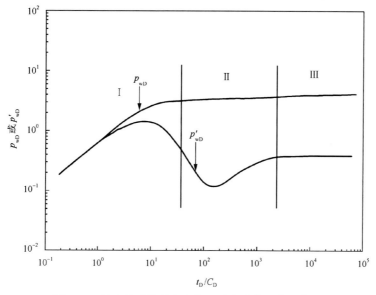

图 2.44　只有总系统径向流的双重介质模型典型曲线

3. 压裂井垂直裂缝模型

低渗透油(气)藏进行水力压裂时，一般形成垂直裂缝。根据裂缝导流系数的大小，可以分为两类垂直裂缝。当裂缝无量纲导流系数 F_{CD} 大于 100(也有学者界定为 F_{CD} 大于 500)时，认为裂缝是高导流的裂缝，称为无限导流裂缝。如果裂缝无量纲导流系数 F_{CD} 较小，如 $F_{CD} \leqslant 5$，则认为压裂裂缝是低导流的，或称有限导流裂缝。

许多学者提出垂直裂缝试井模型，目前基本可分为 4 种：Cinco-Ley 等(1978)提出的双线性流模型、Cinco-Ley 和 Meng(1988)提出的二维平面模型、Riley 等(1991)提出的椭圆流模型、Lee 和 Brockenbrough(1986)提出的三线性流模型。前二种模型的优点是数学模型合理，理论曲线反映所有不同阶段的压力动态，不足之处是计算中含有特殊函数及多项级数求和等，计算时间长，三线性模型计算速度快。

1)无限导流和有限导流模型的 Laplace 空间解

无限导流垂直裂缝模型的 Laplace 空间解如下：

$$\bar{p}_D(u) = \frac{1}{u}\big[\gamma_1 Y(z_1) + \gamma_2 Y(z_2)\big] \tag{2.171}$$

式中，

$$z_1 = 2\gamma_1 \sqrt{u} \tag{2.172}$$

$$z_2 = 2\gamma_2 \sqrt{u} \tag{2.173}$$

$$Y(z) = \frac{\pi}{2} \left[K_0(z)L_1(z) + K_1(z)L_0(z) \right] + K_0(z) \tag{2.174}$$

其中，$\gamma_1 = 0.1299514$，$\gamma_2 = 0.8700486$；$L_0(u)$ 为零阶修正 Struve 函数；$L_1(u)$ 为阶修正 Struve 函数。

由于 Lee 和 Brockenbrough(1986)提出的有限导流三线性流模型不能描述外围的拟径向流动阶段，Cinco-Ley 和 Meng(1988)提出了有限导流压裂井的半解析解，该解可以准确描述压裂井后期渗流特征，下面介绍 Cinco-Ley 半解析模型。

由点源方法得到如下方程：

$$\bar{p}_D(x_D) = \frac{\bar{q}_{fD}(u)}{2} \int_{x_{wD} - \Delta x_D/2}^{x_{wD} + \Delta x_D/2} K_0 \left[\sqrt{u} \sqrt{(x_D - x)^2} \right] dx \tag{2.175}$$

运用边界元法将裂缝一侧划分为 N 个网格，得到第 $j(j \leqslant N)$ 个网格的裂缝压力与井底压力的关系。

$$\bar{p}_{fD}(x_{Dj}) - \bar{p}_{wD} = \frac{2\pi}{F_{CD}} \left\{ \sum_{i=1}^{j-1} \bar{q}_{fDi} \left[\Delta x_D^2 \left(j - i + \frac{1}{2} \right) \right] + \bar{q}_{fDj} \frac{\Delta x_D^2}{8} \right\} - \frac{2\pi}{F_{CD}u} \tag{2.176}$$

式中，$\bar{q}_{fDj}$ 指裂缝中第 j 个网格的无量纲流量，$\bar{p}_{fD}(x_{Dj})$ 指裂缝中 x_{Dj} 处的无量纲压力。

由于 $\bar{p}_D = \bar{p}_{fD}$，将上述两方程联立，得到第 j 个网格的控制方程。

$$\begin{aligned}
&\frac{\bar{q}_{fDj}(s)}{2} \int_{x_{Dj} - \Delta x_D/2}^{x_{Dj} + \Delta x_D/2} K_0 \left[\sqrt{u} \sqrt{(x_{D_i} - x)^2} \right] dx - \bar{p}_{wD} \\
&= \frac{2\pi}{F_{CD}} \left\{ \sum_{i=1}^{j-1} \bar{q}_{fDi} \left[\Delta x_D^2 \left(j - i + \frac{1}{2} \right) \right] + \bar{q}_{fDj} \frac{\Delta x_D^2}{8} \right\} - \frac{2\pi}{F_{CD}u}
\end{aligned} \tag{2.177}$$

通过联立所有网格的控制方程及流量守恒方程，最终求取得到拉氏空间下的井底压力解。

2) 典型曲线特征

无限导流垂直裂缝典型具有非常鲜明的特点，整条曲线分成 4 个阶段：续流段、线性流段、过渡段、拟径向流段(图 2.45)。

(1) 续流段 I。先呈现 45° 的上升直线，然后出现不太明显的驼峰，反应井筒储集和表皮效应的影响。

(2) 线性流阶段 II。线性流阶段是最能反映压裂井特征的阶段，其压力和导数均呈 1/2 斜率的平行上升直线，两线间距值与纵坐标的刻度(1 个对数周期)比为 0.301。

(3) 过渡段 III。两条曲线倾斜上升，大致维持平行。

(4) 拟径向流段 IV。压力导数曲线呈现水平段。

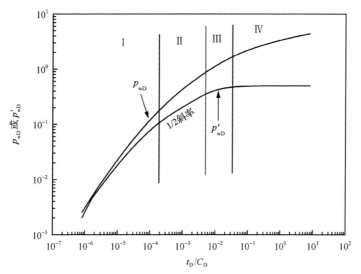

图 2.45　无限导流垂直裂缝井模型典型曲线

有限导流垂直裂缝模型典型曲线也分成 5 段：续流段、双线性流段、线性流段、过渡段、拟径向流段（图 2.46）。曲线特征与无线导流垂直裂缝类似，不同点是出现双线性流阶段（图 2.46 中的阶段 II），其导数曲线出现 1/4 斜率的上升直线。

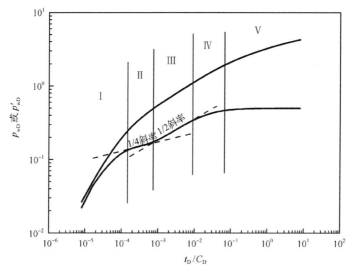

图 2.46　有限导流垂直裂缝井模型典型曲线

对于垂直裂缝模型，可以将压裂裂缝视为均质地层渗透性的改善，将裂缝半长折算为视表皮系数，公式如下：

$$S_f = \ln \frac{2r_w}{X_f} \tag{2.178}$$

如当 $X_f = 120\,\text{m}$，$r_w = 0.1\,\text{m}$，可以得到 $S_f = -6.4$，这可以理解为通过压裂形成了半长为 120m 的裂缝，导致表皮系数负值，地层渗透性改善。

4. 复合模型

复合模型有两种形式，一是指以井为中心，内、外区地层系数的差异形成的复合模型，二是内、外区流体性质的差异形成的复合模型。

最简单的复合模型就是圆形复合模型，所谓圆形复合模型是指：①井附近区域为内区，其流动系数为 $(Kh/\mu)_1$（下标 1 指靠近井的内区），储能参数为 $(\phi hC_t)_1$；②距井 r_c（r_c 为复合模型内区半径，m）以外的区域，其流动系数为 $(Kh/\mu)_2$（下标 2 指远离井的内区），储能参数为 $(\phi hC_t)_2$。

采用流动系数比 M 和储能比 ω 来描述内外区物性的差异：

流动系数比：

$$M = \frac{(Kh/\mu)_1}{(Kh/\mu)_2} \tag{2.179}$$

储能系数比：

$$\omega = \frac{(\phi hC_t)_1}{(\phi hC_t)_2} \tag{2.180}$$

无量纲内区半径：

$$r_{1D} = \frac{r_c}{r_w} \tag{2.181}$$

1）Laplace 空间解

刘义坤等（1994）给出径向两区复合模型有效井径形式的拉氏空间解

$$\bar{p}_{wD}(u) = \frac{\Delta_A I_0\left(\sqrt{\sigma_1}\right) + \Delta_B K_0\left(\sqrt{\sigma_1}\right)}{\Delta} \tag{2.182}$$

式中，

$$\sigma_1 = u / C_D e^{2S} \tag{2.183}$$

$$\sigma_2 = u\omega / C_D e^{2S} \tag{2.184}$$

$$\Delta_A = \frac{1}{u}\left[a_{22}(a_{33}a_{44} - a_{43}a_{34}) - a_{32}(a_{23}a_{44} - a_{43}a_{34})\right] \tag{2.185}$$

$$\Delta_B = -\frac{1}{u}\left[a_{21}(a_{33}a_{44} - a_{43}a_{34}) - a_{31}(a_{23}a_{44} - a_{43}a_{34})\right] \tag{2.186}$$

$$\Delta = a_{11}\left[a_{22}\left(a_{33}a_{44}-a_{43}a_{34}\right)-a_{32}\left(a_{23}a_{44}-a_{43}a_{34}\right)\right]$$
$$-a_{12}\left[a_{21}\left(a_{33}a_{44}-a_{43}a_{34}\right)-a_{31}\left(a_{23}a_{44}-a_{43}a_{34}\right)\right] \tag{2.187}$$

$$a_{11} = C_D e^{2S} u I_0\left(\sqrt{\sigma_1}\right)-\sqrt{\sigma_1}I_1\left(\sqrt{\sigma_1}\right) \tag{2.188}$$

$$a_{12} = C_D e^{2S} u K_0\left(\sqrt{\sigma_1}\right)+\sqrt{\sigma_1}K_1\left(\sqrt{\sigma_1}\right) \tag{2.189}$$

$$a_{21} = I_0\left(r_{1D}\sqrt{\sigma_1}\right)\quad a_{22}=K_0\left(r_{1D}\sqrt{\sigma_1}\right) \tag{2.190}$$

$$a_{23} = -I_0\left(r_{1D}\sqrt{\sigma_2}\right) \tag{2.191}$$

$$a_{24} = -K_0\left(r_{1D}\sqrt{\sigma_2}\right) \tag{2.192}$$

$$a_{31} = \sqrt{\sigma_1}I_1\left(r_{1D}\sqrt{\sigma_1}\right) \tag{2.193}$$

$$a_{32} = -\sqrt{\sigma_1}K_1\left(r_{1D}\sqrt{\sigma_1}\right) \tag{2.194}$$

$$a_{33} = -\frac{1}{M}\sqrt{\sigma_2}I_1\left(r_{1D}\sqrt{\sigma_2}\right) \tag{2.195}$$

$$a_{34} = \frac{1}{M}\sqrt{\sigma_2}K_1\left(r_{1D}\sqrt{\sigma_2}\right) \tag{2.196}$$

$$a_{43} = 1 \tag{2.197}$$

$$a_{44} = 0 \tag{2.198}$$

2)典型曲线特征

分别绘制外区物性变差和外区物性变好的二区复合模型典型曲线(图 2.47)，其典型曲线分成 4 个阶段。

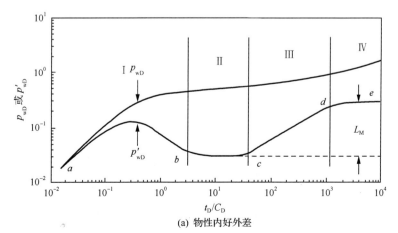

(a) 物性内好外差

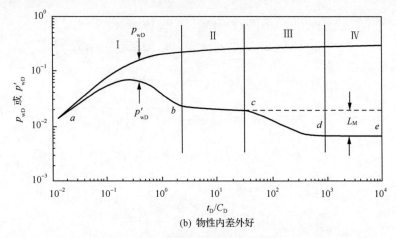

(b) 物性内差外好

图 2.47　圆形复合模型典型曲线

（1）续流段Ⅰ：曲线特征与均质模型相同。

（2）内区径向流段Ⅱ：导数曲线出现水平直线，反应井底附近区域（内区）均匀介质流动特征。

（3）过渡段Ⅲ：如果外围地层变差使流动受阻，压力导数上翘［图 2.47（a）］；如果外围地层变好，使流动变杨，压力导数下倾［图 2.47（b）］。

（4）外区径向流段Ⅳ：压力导数再一次呈现水平段，反应外围（外区）均匀介质流动特征。

在图 2.47 所示的复合模型图中，有以下几点值得注意。

在内、外区的径向流之间，导数水平线存在一个高度差，表示为 L_{M}。L_{M} 除以纵坐标刻度 L_{C}（一个对数周期长），得到无量纲量 L_{MD} 为

$$L_{MD} = \frac{L_{M}}{L_{C}} \tag{2.199}$$

用 L_{MD} 值可以计算内外区的流动系数比：

$$M = 10^{L_{MD}} \tag{2.200}$$

式中，当导数上翘时（内好外差），L_{MD} 取正值；导数下倾时（内差外好），L_{MD} 取负值。

根据式（2.199），内外区的导数高差 L_{MD} 越大，则内、外区的流动系数比越大。所以当导数上翘得严重时，说明外围地层流动系数急骤变差。

5. 部分射开模型

1) Laplace 空间解

部分射开模型的相关无量纲定义如下。

无量纲打开段顶部位置：

$$z_{aD} = \frac{z_a}{h} \tag{2.201}$$

无量纲打开段底部位量：

$$z_{bD} = \frac{z_b}{h} \tag{2.202}$$

$$h_D = \frac{h_w}{r_w}\sqrt{\frac{K_h}{K_v}} \tag{2.203}$$

$$L_D = \frac{z_a - z_b}{h} \tag{2.204}$$

部分射开模型的 Laplace 空间解为

$$p_D = \frac{1}{u}\frac{K_0(\sqrt{u})}{\sqrt{u}K_1(\sqrt{u})} + 2\sum_{n=1}^{\infty}\frac{\left[\sin(n\pi Z_{bD}) - \sin\left(n\frac{\pi Z_{aD}}{h_D}\right)\right]K_0\left[\sqrt{\left(\frac{n\pi}{h_D}\right)^2 + u}\cos\left(\frac{n\pi Z_D}{h_D}\right)\right]}{u\sqrt{\left(\frac{n\pi}{h_D}\right)^2 + u}K_1\left[\sqrt{\left(\frac{n\pi}{h_D}\right)^2 + u}\right]n\pi b_D} \tag{2.205}$$

考虑井储和表皮效应时，可采用式 (2.112) 计算相应的井底压力。

2) 典型曲线特征

部分射开模型典型曲线分成 4 个阶段 (图 2.48)。

(1) 续流段 Ⅰ：与均质模型大体类似，但这一段所显示的曲线形态中表皮系数 S 反映的是射开部分的损害情况。

(2) 部分径向流段 Ⅱ：对于大多数层状地层，在厚层内部常伴有薄的夹层，这些薄夹层虽不能隔断流体的纵向流动，却使储层的纵向渗透率远小于横向渗透率，从而推延纵向流动的发生。因此，在续流段以后的早期有时会出现时间很短、发生在部分射开层段的径向流动。

对于隔层影响不明显，层段间纵向渗透率相对较好的储层，不一定存在部分径向流动段。

(3)球形流动段Ⅲ：射开层段以外的较厚层段流体参与流动，使平面径向流转化为球形流。在图 2.48 导数曲线显示–0.5 斜率的下倾直线，这是球形流动的重要特征线。

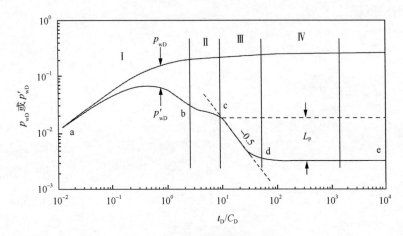

图 2.48 部分射开模型典型曲线

(4)全层径向流Ⅳ：球形流以后，只要测试时间足够长，可以测到全层的径向流动段。

部分射开井模型的重要特征是产生球形流或半球形流。

通过全层的径向流段，可以解释全层的参数：全层综合流动系数$(Kh/\mu)_t$（下标 t 指全层）、全层综合渗透率K_t和全层表皮系数S_t。这里有两点须引起注意。

(1)在计算全层K_t值时，必须知道全层的厚度，但多数情况是，到底射开井段有多大厚度的储层流体参与流动是个未知数，也有可能是随着时间的延长，更厚的层段流体参与流动，因此所计算出的K_t含意难以界定。

(2)表皮系数S_t一是表明钻井、完井对地层造成的损害；二是由于部分射开造成的井底聚流引起附加的表皮系数，后者往往影响更大，有时使表皮系数达到 100 以上。

考虑部分射开参数的影响，典型曲线的形态发生变化，从图 2.49 可以看到以下两点。

(1)射开层段占比的影响。图 2.49 总地层厚度 200m，射开部分 10m，相当于总厚度的 0.05，因此部分径向流与全层径向流之间导数水平线的高差非常大。

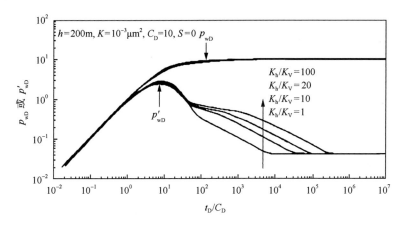

图2.49　不同水平渗透率与垂直渗透率比值的部分射模型典型曲线

（2）K_h/K_v的影响。影响曲线形态的另一个重要因素是水平渗透率K_h与垂向渗透率K_v的比值。当$K_h/K_v=100$时，存在两个明显的径向流段。当$K_h/K_v=1$时，部分径向流段消失，续流段过后，直接显现球形流动段（导数曲线$-1/2$斜率）。

从图2.49还可以看到，部分径向流与全层径向流之间的导数水平线有一个高差，用L_p表示。L_p除以纵坐标刻度L_C（一个对数周期长），得到无量纲量L_{pD}，表示为

$$L_{pD} = \frac{L_p}{L_C} \tag{2.206}$$

全层流动系数与射开层段流动系数之比可以表示为

$$M_p = \frac{(Kh/\mu)_t}{(Kh/\mu)_p} = 10^{L_{pD}} \tag{2.207}$$

从式（2.207）看到，L_{pD}越大，也就是导数水平线的高度差越大，则全层流动系数$(Kh/\mu)_t$与射开部分流动系数$(Kh/\mu)_p$（下标 p 指射开部分）之比M_p越大，且M_p总是大于1。

6. 双渗模型

最典型的双渗模型是上下渗透率不同的两层模型，根据层间窜流方式又分为两层无窜流模型和两层有窜流模型。

1) Laplace 空间解

定义储能比:

$$\omega_1 = \frac{\phi_1 h_1 C_{t1}}{\phi_1 h_1 C_{t1} + \phi_2 h_2 C_{t2}} \tag{2.208}$$

$$\omega_2 = 1 - \omega_1 \tag{2.209}$$

地层系数比:

$$\kappa_1 = \frac{K_1 h_1}{K_1 h_1 + K_2 h_2} \tag{2.210}$$

$$\kappa_2 = 1 - \kappa_1 \tag{2.211}$$

(1) 两层无窜流模型。

采用有效井径形式的 Laplace 变换方法,得到两层模型的拉氏空间解:

$$\bar{P}_{wD}(u) = \frac{K_0(\sqrt{\sigma_1})K_0(\sqrt{\sigma_2})}{u\left\{u\left[K_0(\sqrt{\sigma_1})K_0(\sqrt{\sigma_2})\right] + \kappa_1\sqrt{\sigma_1}K_1(\sqrt{\sigma_1})K_0(\sqrt{\sigma_2}) + \kappa_2\sqrt{\sigma_2}K_0(\sqrt{\sigma_1})K_1(\sqrt{\sigma_2})\right\}} \tag{2.212}$$

式中,

$$\sigma_j = \frac{\omega_j u}{\kappa_j C_D e^{2S}}, \quad j = 1,2 \tag{2.213}$$

(2) 两层有窜流模型。

两层有窜流模型的拉氏空间解为

$$\bar{p}_{wD}(u) = \frac{K_0\left(\sqrt{\sigma_1}\right)K_0\left(\sqrt{\sigma_2}\right)}{u\left\{u\left[K_0\left(\sqrt{\sigma_1}\right)K_0\left(\sqrt{\sigma_2}\right)\right] + X(u)\sqrt{\sigma_1}K_1\left(\sqrt{\sigma_1}\right)K_0\left(\sqrt{\sigma_2}\right) - Y(u)\sqrt{\sigma_2}K_0\left(\sqrt{\sigma_1}\right)K_1\left(\sqrt{\sigma_2}\right)\right\}} \tag{2.214}$$

式中,

$$\sigma_1 = \frac{1}{2}\left[\frac{(\omega_2 u / C_{De} + \lambda e^{-2S})}{\kappa_2} + \frac{(\omega_1 u / C_{De} + \lambda e^{-2S})}{\kappa_1} + \Delta\right] \tag{2.215}$$

$$\sigma_2 = \frac{1}{2}\left[\frac{(\omega_2 u / C_{De} + \lambda e^{-2S})}{\kappa_2} + \frac{(\omega_1 u / C_{De} + \lambda e^{-2S})}{\kappa_1} - \Delta\right] \qquad (2.216)$$

$$\Delta = \left(\left(\frac{\omega_2 u / C_{De} + \lambda e^{-2S}}{\kappa_2} - \frac{\omega_1 u / C_{De} + \lambda e^{-2S}}{\kappa_1}\right)^2 + \frac{4\left(\lambda e^{-2S}\right)^2}{\kappa_1 \kappa_2}\right)^{\frac{1}{2}} \qquad (2.217)$$

$$X(u) = \frac{(a_2 - 1)(\kappa_1 a_1 + \kappa_2)}{a_2 - a_1} \qquad (2.218)$$

$$Y(u) = \frac{(a_1 - 1)(\kappa_1 a_2 + \kappa_2)}{a_2 - a_1} \qquad (2.219)$$

$$a_1 = 1 + \frac{\omega_2 (u / C_D e^{2S}) - \kappa_2 \sigma_1}{\lambda e^{-2S}} \qquad (2.220)$$

$$a_2 = 1 + \frac{\omega_2 (u / C_D e^{2S}) - \kappa_2 \sigma_2}{\lambda e^{-2S}} \qquad (2.221)$$

2) 典型曲线特征

图 2.50 图和 2.51 分别是固定 $C_D e^{2S} = 10^3$，$\lambda = 4 \times 10^{-4}$，分别取 $\omega = 10^{-3}$（图 2.50）、$\omega = 10^{-1}$（图 2.51）的典型曲线图版，其中每一条曲线对应一个 κ 值。图版中的两条虚线分别对应于 $\kappa = 0.5$ 和 $\kappa = 1.0$，即均质情形和双重孔隙介质情形。

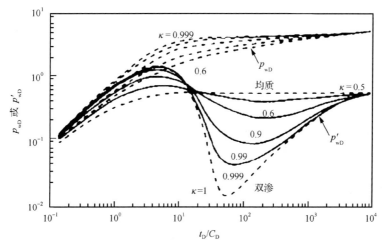

图 2.50　两层模型典型曲线

$C_D e^{2S} = 10^3$；$\lambda = 4 \times 10^{-4}$；$\omega = 10^{-3}$

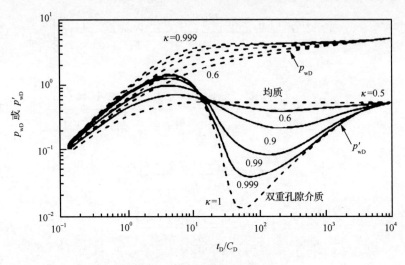

图 2.51　两层模型典型曲线

$C_D e^{2S} = 10^3$，　$\lambda = 4 \times 10^{-4}$，　$\omega = 10^{-1}$

典型曲线可分为 3 个阶段。

(1) 续流段：在开井生产的早期，两层互不相干地各自向井筒供油，看不到层间窜流，双对数曲线呈现反映纯井筒储集的斜率为 1 的直线(45°线)，然后导数曲线达到"驼峰"的"峰顶"再下降。这与均质油藏模型完全相同。

(2) 层间窜流阶段：在生产一段时间之后，两层之间有了一定的压差，开始出现层间的窜流。所以在井筒储集结束后，压力导数曲线便出现一段过渡段"凹子"，其形状与两层的储能比 ω 和地层系数比 κ 有关，这是层间窜流阶段的显著特征。

(3) 系统径向流阶段：最后两层的压力达到动态平衡，压力导数曲线成为一条水平直线段，纵向轴截距为 0.5，对应于整个双层系统的径向流动阶段。

对于不同的 κ 值，导数曲线的"凹子"的深浅程度不同，κ 值越小，"凹子"越浅而越接近 0.5 水平直线；若 $\kappa = 0.5$，则变为均质模型，"凹子"不复存在而呈 0.5 水平直线；κ 值越大，则"凹子"越深；若 $\kappa = 1.0$，则 $K_2 = 0$，与介质间拟稳定流动的双重孔隙介质模型相同。这就是说双重渗透介质模型的典型曲线位于均质模型典型曲线与双重孔隙介质模型典型曲线之间。

2.4.5　不同试井模型典型曲线的共性特征

不同类型试井模型的压力导数曲线都存在相应的特征线，这些特征线精细地描述储层动态模型的特征。图 2.52 汇总了各类导数特征线，括弧内的数字表示该段特征线的斜率。

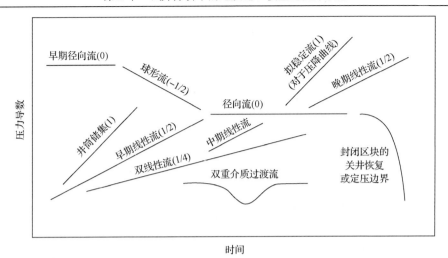

图 2.52　压力导数特征线示意图

表 2.4 列出了特征线与油藏流动性的对应关系。

表 2.4　压力导数特征线与储层流动类型对应关系

导数特征线	储层及流动特征
水平直线	均质地层径向流(均质砂岩地层，均匀的裂缝性地层)
晚期斜率为 1 的直线(压降曲线)	封闭边界(定容地层)
晚期导数曲线快速下降(压力恢复曲线)	封闭边界(定容地层)
1/2 斜率直线	导流能力很强的压裂裂缝(线性流)或单方向发育的裂缝系统
1/4 斜率直线	有限导流压裂裂缝(双线性流)
导数上翘后趋向于变平	外围地层变差存在不渗透边界
导数下倾后趋向于变平	外围地层变好地层部分射开
导数后期下倾	定压的外边界(油藏有活跃的边底水)
导数出现下凹的谷值	双重介质地层或双渗地层的过渡流

各类模型试井典型曲线的共性特征如下。

1) 井筒储集阶段

出现在开、关井最早期，在导数曲线上显示为斜率 1 的直线。对于多数测试井的不稳定试井来说，大都存在这一特征线段。除非对于渗透性特别高的地层，且采取井下开关井的方法测试压降或压力恢复曲线时有可能录取不到该直线段。

2) 早期线性流和双线性流

早期线性流显示为斜率 0.5 的上升直线，双线性流显示为斜率 0.25 的上升直线。此类特征线属于地层近井筒影响段，出现于经过大型加砂压裂改造的地层。

由于压裂形成了与井相通的长垂直裂缝，因此在裂缝附近形成垂直裂缝表面的线性流动。

3) 中期线性流

中期线性流的特征线也是 0.5 斜率的上升直线，但它出现的时间较前者晚。此类特征线出现在垂直于水平井筒的线性流动段，也属于地层近井筒影响段。

4) 晚期线性流动

特征线同样是 0.5 斜率的直线，但它出现时间更晚，常常延续到测试结束，属于晚期边界影响段。这类特征线是由平行不渗透边界引起。从地质上来说，它的成因可以是由断层形成的地堑，可以是由河流相沉积造成的河道边界，或是由于灰质地层折曲后，在轴部形成的条带形断裂区带等。

5) 径向流

径向流特征线为导数曲线出现水平直线，斜率为零。径向流动段属于储层的影响段，又可以分为多种不同形式：均质地层径向流、双重介质地层裂缝径向流及总系统径向流、复合地层内区径向流和外区径向流、部分射开地层的部分径向流和全区径向流、压裂地层拟径向流、水平井垂直径向流和拟径向流等。通过径向流段的压力分析可以求得径向流段本身及前后邻近流动段的参数。

(1)储层影响段本身的参数，如渗透率 K、流动系数 Kh/μ、地层系数 Kh、双重介质地层的裂缝渗透率 K_f 等。

(2)作为参考点，向前反求出地层近井筒段的表皮系数 S。确定线性流的结束点、压裂裂缝有效半长 X_f 等。

(3) 向后根据导数走向，辨认出边界影响段，帮助确认边界性质及距离。

因此，径向流段是试井曲线中最重要的特征线段。

6) 球形流

球形流的特征线为斜率-0.5 的下降直线。球形流动出现于地层部分射开情形，此种流动状态是一种过渡流动，有时其特征线只是表现为从部分径向流水平线向全层径向流水平线的很短的下降过程。球形流特征线在图形分析中帮助确定总体的流动特征，以推断出地层系数 Kh 和部分打开程度。

7) 拟稳定流

所谓拟稳定流，是指位于封闭区块中的测试井，开井后整个区域压力进入匀速压降的流动状态，亦即压力对时间的导数为常数。拟稳定流特征线是斜率为 1 的直线。这种流态是压降曲线的终流态，将一直持续到流动期末。

8) 关井恢复曲线的稳态线

这是一种与封闭区块开井拟稳态流动相对应的流态，但与开井流态迥然不同，压力导数特征线迅速下掉。对于一个封闭区块，当生产井关闭以后，区块内的压力很快达到平衡，最终变为一个固定值，压力导数也很快趋于零。此时在双对数坐标中，曲线表现为快速下掉。

对于油井，如果外围有宽广的水区，或有注水井，形成接近恒压的边界，也会出现导数下掉的现象，试井分析中称为定压边界。

9) 双重介质的过渡流

这是一种特殊的流态，表征从裂缝径向流向总系统径向流过渡时的状态。在过渡流的前后，导数曲线都是水平线，且高度相同，表明两种不同均匀介质的径向流。一般来说，如果出现这种特征线，则有可能显示双重介质特征。但有时这种特征线会被续流段曲线所掩盖。

10) 流动受阻或流动变畅

地层非均质分布会造成流体在地层中流动受限（地层物性由好变差），或使流动变畅（地层物性由差变好）。当流动受阻时，压力导数会从径向流水平线向上翘起；反之，压力导数将下掉。由于地层中造成流动系数 Kh/μ 变好或变差的原因多种多样，因此要结合油藏地质特点分析这类曲线。

庄惠农 (2014) 系统总结了各类试井模型的典型曲线特征，汇总于表 2.5。

表 2.5 常见储层模型典型曲线特征

模式图编号	地层及边界条件	地层条件图示	模式图	参数及特征
M-1	均质地层 井筒储集系数 C 表皮系数 S 无限大边界	○	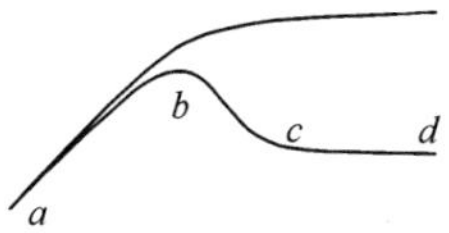	$a\sim b\sim c$ 续流段 $c\sim d$ 径向流段
M-2	双重介质地层 井筒储集系数 C 表皮系数 S 裂缝和总系统两个径向流	○	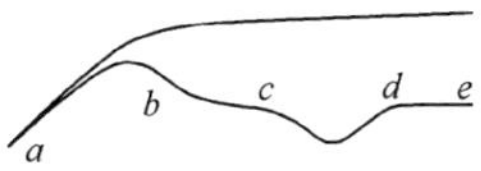	$a\sim b$ 续流段 $b\sim c$ 裂缝径向流段 $c\sim d$ 过渡流段 $d\sim e$ 总系统径向流段
M-3	双重介质地层 井筒储集系数 C 表皮系数 S 只有总系统径向流	○	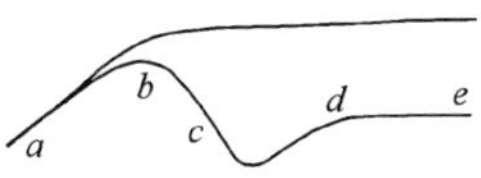	$a\sim b\sim c$ 续流段 $c\sim d$ 过渡流段 $d\sim e$ 总系统径向流段
M-4	均质地层 井筒储集系数 C 裂缝表皮系数 S_f 无限导流垂直裂缝	 ⊢—○—⊣	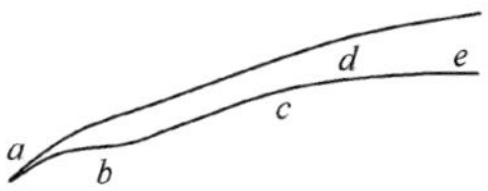	$a\sim b$ 续流段 $b\sim c$ 线性流段 $c\sim d$ 过渡流段 $d\sim e$ 拟径向流段
M-5	均质地层 井筒储集系数 C 表皮系数 S 有限导流垂直裂缝	 ⊢—○—⊣	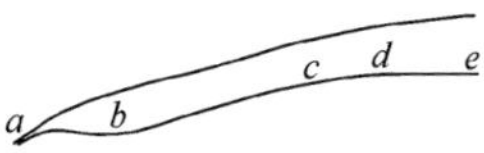	$a\sim b$ 续流段 $b\sim c$ 双线性流段 $c\sim d$ 过渡流段 $d\sim e$ 拟径向流段

续表

模式图编号	地层及边界条件	地层条件图示	模式图	参数及特征
M-6	均质地层 井筒储集系数 C 表皮系数 S 地层部分射开	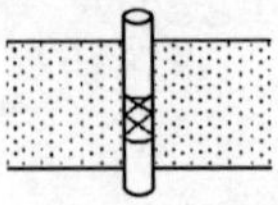	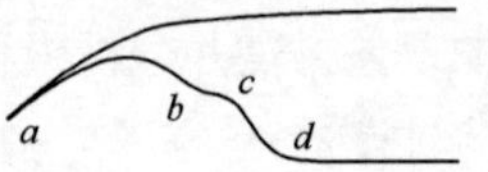	$a\sim b$ 续流段 $b\sim c$ 部分径向流段 $c\sim d$ 过渡流段 $d\sim e$ 地层径向流段
M-7	均质地层 井筒储集系数 C 表皮系数 S 复合地层(内好、外差)	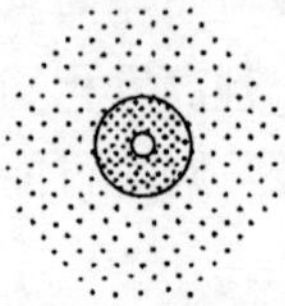	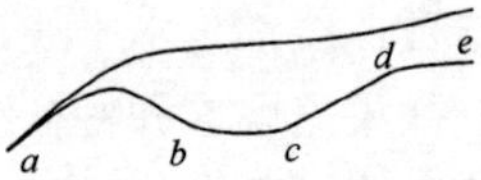	$a\sim b$ 续流段 $b\sim c$ 内区径向流段 $c\sim d$ 过渡流段 $d\sim e$ 外区径向流段
M-8	均质地层 井筒储集系数 C 表皮系数 S 复合地层(内差外好)	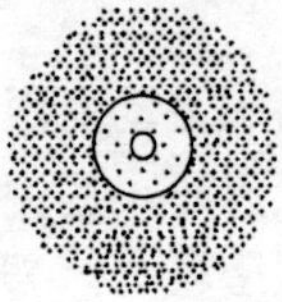	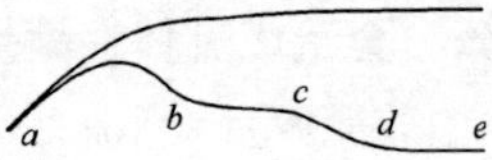	$a\sim b$ 续流段 $b\sim c$ 内区径向流段 $c\sim d$ 过渡流段 $d\sim e$ 外区径向流段
M-9	均质地层 井筒储集系数 C 表皮系数 S 单一直线不渗透边界	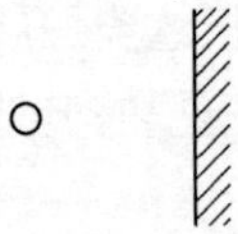	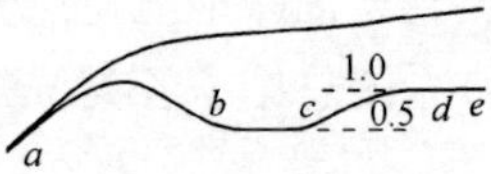	$a\sim b$ 续流段 $b\sim c$ 径向流段 $c\sim d$ 过渡流段 $d\sim e$ 断层反映段
M-10	均质地层 井筒储集系数 C 表皮系数 S 直线夹角不渗透边界	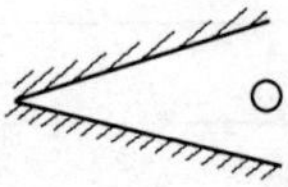	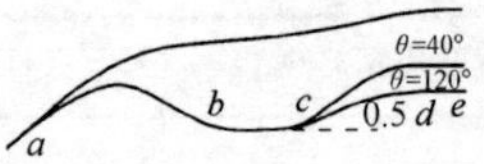	$a\sim b$ 续流段 $b\sim c$ 径向流段 $c\sim d$ 过渡流段 $d\sim e$ 断层反映段
M-11	均质地层 井筒储集系数 C 表皮系数 S 矩形封闭边界	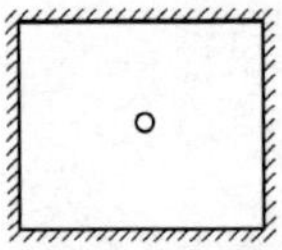	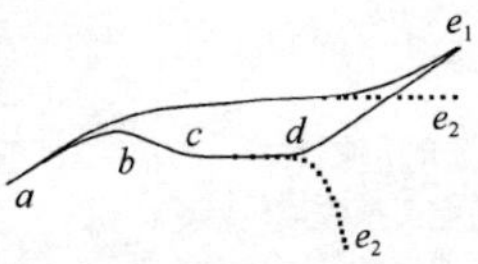	$a\sim b\sim c$ 续流段 $c\sim d$ 径向流段 $d\sim e_1$ 压降曲线边界 反映段 $d\sim e_2$ 压恢曲线边界 反映段
M-12	均质地层 井筒储集系数 C 表皮系数 S 条带形不渗透边界	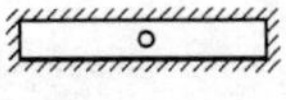	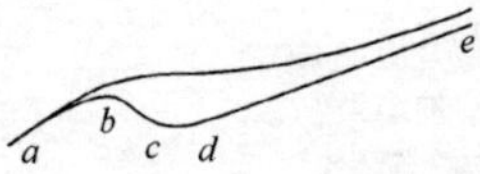	$a\sim b\sim c$ 续流段 $c\sim d$ 径向流段 $d\sim e$ 边界线性流段
M-13	均质地层 井筒储集系数 C 压裂井 条带形不渗透边界	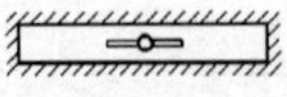	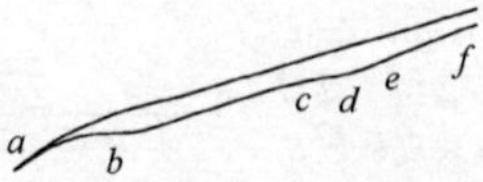	$a\sim b$ 续流段 $b\sim c$ 线性流段 $c\sim d$ 拟径向流显示段 $e\sim f$ 边界反映线性 流段

续表

模式图编号	地层及边界条件	地层条件图示	模式图	参数及特征
M-14	井筒储集系数 C 表皮系数 S 区带状组系性裂缝	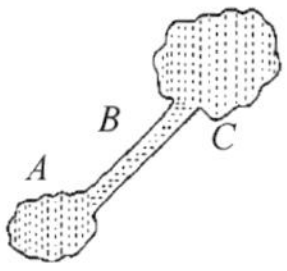	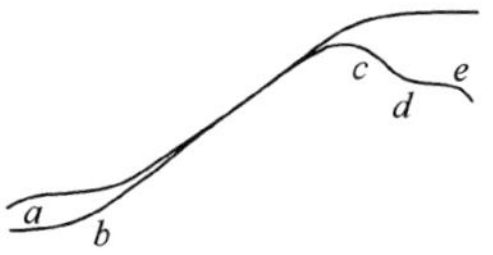	$a\sim b$ 为 A 区径向流段 $b\sim c$ 为 A 区边界反映 　　　线性流段 $c\sim d\sim e$ 为 C 区流动段
M-15	井筒储集系数 C 表皮系数 S 复杂组系性裂缝	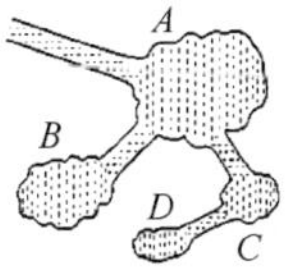	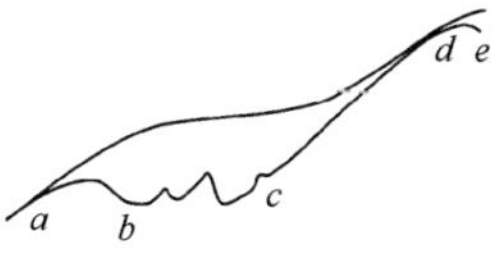	$a\sim b$ 线性流段 $b\sim c$ 为 A 区径向流段 $c\sim d$ 边界反映段 $d\sim e$ 为 B、C 等外区 　　　供气段
M-16	均质地层 井筒储集系数 C 表皮系数 S 水平井	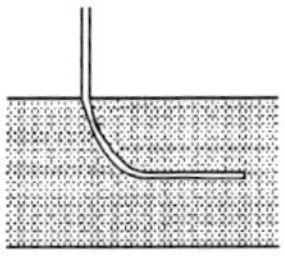	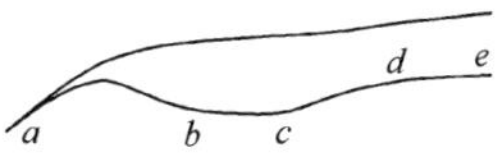	$a\sim b$ 续流段 $b\sim c$ 垂向径向流段 $c\sim d$ 线性流段 $d\sim e$ 拟径向流段

2.5　试井分析方法论

20 世纪 90 年代以来，在 Gringarten 和 Bourdet 导数图版基础上出现各种图形分析方法。

2.5.1　重整压力及重整压力导数方法

20 世纪 80 年代末和 90 年代初，Agarwal 等（1970）、Onur 等（1989）、Duong（1989）把压力、时间和压力导数重新组合形成新的坐标变量，从而推导出许多新的图形模式，并用于压力曲线的特征分析及参数解释。

1. 重整压力分析方法和重整压力分析图

Agarwal 对 Gringarten-Bourdet 图版进行深入分析，从不同时间段的渐近解中得到启发，对压力、时间及导数进行重新组合，从而得到新型试井分析图版，用于试井资料的解释。

引入重整压力变量 p_{DG}：

$$p_{DG} = \frac{1}{2}\frac{p_D}{p_D'} \tag{2.222}$$

式中，对于油井：

$$p_D' = \frac{\mathrm{d}p_D}{\mathrm{d}t_D}t_D = \frac{Kh}{1.842\times10^{-3}qB\mu}\Delta p' \tag{2.223}$$

$$\Delta p' = \frac{\mathrm{d}\Delta p}{\mathrm{d}\ln t} = \frac{\mathrm{d}\Delta p}{\mathrm{d}t}t \tag{2.224}$$

p_{DG} 也可以表达为

$$p_{DG} = \frac{1}{2}\frac{\Delta p}{\Delta p'} \tag{2.225}$$

式 (2.225) 表明, 此类典型曲线与实测曲线上相应的纵坐标值完全相同, 因而在曲线拟合时, 只需进行横坐标的移动, 这是这类图版的最重要特征。

另外对于均质地层, 引入类似时间变量 t_{DG}:

$$t_{DG} = \frac{1}{2}\frac{t_D}{p'_D} \tag{2.226}$$

从展开式可知,

$$t_{DG} = 3.3157 \times 10^{-3}\frac{qB}{\phi h C_t r_w^2}\frac{t}{\Delta p'} \tag{2.227}$$

根据 t_{DG} 和 p_{DG} 组成一个新型的典型曲线, 表 2.6 的序号 1 给出了该分析方法的构成及特征。

不同的学者在定义重整压力时使用不同的符号, 但其含义大体相同, 重整压力方法还有其他类似的组合方式。目前已发表的新型分析图, 其坐标变量及图形特征汇总如表 2.6 所示。

表 2.6　新型分析图版坐标构成及特征表

图形序号	曲线类别	纵坐标表达式	横坐标表达式	参变量	适用地层	曲线特征
1	理论图版	p_{DG}	t_{DG}/C_D	$C_D e^{2S}$	均质地层	在径向流段与标准图版重合;井筒储集段缩拢为一点, 坐标 (0.5,0.5); 通过横坐标拟合点 M 可以计算 C_D 值
	实测曲线	$\dfrac{1}{2}\dfrac{\Delta p}{\Delta p'}$	$\dfrac{t}{\Delta p'}$			
2	理论图版	p_{DG}	$\dfrac{t_D}{C_D}$	$C_D e^{2S}$	均质地层	在径向流段与标准图版重合;井筒储集段为 $p_{DG}=0.5$ 的水平线;通过横坐标拟合值可以求出渗透率 K 和流动系数 Kh/μ
	实测曲线	$\dfrac{1}{2}\dfrac{\Delta p}{\Delta p'}$	t			
3	理论图版	p_{DG}	$\dfrac{t_D}{C_D E}$ $E = \lg\left(C_D e^{2S}\right)$	$C_D e^{2S}$	均质地层	井筒储集段为 $p_{DG}=0.5$ 的水平线;径向流段开始时大致在同一个横坐标 $(t_D/C_D E)$ 值, 可以用来判断径向流开始时间。
	实测曲线	$\dfrac{1}{2}\dfrac{\Delta p}{\Delta p'}$	t			

续表

图形序号	曲线类别	纵坐标表达式	横坐标表达式	参变量	适用地层	曲线特征
4	理论图版	p_{DG}	t_D	C_{DXf}	均质地层具有无限导流垂直裂缝或均匀流裂缝	线性流段为纵坐标等于 1 的水平线；井筒储集段从 E 点开始，过渡到 $p_{DG}=1$ 的水平线，E 点纵坐标 0.5，横坐标 $(C_{DXf}/2)$；经横向移动拟合后. 可求 C_{DXf} 和 X_f
	实测曲线	$\dfrac{1}{2}\dfrac{\Delta p}{\Delta p'}$	$\dfrac{t}{\Delta p'}$			
5	理论图版	p_{DG}	t_D	C_{DXf}	均质地层具有无限导流垂直裂缝或均匀流裂缝	线性流段为纵坐标等于 1 的水平线；从横坐标拟合点 M 可以计算渗透率值 K 和流动系数 Kh/μ
	实测曲线	$\dfrac{1}{2}\dfrac{\Delta p}{\Delta p'}$	t			
6	理论图版	p_{DG}	t_D	F_{CD}	均质地层具有有限导流垂直裂缝	F_{CD} 值较小时，初期为 $p_{DG}=2$ 的双线性流水平线；F_{CD} 值较大时，可过渡到 $p_{DG}=1$ 的线性流水平线；水平方向拟合后可求得 F_{CD} 和 X_f 值
	实测曲线	$\dfrac{1}{2}\dfrac{\Delta p}{\Delta p'}$	t			
7	理论图版	p_{DG}	$t_D F_{CD}$	F_{CD}	均质地层具有有限导流垂直裂缝	双线性流段 $p_{DG}=2$，线性流 $p_{DG}=1$；早期过渡段并为一条曲线；水平方向拟合后可求得 F_{CD} 和 X_f 值
	实测曲线	$\dfrac{1}{2}\dfrac{\Delta p}{\Delta p'}$	$\dfrac{t}{\Delta p'}$			
8	理论图版	p_{DG}	$t_D F_{CD}$	F_{CD},C_{DXf}	均质地层具有有限导流垂直裂缝	双线性流段 $p_{DG}=2$，线性流段 $p_{DG}=1$；井筒储集段从 E 点开始，E 点坐标 $(0.5C_D F_{CD}, 0.5)$；水平方向拟合可求 F_{CD}、C_D 和 X_f
	实测曲线	$\dfrac{1}{2}\dfrac{\Delta p}{\Delta p'}$	$\dfrac{t}{\Delta p'}$			
9	理论图版	p_{DG}	t_{DXf}	F_{CD}	均质地层具有有限导流垂直裂缝	双线性流 $p_{DG}=2$，线性流 $p_{DG}=1$ 水平方向拟合可以计算渗透 K 值和流动系数 Kh/μ
	实测曲线	$\dfrac{1}{2}\dfrac{\Delta p}{\Delta p'}$	$\dfrac{t}{\Delta p'}$			
10	理论图版	p_{DG}	t_{DXf}	$\dfrac{x_e}{x_f}$	均质地层具有无限导流垂直裂缝(或均匀流)具有正方形边界	线性流段 $p_{DG}=1$；边界反映段 $p_{DG}=0.5$，从横坐标拟合可求 $\dfrac{x_e}{x_f}$
	实测曲线	$\dfrac{1}{2}\dfrac{\Delta p}{\Delta p'}$	t			

续表

图形序号	曲线类别	纵坐标表达式	横坐标表达式	参变量	适用地层	曲线特征
11	理论图版	p_{DG}	t_D	L_D	水平井	初始径向流动段与 $L_D = 0.5$ 的样板曲线相重合；线性流动段与相应的压力样板曲线相拟合；拟径向流段与实测压差曲线相拟合
	实测曲线	Δp	t			
12	理论图版	$p_{DRG} = \dfrac{p_D}{p'_D}$	t_D / p_D	C_D, S	段塞流	早期段缩为一个点，坐标 $(C_D, 0.5)$ ；用拟合方法求 S 值；求 Kh / μ 时需使用另外的图版
	实测曲线	$\dfrac{I(\Delta p)}{t\Delta p}$	$\dfrac{tC_{FD}(p_i - p)}{I(\Delta p)}$			

图 2.53 是针对均质无限大地层考虑井筒储集和表皮效应的 Agarwal 组合图，其典型曲线的特征见表 2.6 中的图形模式 1（序号 1）。从图 2.53 看到，井筒储集段（即标准图版中斜率为 1 的直线段）缩拢为一个点，此点坐标为（0.5，0.5）。图 2.53 虚线以右为径向流动段，该段曲线与标准图版完全重合。

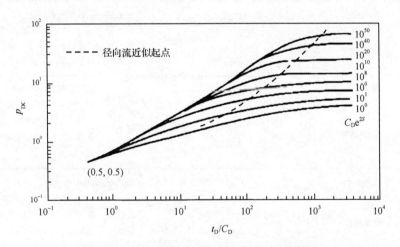

图 2.53　均质无限大地层 Agarwal 组合参数图

根据式（2.226）和式（2.227），当 $t_D \to \infty$ 时，$p_{DG} \to p_D$，且 $t_{DG} \to t_D$，所以在 p_{DG} 与 t_{DG} 的半对数图上也存在一条直线段，直线段的方程表示为

$$p_{DG} = \frac{1}{2}\left(\ln t_{DG} + 0.80907 + S\right) \tag{2.228}$$

由此可见，在 p_{DG} 与 t_{DG} 图上径向流起点与标准格林加登典型曲线上径向流起点相同，径向流起点对应的 p_{DG}-t_{DG} 曲线与 p_D-t_D 曲线也近似相同。

基于 Agarwal 组合图的图版拟合方法步骤如下：①将实测曲线以横坐标 $t/\Delta p'$ 和纵坐标 $\Delta p/2\Delta p'$ 绘制在双对数图上；② p_{DG} 可同时表示为 $p_D/2p'_D$ 和 $\Delta p/2\Delta p'$，因此实测曲线与理论图版对应点的纵坐标值完全相同。进行拟合时只进行水平方向移动，从拟合点 M_1 坐标，可以计算 C_D 值：

$$C_D = 3.3157 \times 10^{-3} \frac{qB}{\phi h C_t r_w^2} \frac{(t/\Delta p')_{M_1}}{(t_{DG}/C_D)_{M_1}} \qquad (2.229)$$

但是从这种图版不能计算地层渗透率值。

图 2.54 是由 Duong(1989)给出的另一种组合参数图版，坐标表达式见表 2.6 序号 2 图形。从图 2.54 看到，井筒储集段曲线为 $p_{DG}=0.5$ 的水平线。从水平线过渡到径向流段时，$C_D e^{2S}$ 值越大，曲线位置越低，形成交叉曲线。虚线右边的径向流段曲线与标准图版仍然重合。

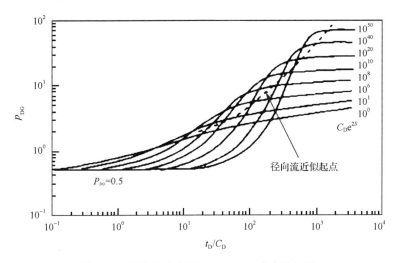

图 2.54 均质无限大地层 Duong 组合参数图版

理论图版与实测曲线进行水平方向移动拟合以后，可以得到拟合点 M_2 及拟合坐标 t_{M_2} 和 $(t_D/C_D)_{M_2}$，用来计算 K 值：

$$K = 0.2778 \frac{\mu \phi C_t r_w^2 C_D}{t_{M_2}} \left(\frac{t_D}{C_D}\right)_{M_2} \qquad (2.230)$$

式中，C_D 值是从图 2.54 的拟合点 M_1 求得的，把 C_D 比值代入后，有

$$\frac{Kh}{\mu} = 9.21 \times 10^{-4} qB \frac{(t/\Delta p')_{M_1}}{(t_{DG}/C_D)_{M_1}} \frac{(t_D/C_D)_{M_2}}{t_{M_2}} \tag{2.231}$$

组合参数图形模式突出了试井曲线的某些特征，当使用这些曲线与标准的压力及压力导数曲线进行综合分析时，能更确切地辨识地层的流动特征。

2. 积分压力分析方法和积分压力分析图

目前对于使用常规的 MFE 工具和某些机械式压力计的测试，机械压力计录取的数据精度低，往往求出的压力导数点比较分散，即使是电子压力计录取的数据，有时得到的压力导数曲线出现波动点，这些因素导致难以确认导数曲线的水平段。对于某些因关井影响产量的油（气）井，采用开井生产进行压力测试，其压力导数也因流动期产量及其他噪声导致压力导数曲线波动严重。导数曲线的波动使导数特征段的确定非常困难，若改进求导方法，如对曲线进行光滑处理，可能导致导数曲线失真，在很大程度上难于选择试井模型，无法顺利应用现代试井图版法进行测试资料分析，造成解释结果不准确甚至错误。

Blasingame 等（1989）研究了一种分析方法，称为积分压力分析方法，或称之为"均值压力"法，该方法可以在一定程度上改善导数波动情况。

定义无量纲积分压力：

$$p_{Di} = \frac{1}{t_D} \int_0^{t_i} p_D(T) dT \tag{2.232}$$

无量纲积分压力差：

$$p_{Did} = p_D - p_{Di} \tag{2.233}$$

无量纲积分压力导数：

$$p'_{Di} = t_D \frac{dp_{Di}}{dt_D} \tag{2.234}$$

可以证明，$p_{Did} = p'_{Di}$，因此这两个表达式理论上可以通用，但由于数值计算方法不同，导致结果不同，一般使用 p'_{Di}。

另外定义第一类重整积分压力：

$$p_{Dir1} = \frac{p_{Di}}{2p'_{Di}} \tag{2.235}$$

第二类重整积分压力：

$$p_{\text{Dir2}} = \frac{p'_{\text{Di}}}{p'_{\text{D}}} \tag{2.236}$$

式中，p'_{D} 为通常的无量纲压力导数，即

$$p'_{\text{D}} = t_{\text{D}} \frac{\mathrm{d}p_{\text{D}}}{\mathrm{d}t_{\text{D}}} \tag{2.237}$$

在积分压力表达式下，均质地层的压力和压力导数如图 2.55 所示。从图 2.55 看到如下 4 点。

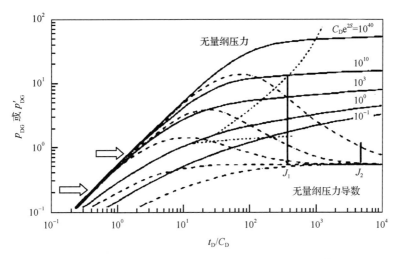

图 2.55　均质地层无量纲积分压力及无量纲积分压力导数图版

(1) 积分压力图版与压力图版在图形样式上类似；在续流段表现为斜率为 1 的直线，进入径向流后压力趋于平缓；积分压力导数图版与 Bourdet 导数图版在图形样式上也类似。在斜率为 1 的直线后曲线出现一个峰值，然后在径向流段同样表现为 0.5 值的水平段。

(2) 与标准压力及导数图版不同的是，积分压力图版好像是把 Grirgarten 和 Bourdet 复合图版向右方做平行移动，使续流段压力离开通过原点、斜率为 1 的直线。

(3) 积分压力导数图版与 Bourdet 图版的最大区别是积分压力导数有一种"扩散"的特征，使 $C_{\text{D}}\mathrm{e}^{2S}$ 大于 10^{10} 的曲线导数水平段的起点不完全对应径向流的起点，而偏向右方。从图 2.55 看到，径向流起点本来应该是在 J_1 位置，但这种图版导数曲线趋于水平的位置却在 J_2 点，失去作为径向流起点的指示作用。

(4) 计算实测压力点的积分压力和积分压力导数，并作图，与图 2.55 所示的图版拟合，同样可以计算地层参数。由于在求积过程中，压力转化为均值压力，

抹平了压力的波动，平衡了压力导数跳动现象，使图版拟合更容易。

在 20 世纪 90 年代初的一段时间里，各类分析图版确实引起许多研究者的注意，并发表了数量可观的文章。但目前这些成果还没有普遍应用，在许多流行的试井软件中几乎没有占据重要位置。究其原因不外乎以下几点。

(1) 新方法并不能对储层动态模型提供新参数和新认识。

(2) 如果编制成软件用于现场使用，在资料解释时不是更简便了，而是更麻烦了，本来通过一种图版可同时求得的参数，却常常要在两个图版中求出。有时由于图形上的变换，还会产生概念上的混淆。

(3) 现场普遍应用高精度电子压力计后，旨在修补低精度压力仪表数据缺陷的积分压力方法显得有些多余。

尽管如此，对于复杂的试井解释模型，解释参数增加，如三区复合模型，乃至更多区复合模型，又如多段压裂水平井模型，流动段更多，解释参数也大大增加，给流动阶段划分及资料正确解释带来极大困难，有必要研究有利于诊断多个流动段的新型图版，提高复杂试井模型参数解释的可靠性。

2.5.2　图形分析法

本节以均质油藏为例详细介绍压力导数特征值拟合方法。

1. 特征值分析方法

特征值法是 Tiab(1989) 最早提出的。所谓特征值分析方法，是指从实测压力及压力导数线上的特征点上读出压力、压力导数及时间等数值，再根据不同阶段曲线的特征关系直接计算渗透率、表皮系数等参数。这种方法的实质是通过压力导数特征点的值，计算油藏参数。

图 2.56 和图 2.57 分别是边界为不渗透断层和恒压边界(供给边界)的均质油藏压力及压力导数典型曲线，流动分 5 个阶段：井储阶段 I、过渡段 II、径向流阶段 III、边界过渡段 IV 和边界控制流阶段 V。从这 5 个阶段可以得到 5 个特征点，这些特征点分别是：①井储阶段导数曲线与径向流曲线的交点，对应时间 t_i；②过渡段峰值点，对应时间 t_X；③径向流阶段开始点，对应时间 t_{SR}；④径向流阶段任一点，对应时间 t_r；⑤边界过渡流阶段任一点，当边界为不渗透断层时，对应时间记为 t_F，当边界为恒压时，对应时间记为 t_E。

利用前 3 个阶段的 4 个特征点的数值可很容易地求出地层渗透率、井储系数和表皮系数等参数，并可检验结果的准确性。而边界过渡流的特征点数值主要用来计算测试井到边界距离。

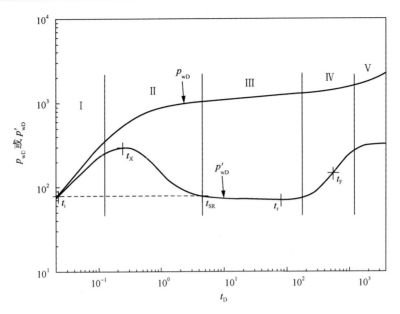

图 2.56 存在封闭断层的均质油藏压力导数特征曲线

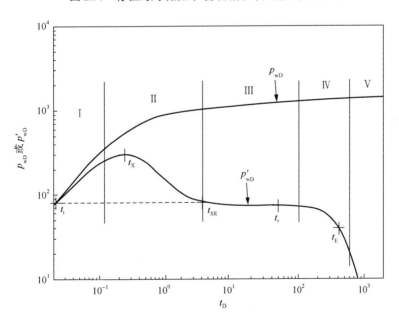

图 2.57 存在供给边缘的均质油藏压力导数特征曲线

1）井储阶段

在井储阶段，压力、压力导数特征曲线为一条直线，关系式如下：

$$p_{wD} = \frac{t_D}{C_D} \tag{2.238}$$

根据早期井储储集阶段特征曲线的斜率，可以得到井储系数：

$$C = \frac{qB}{24} \frac{t}{\Delta p} \tag{2.239}$$

径向流阶段曲线与井储阶段曲线的交点是一个非常重要的特征点，对应时间记为 t_i，在该点处压力导数具有如下关系：

$$\left(p'_{wD} \frac{t_D}{C_D} \right)_i = 0.5 \tag{2.240}$$

$$\left(\frac{t_D}{C_D} \right)_i = 0.5 \tag{2.241}$$

有量纲化得到

$$\left(\Delta p t' \right)_i = \frac{9.21 \times 10^{-4} q \mu B}{Kh} \tag{2.242}$$

$$t_i = 11.304 \frac{C \mu}{Kh} \tag{2.243}$$

在图 2.56 读出此点数值，即可根据式 (2.242) 求得渗透率 K，再根据式 (2.243) 得到井储系数 C。同时，因为在此点处压力与压力导数曲线重合，故可以得到以下关系：

$$\left(\Delta p \right)_i = \left(\Delta p t' \right)_i = \left(\Delta p' t \right)_r \tag{2.244}$$

2) 径向流阶段

在径向流阶段，压力导数特征曲线为一条水平线，对于均质油藏，表达式为

$$\left(p'_D \frac{t_D}{C_D} \right)_r = 0.5 \tag{2.245}$$

有量纲化可以得到渗透率计算公式：

$$K = 9.21 \times 10^{-4} \frac{q \mu B}{h \left(\Delta p' t \right)_r} \tag{2.246}$$

此表达式对径向流阶段水平线任意一点都适用。

Vongvuthipornchai 和 Raghavan(1988)在 1988 年提出无量纲径向流阶段开始时间的经验公式:

$$\left(\frac{t_D}{C_D}\right)_{SR} = \frac{1}{\alpha}\left[\ln(C_D e^{2S}) + \ln\left(\frac{t_D}{C_D}\right)_{SR}\right] \tag{2.247}$$

式中, α 为常数, 一般取 0.05。在试井曲线图中读出无量纲径向流阶段开始点的横坐标 $\left(\dfrac{t_D}{C_D}\right)_{SR}$, 代入式(2.245)有量纲化, 可得到井储系数:

$$C = 0.314\phi C_t h r_w^2 \frac{\left(\dfrac{t_D}{C_D}\right)_{SR}}{2S + \left(\dfrac{t_D}{C_D}\right)_{SR}} \tag{2.248}$$

根据无量纲压力特征曲线可以得到径向流阶段无量纲压力的表达式:

$$p_{wDr} = 0.5\left[\ln\left(\frac{t_D}{C_D}\right)_r + 0.80907 + \ln(C_D e^{2S})\right] \tag{2.249}$$

将式(2.245)、式(2.249)联立, 可得表皮系数:

$$S = 0.5\left[\frac{\Delta p_r}{(\Delta p't)_r} - \ln\frac{Kt_r}{\phi\mu C_t r_w^2} - 2.09\right] \tag{2.250}$$

3)过渡段

在过渡段, 压力导数特征曲线有一个极值点, 对应时间记为 t_X, 当 $C_D e^{2S} > 100$ 时, 即可得到

$$\left(p_D'\frac{t_D}{C_D}\right)_X = 0.36\left(\frac{t_D}{C_D}\right)_X - 0.42 \tag{2.251}$$

有量纲化可以得到

$$(\Delta p't)_X = \left(0.015\frac{qB}{C}\right)t_X - 0.42b_X \tag{2.252}$$

$$b_X = 1.842\times 10^{-3}\frac{q\mu B}{Kh} \tag{2.253}$$

当未出现径向流或者径向流曲线误差过大时，就可以利用峰值点数值，代入式(2.252)，计算地层渗透率：

$$K = \frac{7.73 \times 10^{-4} q\mu B}{h} \frac{1}{\dfrac{0.015qBt_X}{C} - (\Delta p't)_X} \tag{2.254}$$

在峰值点处，横、纵坐标与 $C_D e^{2S}$ 存在着如下关系：

$$\lg(C_D e^{2S}) = 0.35 \left(\frac{t_D}{C_D} \right)_X^{1.24} \tag{2.255}$$

$$\lg(C_D e^{2S}) = 1.71 \left(p_D' \frac{t_D}{C_D} \right)_X^{1.1} \tag{2.256}$$

有量纲化得到

$$\lg(C_D e^{2S}) = 0.1485 \left(\frac{t_X}{t_i} \right)^{1.24} \tag{2.257}$$

$$\lg(C_D e^{2S}) = 0.80 \left[\frac{(\Delta p't)_X}{(\Delta p't)_i} \right]^{1.1} \tag{2.258}$$

利用峰值点和交点数值，代入(2.258)和式(2.259)可以计算表皮系数：

$$S = 0.171 \left(\frac{t_X}{t_i} \right)^{1.24} - 0.5\ln\left(\frac{C}{2\pi\phi C_t h r_w^2} \right) \tag{2.259}$$

$$S = 0.921 \left[\frac{(\Delta p't)_X}{(\Delta p't)_i} \right]^{1.1} - 0.5\ln\left(\frac{C}{2\pi\phi C_t h r_w^2} \right) \tag{2.260}$$

因为压力导数特征曲线在峰值点处比较平滑，所以准确读出横坐标比读出纵坐标难度大，可以通过计算验证准确性。当由式(2.259)和式(2.260)两式计算的结果相同时，说明数值读取准确；当两式计算结果差距较大时，应当重新读取横坐标数值，再计算 S，使其计算结果一致为止。

峰值取值点数值与径向流阶段取值点数值一起使用时，也可以得到相关地层参数。对于峰值点和径向流阶段的任意一点，可以得到

$$\frac{\left(p_{\mathrm{D}}'\dfrac{t_{\mathrm{D}}}{C_{\mathrm{D}}}\right)_{\mathrm{X}}}{\left(p_{\mathrm{D}}'\dfrac{t_{\mathrm{D}}}{C_{\mathrm{D}}}\right)_{\mathrm{r}}}=2\left[0.36\left(\frac{t_{\mathrm{D}}}{C_{\mathrm{D}}}\right)_{\mathrm{X}}-0.42\right] \tag{2.261}$$

有量纲化得到

$$\frac{(\Delta p't)_{\mathrm{X}}}{(\Delta p't)_{\mathrm{r}}}=2\left[22.608\frac{Kh}{\mu}\frac{t_{\mathrm{X}}}{C}-0.42\right] \tag{2.262}$$

将式(2.253)得到的 $\dfrac{Kh}{\mu}$ 代入式(2.262)，即可得到井储系数：

$$C=\frac{0.0416t_{\mathrm{X}}qB}{(t\Delta p')_{\mathrm{X}}+0.84(t\Delta p')_{\mathrm{r}}} \tag{2.263}$$

再回代至式(2.262)，可得到地层渗透率

$$K=9416.2\frac{\mu C}{ht_{\mathrm{X}}}\left[0.5\frac{(t\Delta p')_{\mathrm{X}}}{(t\Delta p')_{\mathrm{r}}}+0.42\right] \tag{2.264}$$

4) 边界过渡流

当油藏中存在边界时，一般采用叠加原理即可将边界问题转化为无限大地层中两口井的叠加问题。因此当流动进入边界过渡流后，井底压力可以写成

$$p_{\mathrm{wD}}=p_{\mathrm{wD1}}+p_{\mathrm{wLD}} \tag{2.265}$$

式中，p_{wLD} 为边界作用后引起的无量纲井底压力；p_{wD1} 为进入边界过渡流阶段之前的无量纲井底压力，也可表示成无限大地层中的井底无量纲压力，p_{wD1} 表达式与式(2.249)类似：

$$p_{\mathrm{wD1}}=0.5\left[\ln\left(\frac{t_{\mathrm{D}}}{C_{\mathrm{D}}}\right)_{\mathrm{r}}+0.80907+\ln(C_{\mathrm{D}}\mathrm{e}^{2S})\right] \tag{2.266}$$

而 p_{wLD} 是边界镜像出虚拟映像井的无量纲井底压力。当边界为封闭断层时，表达式为

$$p_{\mathrm{wLD}}=-0.5\mathrm{Ei}\left(-L_{\mathrm{D}}^{2}/t_{\mathrm{D}}\right) \tag{2.267}$$

式中，Ei 为幂积分函数。

当边界为恒压边界时，表达式为

$$p_{\text{wLD}} = 0.5\text{Ei}\left(-L_{\text{D}}^2 / t_{\text{D}}\right) \tag{2.268}$$

(1) 不渗透边界。

将式 (2.266) 和 (2.267) 代入式 (2.265)，得到第二过渡流阶段无量纲井底压力：

$$p_{\text{wD}} = 0.5\left[\ln\left(\frac{t_{\text{D}}}{C_{\text{D}}}\right)_{\text{r}} + 0.80907 + \ln(C_{\text{D}}\text{e}^{2S}) - 0.5\text{Ei}\left(-L_{\text{D}}^2 / t_{\text{D}}\right)\right] \tag{2.269}$$

对 $\dfrac{t_{\text{D}}}{C_{\text{D}}}$ 求导得到无量纲压力导数：

$$p_{\text{wD}}' \frac{t_{\text{D}}}{C_{\text{D}}} = 0.5\left[1 + \exp\left(-\frac{L_{\text{D}}^2 / C_{\text{D}}}{t_{\text{D}} / C_{\text{D}}}\right)\right] \tag{2.270}$$

随着流动的进行，当 $\dfrac{t_{\text{D}}}{C_{\text{D}}}$ 很大时，$\exp\left(-\dfrac{L_{\text{D}}^2 / C_{\text{D}}}{t_{\text{D}} / C_{\text{D}}}\right)$ 趋近于 1，压力导数 $p_{\text{wD}}'\dfrac{t_{\text{D}}}{C_{\text{D}}}$ 也趋近于 1，在典型曲线图版中表现为纵坐标为 1 的水平线，这就是边界控制流阶段。

在第二过渡流阶段任选一点，读出对应横坐标 $\left(\dfrac{t_{\text{D}}}{C_{\text{D}}}\right)_{\text{F}}$ 和纵坐标 $\left(p_{\text{wD}}'\dfrac{t_{\text{D}}}{C_{\text{D}}}\right)_{\text{F}}$，代入式 (2.268)，即可得到井到断层的无量纲距离：

$$L_{\text{D}} = \left\{-\left(\frac{t_{\text{D}}}{C_{\text{D}}}\right)_{\text{F}} C_{\text{D}} \ln\left[2\left(\frac{t_{\text{D}}}{C_{\text{D}}} p_{\text{wD}}'\right)_{\text{F}} - 1\right]\right\}^{0.5} \tag{2.271}$$

代入由前三阶段求得井储系数，再进行有量纲化，即可得到井到断层的距离：

$$L = r_{\text{w}}\left\{-\left(\frac{t_{\text{D}}}{C_{\text{D}}}\right)_{\text{F}} C_{\text{D}} \ln\left[2\left(\frac{t_{\text{D}}}{C_{\text{D}}} p_{\text{wD}}'\right)_{\text{F}} - 1\right]\right\}^{0.5} \tag{2.272}$$

(2) 恒压边界。

与不渗透边界类似，将式 (2.266) 和式 (2.267) 代入式 (2.265)，得到第二过渡流阶段无量纲井底压力：

$$p_{\text{wD}} = 0.5\left[\ln\left(\frac{t_{\text{D}}}{C_{\text{D}}}\right)_{\text{r}} + 0.80907 + \ln(C_{\text{D}}\text{e}^{2S}) + 0.5\text{Ei}\left(-L_{\text{D}}^2 / t_{\text{D}}\right)\right] \tag{2.273}$$

对 $\dfrac{t_{\mathrm{D}}}{C_{\mathrm{D}}}$ 求导得到无量纲压力导数:

$$\frac{t_{\mathrm{D}}}{C_{\mathrm{D}}} p'_{\mathrm{wD}} = 0.5 \left[1 - \exp\left(-\frac{L_{\mathrm{D}}^2 / C_{\mathrm{D}}}{t_{\mathrm{D}} / C_{\mathrm{D}}} \right) \right] \tag{2.274}$$

随着流动的进行,当 $\dfrac{t_{\mathrm{D}}}{C_{\mathrm{D}}}$ 很大时,$\exp\left(-\dfrac{L_{\mathrm{D}}^2 / C_{\mathrm{D}}}{t_{\mathrm{D}} / C_{\mathrm{D}}} \right)$ 趋近于 1,压力导数 $p'_{\mathrm{wD}} \dfrac{t_{\mathrm{D}}}{C_{\mathrm{D}}}$ 逐渐下降,最后趋近于 0,流动进入边界控制流阶段。

与边界为断层时类似,在第二过渡流阶段任选一点,读出对应横坐标 $\left(\dfrac{t_{\mathrm{D}}}{C_{\mathrm{D}}} \right)_{\mathrm{E}}$ 和纵坐标 $\left(\dfrac{t_{\mathrm{D}}}{C_{\mathrm{D}}} p'_{\mathrm{wD}} \right)_{\mathrm{E}}$,代入式 (2.267),即可得到井到断层的无量纲距离:

$$L_{\mathrm{D}} = \left\{ -\left(\frac{t_{\mathrm{D}}}{C_{\mathrm{D}}} \right)_{\mathrm{E}} C_{\mathrm{D}} \ln\left[2\left(\frac{t_{\mathrm{D}}}{C_{\mathrm{D}}} p'_{\mathrm{wD}} \right)_{\mathrm{E}} - 1 \right] \right\}^{0.5} \tag{2.275}$$

代入由前三阶段求得的井储系数,再进行有量纲化,即可得到井到断层的距离:

$$L = r_{\mathrm{w}} \left\{ -\left(\frac{t_{\mathrm{D}}}{C_{\mathrm{D}}} \right)_{\mathrm{E}} C_{\mathrm{D}} \ln\left[2\left(\frac{t_{\mathrm{D}}}{C_{\mathrm{D}}} p'_{\mathrm{wD}} \right)_{\mathrm{E}} - 1 \right] \right\}^{0.5} \tag{2.276}$$

5) 特征值法分析步骤

均质模型压力及导数曲线具有 5 个流动阶段及 5 个特征点。利用前 3 阶段的 4 个特征点中每一个特征点数值可计算地层渗透率、井储系数及表皮系数。换句话说,当试井时间较短或某阶段试井数据误差较大时,只要这些特征线中有一个特征点的数据准确,就可以估算地层参数。而边界参数就只能由边界过渡流的特征点得到。特征值方法的计算步骤如下。

(1) 当井储阶段不明显时,可以在径向流阶段任取一点,读出横纵坐标,利用式 (2.246) 计算渗透率;再读出峰值点坐标,式 (2.263) 计算井储系数;利用式 (2.250) 计算表皮系数;再根据式 (2.259)、式 (2.260) 检验准确性。若 3 种方法计算得到的表皮系数相差不大,则计算准确,若相差较大,则重新选点,重新计算直至相差不大。

(2) 当未出现径向流或径向流阶段数据波动比较大时,只能得到峰值数据。先用式 (2.254) 计算渗透率;再利用式 (2.239) 计算井储系数;根据渗透率和井储系数,利用式(2.242)、式(2.243)计算出交点参数；再用式(2.259)、式(2.60)计算表皮系数，同时利用两个表皮系数结果检验解释参数的准确性。

(3)当只得到径向流数据时，可以任选径向流直线上的一点，代入式(2.246)得到渗透率；根据径向流开始点数据，利用式(2.248)计算井储系数；再利用式(2.251)计算表皮系数。

(4)求边界参数时，需在第二过渡流阶段任选一点，读出相应数据。当边界为不渗透断层时，代入式(2.272)，当边界为供给边界时代入式(2.276)，即可得到测试井到边界距离参数。

注意：当数据较全时，用径向流阶段数据计算的精度高。

2. 图形定位分析方法

图形定位分析方法是由庄惠农(2014)提出的。其基本思想是找出每个模型试井曲线的形态与地层参数的关系，直接定性确定地层参数。

图2.58显示从某气田现场录取到的两条压力恢复曲线，从曲线形态看，可以认为是两个完全不同的地层。

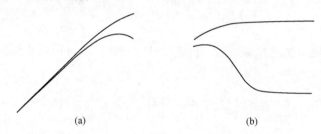

(a)   (b)

图2.58   同一口井不同测试条件下的压力恢复曲线

但是实际的情况是这是同一口井的测试资料，所不同的是图2.58(a)曲线在测试时采用井口关井的方法，对于井深超过3000m的气井，井储系数C可达$1\sim3\text{m}^3/\text{MPa}$，当地层渗透率$K$较小时，续流段会很长。测得的是一条没有什么实用价值的曲线。而图2.58(b)采用井下关井阀关井测压，因而取得续流段很短，但径向流很长的曲线。通过后面这样一条曲线可以准确地计算地层参数K、S等。

图形定位法的核心是形成不同地质模型的分类模式图，对于均质模型，把影响不稳定试井曲线形状的参数组合成两个参数组：①图形中间参数$C_\text{D}\text{e}^{2S}$，无量纲；②位置参数$\dfrac{Kh}{\mu C}$，$[10^{-3}\mu\text{m}^2 \cdot \text{m}/(\text{mPa} \cdot \text{s})]/(\text{m}^3/\text{MPa})$。

并把上述参数组各分成7个档次：①对于图形参数$C_\text{D}\text{e}^{2S}$，分成0.1、1、10、10^4、10^{10}、10^{20}、10^{30}等间隔；②对于位置参数，分成100、300、800、2000、6000、

20000、70000 等间隔。

对图版所示的标准曲线进行定位分析后，得到 49 幅模式图，其分类情况见表 2.7，表 2.7 用粗实线把模式图分为左右两个区域。

表 2.7　均质地层定位分析模式图分类表

$C_D e^{2S}$	$Kh/\mu C$						
	100(很低)	300(低)	800(较低)	2000(中等)	6000(较高)	20000(高)	70000(很高)
0.1(很低)	M-1-1	M-1-8	M-1-15	M-1-22	M-1-29	M-1-36	M-1-43
1(低)	M-1-2	M-1-9	M-1-16	M-1-23	M-1-30	M-1-37	M-1-44
10(较低)	M-1-3	M-1-10	M-1-17	M-1-24	M-1-31	M-1-38	M-1-45
10^4(中等)	M-1-4	M-1-11	M-1-18	M-1-25	M-1-32	M-1-39	M-1-46
10^{10}(较高)	M-1-5	M-1-12	M-1-19	M-1-26	M-1-33	M-1-40	M-1-47
10^{20}(高)	M-1-6	M-1-13	M-1-20	M-1-27	M-1-34	M-1-41	M-1-48
10^{30}(很高)	M-1-7	M-1-14	M-1-21	M-1-28	M-1-35	M-1-42	M-1-49

(1)右方一类在一般条件下，用机械压力计或电于压力计都可以测到具有径向流直线段的曲线，顺利地用来进行图形分析并可用试井软件解释参数。

(2)在分隔线的左方，用数小时时间测压，得不到径向流直线段。

从表 2.7 可以看到，如果一口井从井口关井的测试中得到一条压力恢复曲线，其双对数图如表 2.7 中的 M-1-11 所示，也就是说大致有如下参数：$C_D e^{2S} = 10^4$，$(Kh/\mu C) = 300\,[10^{-3}\mu m^2 \cdot m/(mPa \cdot s)]/(m^3/MPa)$，这样的曲线只测到续流段，无法用来解释参数。

对于一口采用井口关井测试的气井，其井储系数大约为 $3m^3/MPa$，可以推算该井流动系数值 $(Kh/\mu C) \approx 900\,[10^{-3}\mu m^2 \cdot m/(mPa \cdot s)]/(m^3/MPa)$。如果采用井下关井阀关井测压，可以使井储系数减小，预计达到 $C = 0.5\ m^3/MPa$。此时位置参数变化 $(Kh/\mu C) = 18000\,[10^{-3}\mu m^2 \cdot m/(mPa \cdot s)]/(m^3/MPa)$。

从上面得到的定位参数值可以看到，改变测试方法后，曲线将接近模式图

M-1-39 的样式，这时曲线形态大大改观，虽然续流段稍有缺失，但具有完整的径向流段，可以用来准确地计算地层参数。

2.5.3　早期试井分析方法

针对未出现径向流压力资料的分析方法称为早期试井分析方法，简称早期试井分析。

使用小信号提取方法，剔除纯井筒储集储阶段，得到高阶小量的表达式，采用适当的数学变换将该小量放大。在此基础上组合新的双对数图版，得到新的典型曲线，根据新图版中组合表达式，给出典型曲线拟合方法，得到试井分析的结果。这就是早期试井分析方法的原理。

当时间较大时，压力随时间变化较小，可将无量纲压力近似为一个常数和一个小量之和：

$$p_{wD} = C + \varepsilon(t_D) \tag{2.277}$$

式中，C 为常数；$\varepsilon(t_D)$ 为小量。

对时间对数求导，则为

$$\frac{\mathrm{d}p_{wD}}{\mathrm{d}t_D} t_D = \frac{\mathrm{d}\varepsilon}{\mathrm{d}t_D} t_D \tag{2.278}$$

因此求导数的实质就是对压力后期小信号的一种放大处理。由此引出对压力数据早期小信号的放大处理，当时间较小时，无量纲压力为

$$p_{wD} = \frac{t_D}{C_D} + \varepsilon_1(t_D) \tag{2.279}$$

导数可以表示为

$$\frac{\mathrm{d}p_{wD}}{\mathrm{d}\left(\dfrac{t_D}{C_D}\right)} \frac{t_D}{C_D} = \frac{t_D}{C_D} + \varepsilon_2(t_D) \tag{2.280}$$

以均质无限大地层为例，如果时间较小，则 Laplace 空间井底无量纲压力式 (2.67) 中的拉氏变量 z 较大，略去 3 阶以上的高阶小量，$K_0(x)$、$K_0(x)$ 可以表示为

$$K_0(x) = \sqrt{\frac{\pi}{2x}} \mathrm{e}^{-x} \left[1 - \frac{1}{8x} + \frac{9}{128x^2} + O(x^{-3})\right] \tag{2.281}$$

$$K_1 = \sqrt{\frac{\pi}{2x}} e^{-x} \left[1 + \frac{1}{8x} - \frac{9}{128x^2} + \frac{105}{1024x^3} + O\left(x^{-4}\right) \right] \qquad (2.282)$$

将 $K_0(x)$、$K_0(x)$ 代入 Laplace 空间压力解中，并进行 Laplace 逆变换，保留二阶精度的压力表达式，有

$$p_{wD} = \frac{t_D}{C_D} - \frac{4}{3\sqrt{\pi C_D e^{2S}}} \left(\frac{t_D}{C_D} \right)^{\frac{3}{2}} \qquad (2.283)$$

将式 (2.284) 对时间求导数，保留二阶精度，可以表示为

$$\frac{dp_{wD}}{d\left(\dfrac{t_D}{C_D}\right)} \frac{t_D}{C_D} = \frac{t_D}{C_D} - \frac{2}{\sqrt{\pi C_D e^{2S}}} \left(\frac{t_D}{C_D} \right)^{\frac{1}{2}} \qquad (2.284)$$

利用上述推导可以得到各种组合的图版：

I 型导数：

$$p'_{wD1} = 1 - \frac{P'_{wD}}{P_{wD}} \qquad (2.285)$$

II 型导数：

$$p'_{wD2} = \left(1 - \frac{p'_{wD}}{p_{wD}} \right) \left(\frac{t_D}{C_D} \right)^{\frac{1}{2}} \qquad (2.286)$$

实际分析时，在常规压力及压力导数曲线的基础上，增加 I 型压力导数 p'_{wD1} 曲线或 II 压力导数 p'_{wD2} 曲线，通过 3 条曲线拟合，提高拟合的可靠性。

2.5.4　应用实例

海上油田一口井采用关井测压，关井前流量为 44.3m³/d，持续时间为 22.4h，其他基础参数为井径为 0.108m、产层厚度为 57.1m、孔隙度为 0.20、原油体积系数为 1.18、黏度为 1.31mPa·s、综合压缩系数 4.35×10⁻³MPa⁻¹。

由于该井关井时间短，没有出现径向流段，使用传统压力导数图版拟合难以得到解释参数。引入 II 型导数在图版中辅助拟合 (图 2.59)，最后得到解释参数为：井筒储集系数为 0.03m³/MPa、表皮系数为 0.01、渗透率为 1.47×10⁻³μm²、地层压力为 27.97MPa。

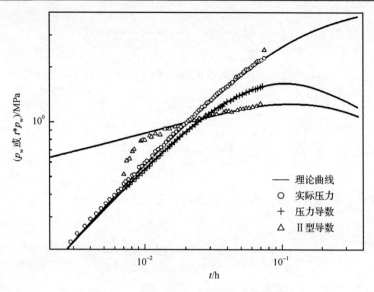

图 2.59　某井采用Ⅱ型导数的拟合曲线

2.5.5　反褶积方法

褶积(又名卷积)和反褶积(又名反卷积)是一种积分变换处理方法,在许多领域得到广泛应用。Schroeter 等(2001)较早提出实空间反褶积算法,并首次运用该算法处理含一定级别误差的压力和流量数据。Levitan(2003,2007)、Levitan 等(2006)、Levitan 和 Wilson(2012)及 Gringarten(2008)解决了反褶积计算方法的稳定性问题,使反褶积方法很快引起试井界的广泛注意。反褶积的应用是试井解释方法发展史上的又一次重大飞跃。利用反褶积方法可以消除叠加效应影响,扩大试井分析的探测范围,减少模型诊断的不确定性,反褶积方法在试井分析中已经取得很好的效果。随着测试仪器的发展,以及与其他学科研究成果的更紧密结合,反褶积试井方法在油(气)藏描述中的重要性日益显现。

1. 反褶积方法原理

在构建试井解释模型和研制试井解释图版时,总是假定测试井的产量自始至终稳定,恒等于一个常数。事实上,井产量却绝非如此,它总在随时间变化。在变化幅度较小时,可近似地当做常数处理,得到足够精确的解释结果;但有时产量变化幅度很大,而井底流动压力对于产量的变化又非常敏感,流动压力资料变得杂乱而难以解释,研究人员只好仅仅解释压力恢复资料,并用叠加原理来处理变产量(多产量)问题,即便如此也还是无法彻底摆脱变产量所造成的影响。

由实测资料(包括实测不稳定产量史及在产量不稳定条件下的实测井底压力史),构造出对应于相同时间段内以恒定产量生产条件下理想、等效的压力变化(压力降落），由此得到测试全部历程的压力响应，其探测范围比任何一段压力恢复都要大得多，且不存在简化产量、叠加计算等所带来的影响，也不存在产量史的不完整而造成的误差。找到这些方法使可获得比常规试井解释更多、更可靠的结果，这就是反褶积的思想和方法。

试井解释的对象是从测试录取得到的产量变化史 $q(t)$ 和压力变化史 $p(t)$ 资料，试井解释的任务就是从这些资料中识别测试层和测试井的类型，并算出各种参数。实际上，由实测压力变化和产量资料计算压力导数是试井解释过程中至关要紧的步骤。

根据 Duhamel 原理，得到分析压力降落和压力恢复的褶积方程为

$$p(t) = p_{\mathrm{i}} - \int_0^t q(\tau) \frac{\partial \Delta p_{\mathrm{u}}(t-\tau)}{\partial(t-\tau)} = p_{\mathrm{i}} - \int_0^t q(\tau) \Delta p_{\mathrm{u}}'(t-\tau) \mathrm{d}\tau \qquad (2.287)$$

$$\Delta p(t) = p_{\mathrm{i}} - p(t) = \int_0^t q(\tau) \Delta p_{\mathrm{u}}'(t-\tau) \mathrm{d}\tau \qquad (2.288)$$

式中，$\Delta p(t)$ 为褶积；$q(\tau)$ 为构成此褶积的函数；Δp_{u} 为重整压力或单位产量下重整压力响应(以恒定 1 单位产量生产所造成压力变化)，即

$$\Delta p_{\mathrm{u}} = \frac{Kh\Delta p}{0.921 q \mu B} \qquad (2.289)$$

要通过式 (2.288) 得到构成此褶积的另一个函数 $\dfrac{\mathrm{d}\Delta p_{\mathrm{u}}}{\mathrm{d}t} = \Delta p_{\mathrm{u}}'$，进而得到 $\dfrac{\mathrm{d}\Delta p_{\mathrm{u}}}{\mathrm{d}\ln t} = \Delta p_{\mathrm{u}}' t$，此过程就是反褶积。

2. Schroeter 方法

Schroeter 等(2001，2004)提出的反稻积计算方法简称为 Schroeter 方法。Schroeter 等引进如下变换，即定义如下两个新变量：

$$\sigma = \ln \Delta t \qquad (2.290)$$

$$z(\sigma) = \ln\left[\frac{\mathrm{d}\Delta p_{\mathrm{u}}(\Delta t)}{\mathrm{d}\ln \Delta t}\right] = \ln\left[\frac{\mathrm{d}\Delta p_{\mathrm{u}}(\sigma)}{\mathrm{d}\sigma}\right] \qquad (2.291)$$

事实上，它们就是压力导数曲线的两个坐标，即

$$\Delta t = \mathrm{e}^{\sigma} \qquad (2.292)$$

$$\mathrm{d}\Delta t = \mathrm{e}^{\sigma} \mathrm{d}\sigma \qquad (2.293)$$

$$\frac{\mathrm{d}\Delta p_\mathrm{u}(\Delta t)}{\mathrm{d}\ln\Delta t} = \frac{\mathrm{d}\Delta p_\mathrm{u}(\sigma)}{\mathrm{d}\sigma} = \mathrm{e}^{z(\sigma)} \tag{2.294}$$

$$\frac{\mathrm{d}\Delta p_\mathrm{u}(\Delta t)}{\mathrm{d}\Delta t} = \frac{1}{\Delta t}\frac{\mathrm{d}\Delta p_\mathrm{u}(\Delta t)}{\mathrm{d}\ln\Delta t} = \frac{1}{\mathrm{e}^{\sigma}}\mathrm{e}^{z(\sigma)} \tag{2.295}$$

根据褶积的性质：

$$f(t)*g(t) = g(t)*f(t) \tag{2.296}$$

褶积方程式(2.287)和式(2.288)可分别写成：

$$p(t) = p_\mathrm{i} - \int_{-\infty}^{\ln t} q\left(t-\mathrm{e}^{\sigma}\right)\mathrm{e}^{z(\sigma)}\mathrm{d}\sigma \tag{2.297}$$

$$\Delta p = \int_{-\infty}^{\ln t} q\left(t-\mathrm{e}^{\sigma}\right)\mathrm{e}^{z(\sigma)}\mathrm{d}\sigma \tag{2.298}$$

这里，构成褶积的两个函数 $q\left(t-\mathrm{e}^{\sigma}\right)$ 和 $\mathrm{e}^{z(\sigma)}$ 都是复合函数。

反褶积就是运用上述褶积公式和最优化过程找出一个分段线性函数 $z(\sigma)$，也就是一条 $z(\sigma)\text{-}\sigma$ 曲线，要求它能很好拟合实测和理论压力导数曲线，而拟合的时间范围是自生产开始直至最后一个数据录取点，也可以只包括若干个实测压力可靠的时间段(值得注意的是这里是直接找压力导数曲线，即 $z(\sigma)\text{-}\sigma$ 曲线，与实测的压力导数曲线，即 $\dfrac{\mathrm{d}\Delta p}{\mathrm{d}\ln\Delta t}\text{-}\Delta t$ 曲线相拟合)。

在这一反褶积中，最主要的"未知元"是 $z(\sigma)\text{-}\sigma$ 曲线。此外，还有两个附加的可选"未知元"，一个是原始地层压力，另一个是产量史的允许误差界限。最优化过程就是通过不断调整这三个未知元使目标函数达到最小。

在目标函数最优化当中，首先选定褶积模型和实测压力数据之间的标准偏差最小者作为问题的解。如上所述，这里所说的压力数据可以是自生产开始直至最后一个数据录取点的全程压力史，也可以只包括若干个实测压力可靠时间段的数据。其次是压力导数曲线的总曲率。总曲率小表示曲线比较光滑，与理论模型的解比较接近。如果有多个褶积模型，即多条压力导数曲线与实测压力数据拟合都很好，也就是说，它们与实测压力数据之间的标准偏差都很小，那么就选取总曲率最小的那一条曲线作为问题的解。目标函数最优化的最后一步是产量的修正。用阶梯函数来表示产量随时间的变化，为此必须进行必要的调整。产量调整也是越小越好，即在得到同样质量的拟合条件下，应选取要求产量调整最小者作为问题的解。

从上述可知,反褶积计算的本质就是最优化。但它不是在解释结束时对模型参数进行优化,而是选取一组有代表性的离散点,用以表示所要寻求的导数曲线,也就是要求寻求的导数曲线通过这些点,然后通过积分(由导数求得单位产量所引起的压力变化)和褶积(进一步把实际产量也考虑进去),进行选项和回归,不断地移动和调整曲线,直至它与所选的所有实测压力离散点完全重合。

在得到反褶积的结果之后,再通过积分把它变换成为压力响应,在双对数坐标图上绘制出压力曲线和压力导数曲线。值得注意的是这种压力响应是在恒定产量条件下的响应,所以它应当与恒定产量条件下的压降模型的解释图版相拟合,而不应与变产量条件下的叠加模型解释图版相拟合。

3. 实例应用分析

由于其低渗、低压、低产,长庆油田大部分测试井难以反映地层边界特征,单次试井解释结果的可靠性差。下面通过一口油井实例介绍反褶积法的应用。某油井在 2013 年和 2014 年经历了两次测试,其基础数据如表 2.8 所示,压力拟合曲线如图 2.60 所示。

表 2.8 油井基础数据

井半径/m	孔隙度/%	厚度/m	地层油黏度/(mPa·s)	综合压缩系数/(10^{-3}MPa^{-1})	体积系数/(m³/m³)
0.1	10.0	9.14	1.81	4.35	1.06

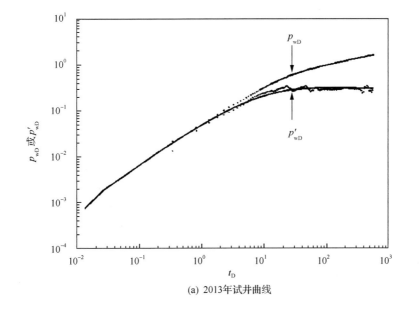

(a) 2013年试井曲线

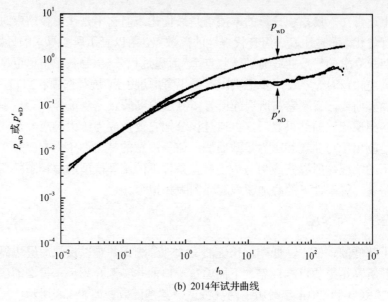

(b) 2014年试井曲线

图 2.60　某低渗透油藏反褶积试井分析曲线

2013 年测试数据选取径向复合、无限大地层模型拟合得到历史拟合曲线，发现 2014 年实际压力高于 2013 年模型预测值，该井的生产历史曲线无法拟合。

此时利用 2013 年和 2014 年测试数据计算得到反褶积模型，确定为均质、定压边界模型。反褶积的试井曲线及拟合后的生产历史曲线分别如图 2.61 和图 2.62 所示，反褶积模型的解释结果如表 2.9 所示。

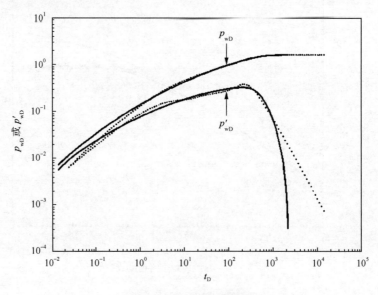

图 2.61　油井反褶积模型

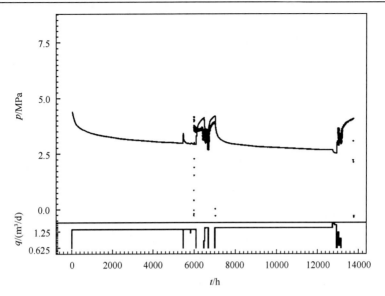

图 2.62　生产历史曲线

表 2.9　反褶积模型解释结果

外推压力/MPa	渗透率/$10^{-3}\mu m^2$	影响半径/m	井筒储集系数/(m³/MPa)	表皮系数
8.23	0.248	173	0.0523	−5.5

利用反褶积方法后生产历史曲线拟合很好。在 2013 年和 2014 年两次测试压力波及范围小，未探测到边界，但反褶积法还是得到定压边界的距离。反褶积方法出现的定压边界是注入水波及边界，说明注水井实现了有效驱替。

上述应用实例表明利用反褶积算法进行试井解释能够根据叠加原理让更长的压力史参与计算，得到更长的压力响应，相当于"增加"测试时间；使不同时段的测压数据用同一个模型解释，相互参考、校正，最终使得压力预测更加可靠。

2.6　试井油藏动态描述

试井油藏动态描述是指在根据地震、测井、地质方法进行的静态油藏描述基础上，再根据测试资料分析成果，同时结合油(气)藏生产动态分析，对油(气)藏进行更精细的动静态油藏描述。试井油藏动态描述也称试井油藏动态表征，是试井地质论中的重要部分，是试井解释成果的后延。它所包含的内容较静态方法更为丰富，能为油(气)藏勘探与开发提供动态模型。

2.6.1　试井油藏动态描述的主要内容和方法

试井油(气)藏动态描述的主要内容是确定油(气)藏压力、储层物性、油(井)产能、井间连通性等参数。

1. 油藏压力描述

油藏压力包括原始地层压力、油(气)藏投产后生产一段时间的目前地层压力。原始地层压力表征油藏天然能量,原始地层压力一般是在探井、评价井(资料井)试油时下入井底压力计至油(气)层中部测得的压力。原始地层压力也可用试井法、压力梯度法等求得。

目前地层压力是指油(气)田在开发过程中某一时期的平均地层压力。油(气)井关井恢复压力稳定后所测得的油(气)层中部压力叫静止压力,简称静压。油(气)层静压代表测压时的目前油(气)层压力,是衡量油(气)层压力水平的标志。一般通过生产过程中的压力定期监测油(气)层静压。

在油藏评价早期阶段,通过多口井的测试资料,还可以确定油藏压力系统。所谓压力系统,是指受同一压力源控制、能相互影响和传递的压力统一体,即同一压力场。油(气)藏中流体所承受的压力主要来源于上覆岩层压力、边水或底水的水柱压力、油(气)藏形成时构造力等。相同压力系统内各井折算到某一深度(海拔下面或油水、气水界面)的原始地层压力值相同或很近似。不同压力系统的油(气)层,一般不能组合为同一套开发层系。

在油田开发阶段,地层压力的保持水平是油藏动态分析的主要内容,需要根据油井的动液面测试换算为井底流压,确定流压分布。此外,根据测压井资料计算目前地层压力,绘制地层压力分布图,确定油井的合理生产压差,分析地层能量变化规律。

2. 油(气)井产能

油(气)井产能是其潜在生产能力,产能试井是确定油(气)井产能的最重要方法。产能试井是改变油(气)井工作制度,测量在各个不同工作制度下的稳定产量和相对应的井底流动压力,从而确定测试井(层)的生产能力,即"产能"。作为一个已经投产或正在进行规划、准备投产的油(气)田,管理人员最为关心的问题是油(气)井初始单井产量、生产井投产后稳定产量、全油(气)田的稳定产量情况,需要打多少口井达到规划的产能。

对于油井来说,将测得的各项数据绘制成"系统试井曲线"就可以确定油井产能。系统试井曲线是井底流压与产油量关系曲线,通过直线斜率计算采油指数。采油指数表征不同油嘴、不同流压下的生产能力。

对于气井来说，产能试井方法有回压试井、等时试井、修正等时试井及一点法试井。

3. 油藏动态描述

油藏动态描述包括储层物性特征、储层非均质性、储层边界、储层连通性、储层改造(如压裂措施)效果、边水和底水分布，注入水波及范围等。根据单井试井资料可以判别储层非均质性、刻画储层的形态、计算储层渗流参数。如根据导数曲线的形状判别储层横向物性的变化。对于均质储层，导数曲线中期呈现一条水平线。如果导数曲线中期偏离水平线，则说明测试层内存在非均质性。这种非均质性可用储能系数 $\phi C_t h$ 和流动系数 Kh/μ 描述。若导数曲线在中期有规律地向下弯曲偏离水平线，表明储层的储能系数增大。反之，则表明储层的储能系数减小(图 2.63)。当导数曲线偏离水平线的幅度很大时，Horner 曲线也偏离中期径向流直线段，导数曲线在中期呈台阶状上升偏离水平线，在排除储能系数变化情况下，表明储层的流动系数减小；反之，表明储层的流动系数增大(图 2.64)。当流动系数增大或减小时，Horner 曲线径向流直线段的斜率也将减小或增大。

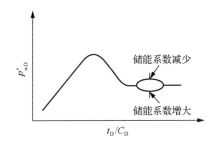

图 2.63　储能系数变化示意图

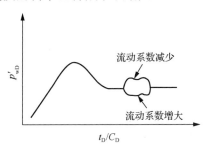

图 2.64　流动系数变化示意图

如塔里木盆地一口预探井共发现 3 套含油储层。其中石炭系下东河砂岩储层为厚度大、连通性好的块状砂体，是主力产油层。该井在试采半年之后对 5705～5800m 井段进行地面直读电子压力计试井，试井分析曲线见图 2.65 所示，似乎表明储层不存在非均质性，但在导数曲线中期两次明显偏离水平线，先是向下凹，持续时间较长，接着向上凸，持续时间短，表明储层的储能系数发生变化。根据小层对比分析，本井油层内部存在 23 个厚度不等的夹层。试井前产油剖面测试表明，长达 75m 的生产层段出油严重不均匀，有效产油厚度只有 44m。综合分析后认为，储能系数的变化主要是由有效含油厚度的变化引起。导数曲线第一次下凹表示储能系数增大，夹层变薄或消失，有效厚度变大；第二次上凸则表示储能系数减小，表明夹层增厚，有效厚度变小。

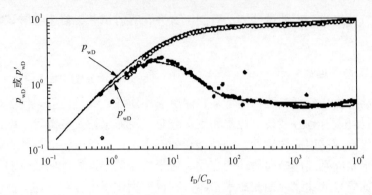

图 2.65　某井 5705～5800m 井段试井拟合曲线

　　对于已经生产一段时间的油井，采用井间干扰试井资料可以判断井间连通性，计算井间连通性参数，由此得到的动态信息能为油田开发调整提供重要依据。

2.6.2　试井油藏动态描述实例

　　如上所述，试井压力作为重要的财富，提供了大量储层非均质性和井信息，如油层厚度、储层渗透率、表皮系数和采油指数等参数，有效的试井工作能够降低油田每个开发阶段的不确定性。

　　下面实例所研究的储层具有非常复杂的岩性和流体性质，且岩石和流体性质在横向和纵向上的变化使描述它们的特征成为一项极具挑战性的工作。

　　1. 油田地质背景和测试区块

　　该油田是一个包含 6 个普通稠油油藏的海上油田，位于沙特阿拉伯王国，本节将其表示为"A"、"B"、"C"、"D"、"E"和"F"油藏。该油田于 1957 年发现，在 1964 年"C"油藏投入生产后开始正式生产，但"B"油藏直到 1974 年才开始投入生产。

　　油田位于一个西北-东南走向的不对称背斜构造处，东北侧的倾角比西南侧的倾角稍陡，"B"和"C"是该油田的两个主要油藏。"B"和"C"油藏都沉积在浅海环境，岩性为致密灰岩和藻灰岩。"B"油藏属于孔隙型碳酸盐岩储集层。"C"油藏与"B"油藏不同，属于致密型碳酸盐岩储集层。"B"油藏东南部厚度为 67.06m，东北部厚度为 73.76m，平均厚度约为 76.2m。主要岩性为灰屑岩，也含有少量白云岩。储层平均孔隙度约为 22%～23%。

　　该油田大多数井在不同的油层段进行多次试井，取得 21 口井的试井资料，其中 10 口井采用压力恢复试井，9 口井采取压降试井，剩下的 2 口井既采取压力恢复试井又采取压降试井。测试井分布覆盖整个油田（图 2.66），这有助于分析全油田特征。由于当时压力计制造技术水平有限，大多数机械压力计采样频率较低，测得的压力数据数据精度较低，压力恢复持续时间不长。测量过程中的采样频率低，导致缺失压力发生快速变化时的早期数据。试井分析获得的全部渗透率都是每口井的有效渗透率。本项研究同时结合了钻完井历史、测井曲线图、生产历史和区域地质等资料。

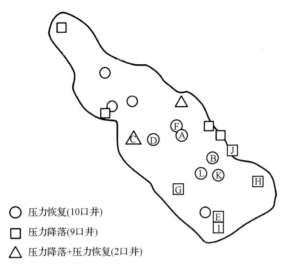

图 2.66　测试井的分布

根据试井分析结果绘制油田地层流动系数分布图（图 2.67），图 2.67 饼状大小代表地层流动系数的数值，油田的中心处地层流动系数较高，两翼的地层流动系数较低。

图 2.67　地层流动系数分布饼状示意图

下面通过典型井试井实例来说明油藏动态描述过程。

2. 试井识别致密层特征

测井资料表明"B"油藏含有一套分隔开两个物性较好储层的致密层，这个致密层延伸很广。通常认为致密层能防止两个物性较好层之间的压力传递。地质上对其在垂直方向上的致密程度还没有很好的认识，但试井证实油藏顶部存在能穿越致密层的窜流。

下面将讨论井 A、井 B 和井 C 这 3 口井试井实例。这 3 口中有 2 口井位于油藏顶部，另一口井位于油藏侧面。顶部井的试井显示在油田顶部存在压力传递，第三口井的试井实例反映了位于侧翼的致密层特征。

例 1：井 A 是一口位于油田中心位置的直井。测井分析成果表明包含 3 个射孔层段，每个射孔段穿过一个特殊小层。致密层位于顶部射孔段和中部射孔段之间。通过井下关井工具测得压力资料。井 A 酸化后，首先对下部层位射孔、测试。图 2.68 显示了试井双对数曲线图，导数曲线初期出现水平段，这个水平段代表射孔层段的流动能力，然后曲线经历了持续两个对数周期的向下趋势。之后出现另一个水平段，该水平井段反映了"B"油藏全部层段的流动能力。该井原油黏度 $\mu = 4.62$ mPa·s，解释结果为：$K_v / K_h = 0.07$，$Kh = 82.14 \times 10^{-3} \mu m^2 \cdot m$，$Kh / \mu = 17.78 \times 10^{-3} \mu m^2 \cdot m/(mPa \cdot s)$。

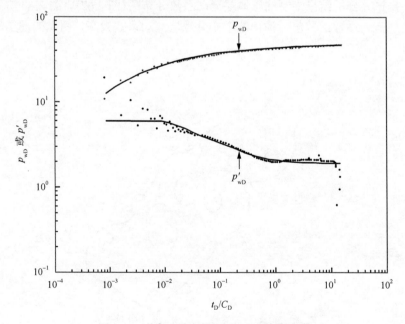

图 2.68　井 A 下部层段试井双对数曲线图

将底部层位卡封，中间层段射开、酸化、测试，图 2.69 是中间层段酸化后压力恢复双对数曲线图，该双对数曲线的形状与下部层段双对数曲线图的形状一样。导数曲线有两个水平段，两个水平段之间有一个过渡区域。第一个水平段与射孔层段的流动能力相关，第二个水平段与整个"B"油藏的流动能力相关。该次试井解释结果为：$Kh = 87.62 \times 10^{-3} \mu m^2 \cdot m$，$K_V / K_h = 0.07$，$Kh / \mu = 18.96 \times 10^{-3} \mu m^2 \cdot m / (mPa \cdot s)$。本次试井证明"B"油藏不同层段之间存在良好的水力连通。

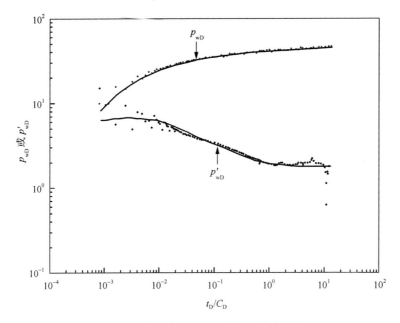

图 2.69　井 A 中间层段试井双对数曲线图

封隔中间射孔段，射开顶部层位、酸化、测试，图 2.70 所示的上部层段双对数曲线明显与前两次曲线形态一样，证实了压力传递能够穿越致密层。这次试井解释结果为：$Kh = 87.53 \times 10^{-3} \mu m^2 \cdot m$，$K_V / K_h = 0.07$，$Kh / \mu = 18.95 \times 10^{-3} \mu m^2 \cdot m / (mPa \cdot s)$。

图 2.71 是 3 次试井双对数曲线汇总图，很显然下部和中部试井对数曲线相似，第三次试井在压力传播速度上与前两次试井有所不同。换言之，第三次试井压力波传播到"B"油藏其他区域的时间更长，可以认为致密层并没有起到压力屏障的作用。

例 2：井 B 位于油田顶部，该区域的地层流动系数很高。该井测井曲线显示整个油层具有很高的孔隙度。射开位于致密层上方 6.09m 层段、测试。图 2.72 是井 B 的试井双对数曲线。

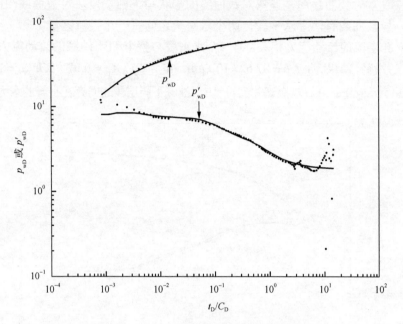

图 2.70　井 A 上部层段试井双对数曲线图

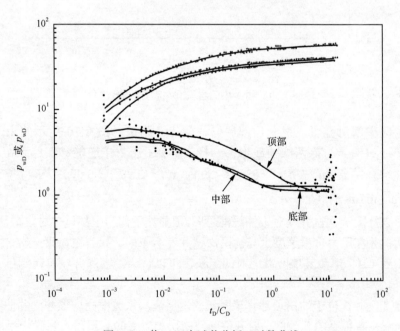

图 2.71　井 A 三次试井分析双对数曲线

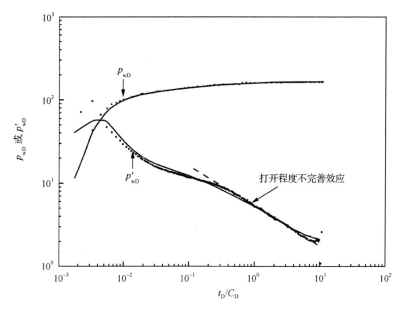

图 2.72　井 B 试井双对数曲线图

　　下倾的直线代表球型流动，打开程度不完善效应很明显。如果致密层确实是一道流动屏障，就不会在曲线图上看到球型流动特征。实际观察到下倾直线，就证实存在厚层流动特征，表明射孔段以下层段存在良好的连通性。该井试井解释结果为：$Kh = 101.35 \times 10^{-3} \, \mu m^2 \cdot m$，$Kh / \mu = 21.94 \times 10^{-3} \, \mu m^2 \cdot m/(mPa \cdot s)$，总表皮系数 $S_t = 31.5$，机械表皮系数 $S = -2.34$，采油指数 $PI = 278.9 m^3/(d \cdot MPa)$。

　　例 3：井 C 位于油田的中西部，测井曲线也表明存在致密层，从油藏剖面图上看出从上至下存在油、重油、水(图 2.73)。在致密层上方进行两次试井。首先在酸洗结束后进行一次压力恢复试井，之后又进行一次压降试井。两次试井都是在原油与重油接触面上部进行的，这给两次试井分析带来很大难度。

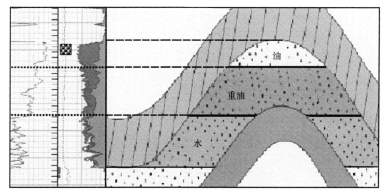

图 2.73　井 C 测试段剖面示意图

图 2.74 是压力恢复试井的双对数曲线图，试井曲线清晰地显示径向流特征，反映了无限边界作用均质油藏特点。不同于前面的实例（实例 2），没有观察到部分打开的球形流曲线形态，也无从得知射孔层段上方是否有致密层封闭，或低流度比带来的影响。该次试井解释结果为：$Kh = 2267.7 \times 10^{-3} \mu m^2 \cdot m$，$Kh / \mu = 490.85 \times 10^{-3} \mu m^2 \cdot m/(mPa \cdot s)$，机械表皮系数 $S = 0.42$，采油指数 $PI = 32.96 m^3/(d \cdot MPa)$。

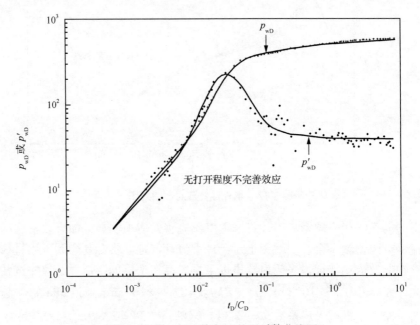

图 2.74　井 C 压力恢复试井双对数曲线图

图 2.75 是压降试井的双对数曲线图。该次试井解释结果为：$Kh = 2267.7 \times 10^{-3} \mu m^2 \cdot m$，$Kh / \mu = 490.85 \times 10^{-3} \mu m^2 \cdot m/(mPa \cdot s)$，机械表皮系数 $S = -4.74$，压降期间的采油指数 $PI = 109.95 m^3/(d \cdot MPa)$。导数曲线开始是一个向上趋势的倾斜，持续 3 个对数周期，其反映的流动能力与压力恢复试井在同一级别上。两次试井都很难识别到致密层。

这些实例确认了在油田顶部的"B"油藏层间具有连通性。这对油田开发早期阶段优化井的位置和生产计划十分必要。

3. 稠油区试井证实流动系数低

重油区有两口井进行试井，试井结果显示地层流动系数、压降期间的采油指数都很低。

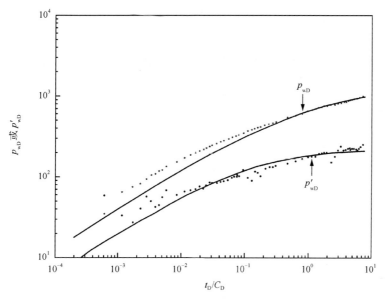

图 2.75　井 C 压降试井的双对数曲线图

例 4：井 C 射开了稠油井段 6.09m。从图 2.76 看出压降试井数据的质量不好。本次试井解释结果为：$Kh = 568.76 \times 10^{-3} \mu m^2 \cdot m$，$Kh / \mu = 123.1 \times 10^{-3} \mu m^2 \cdot m/(mPa \cdot s)$，压降期间的采油指数 $PI = 13.83 m^3/(d \cdot MPa)$。井 C 的流动系数与对比井相比非常低。主要原因在于井 C 是在稠油区内注水，而其他井是在水区或轻质油区注水。低流动系数也反映了井 C 的吸水指数很低。

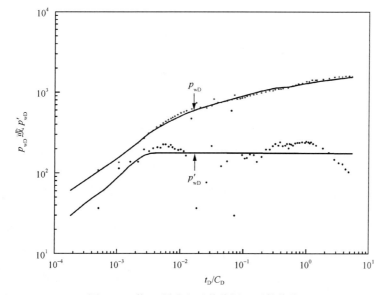

图 2.76　井 C 稠油段试井分析双对数曲线

例 5：井 D 在中西部的稠油区，位于井 C 的东南侧。井 D 压力恢复试井的主要挑战是流动期原油不能一直流到地面。因此只能利用在流动期内油管体积量来估计产量。试井曲线如图 2.77 所示，压力数据的质量很差。试井分析表明地层流动系数很低，$Kh/\mu = 104.8 \times 10^{-3} \mu m^2 \cdot m/(mPa \cdot s)$，采油指数 $PI = 8.76 m^3/(d \cdot MPa)$。例 4 和例 5 这两次试井都反映稠油区的流动系数很低。

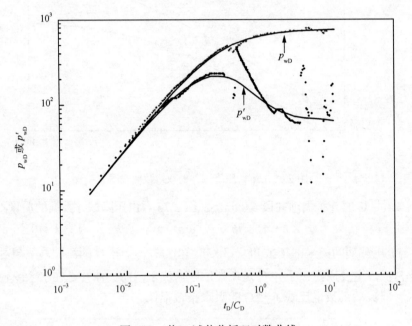

图 2.77　井 D 试井分析双对数曲线

例 6：井 E 是位于油田西南部稠油区的注水井。图 2.78 是该井压降试井双对数曲线图，其解释结果为：$Kh = 2700.5 \times 10^{-3} \mu m^2 \cdot m$，$Kh/\mu = 598.02 \times 10^{-3} \mu m^2 \cdot m/(mPa \cdot s)$，

机械表皮系数 $S = -5.02$，压降期间的采油指数 $PI = 165.27 m^3/(d \cdot MPa)$。导数曲线显示上升趋势，末端变平，反映了从注水区到含油区压力的变化特征，即明显的流度降低。井 E 的一口邻井对含水层进行压降试井后并没有出现井 E 图上所观察到的流动变化，不排除远离井眼处储层物性降低的可能性。

4. 不渗透边界

例 7：井 F 位于油田的顶部中心偏右侧。井 F 在 3 个不同的射孔段试井 3 次。第一次试井是在下部层段单独进行的。第二次试井从下层段一直到中部层段合试。第三次试井是上、中、下 3 段合试。三次试井压力曲线后期都显示出同样形

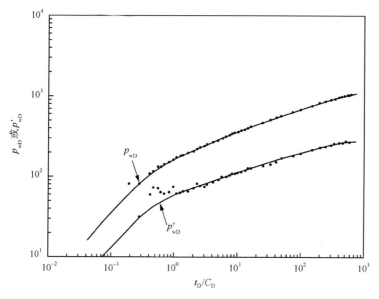

图 2.78　井 E 试井分析双对数曲线

态(图 2.79～图 2.81)，即后期压力导数曲线上翘。这种形状可能反映很多油藏或流体特征，如存在一个不渗透边界或流度降低。三次试井都是压力恢复试井，已经排除流度降低的可能性。解释结果如表 2.10 所示。在这个实例中，井 F 的油来自于一个油层。当然，在同一个油藏内可能有不同的流度值，目前还没有足够的理由说明存在流度变化。

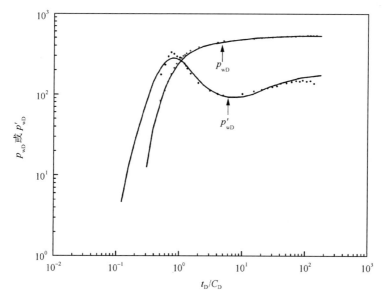

图 2.79　井 F 下部层段的试井双对数曲线

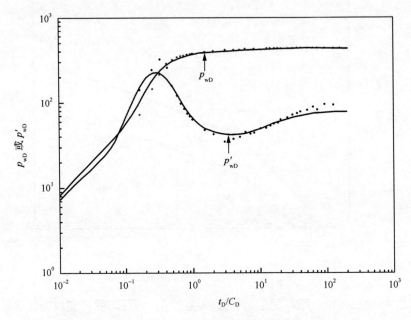

图 2.80　井 F 中下部层段的试井双对数曲线

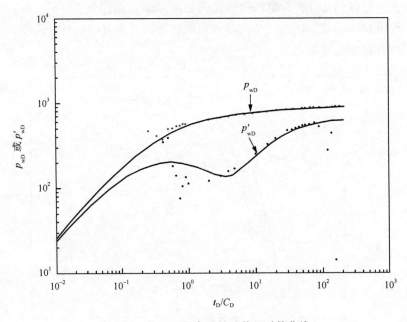

图 2.81　井 F 三段合试的试井双对数曲线

表 2.10　井 F 三个层段试井解释结果

层段	原油黏度/(mPa·s)	地层系数/($10^{-3}\mu m^2$·m)	流动系数/[($10^{-3}\mu m^2$·m)/(mPa·s)]	表皮系数	采油系数/[m³/(d·MPa)]
下部	14	4754.88	339.63	−4.0	59.93
中下部合试	4.6	518209	1126.54	−1.6	103.7
上中下合试	4.5	7863.84	1747.52	−4.4	315.78

相反，另一种可能性是在远离井筒处存在一个不渗透边界。根据断层分析原理，如果一口井在不渗透断层附近，那么其试井曲线在出现径向流后，晚期出现上翘。井 F 本身就打在断层附近，井 F 三次试井分析结果也证实井 F 附近存在这个断层，但它在油田内的延伸范围非常有限。图 2.82 显示了井 F 与断层的距离。

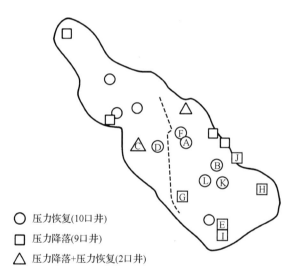

图 2.82　井 F 井和断层位置图

例 8：井 G 位于油田的西侧。该井射孔段位于在重油-原油界面上部 6.09m。试井导数曲线(图 2.83)显示在驼峰后出现早期水平段，然后上升过渡到另一个水平段。此曲线形状有两种可能解释：一种是井受到流体流动性的影响，流动早期反映近井含水区的影响，流动后期反映远井含油区的影响，或井位于不渗透边界附近。事实上两个可能性都存在，支持第一个可能性的证据是水被注入油区中，存在两种流动的流体。油藏地质模型中有断层则支持第二个可能性。要想选择正确的模型拟合压力导数曲线，需要将目光放向更多的井。该井原油黏度 $\mu = 4.6$mPa·s，解释结果为：$Kh = 3230.88 \times 10^{-3}\mu m^2$·m，

$Kh/\mu = 702.36 \times 10^{-3}\,\mu\text{m}^2 \cdot \text{m}/(\text{mPa} \cdot \text{s})$，机械表皮系数为 0，压降期间采油指数 $\text{PI} = 68.23\text{m}^3/(\text{d} \cdot \text{MPa})$。

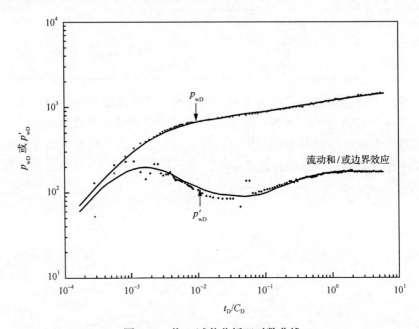

图 2.83　井 G 试井分析双对数曲线

例 9：井 H 位于油田的东南部。该井射孔段位于重油-原油界面上方 15.24m。这口井实施了一次压降试井，导数曲线如图 2.84 所示，曲线形状与井 G 的曲线形状相同。在地质模型上这口井附近有一个断层(图 2.85)。试井曲线也揭示两个可能性：第一种可能性是这口井位于不渗透断层附近；第二个可能性是这口井对远离井筒处流体流度降低比较敏感。与井 G 一样，井 H 压降试井分析需要参考其他井的资料。该井原油黏度 $\mu = 4.6\text{mPa} \cdot \text{s}$，试井解释结果为：$Kh = 7741.92 \times 10^{-3}\,\mu\text{m}^2 \cdot \text{m}$，$Kh/\mu = 1683.03 \times 10^{-3}\,\mu\text{m}^2 \cdot \text{m}/(\text{mPa} \cdot \text{s})$，机械表皮系数 $S = 2.6$，压降期间的采油指数 $\text{PI} = 76.99\text{m}^3/(\text{d} \cdot \text{MPa})$。

选择另外两口井的试井分析对提升井 G 和井 H 压降试井结果可靠性非常有益。第一口井是井 I。井 I 打在含水区，其压降试井压力导数曲线显示径向流占主导(图 2.86)，该井水的黏度 $\mu = 0.5\text{mPa} \cdot \text{s}$，解释结果为：压降期间的地层系数指数 $Kh = 8312.50 \times 10^{-3}\,\mu\text{m}^2 \cdot \text{m}$，$Kh/\mu = 16625.01 \times 10^{-3}\,\mu\text{m}^2 \cdot \text{m}/(\text{mPa} \cdot \text{s})$，机械表皮系数 $S = -5.9$，采油指数 $\text{PI} = 3162.69\text{m}^3/(\text{d} \cdot \text{MPa})$。

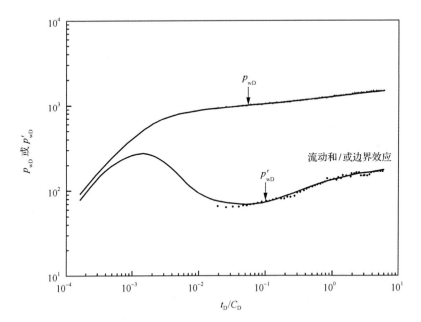

图 2.84　井 H 试井分析双对数曲线

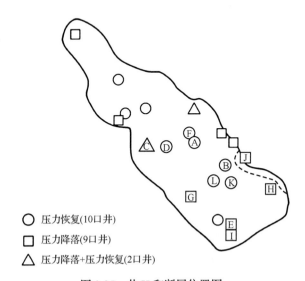

图 2.85　井 H 和断层位置图

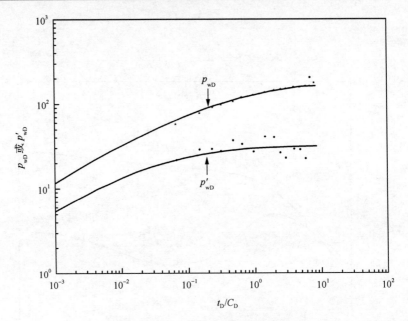

图 2.86 井 I 试井分析双对数曲线

这说明由于流度变化导致井 G 和井 H 在导数图上形态的变化。第二口用来支持井 G 和井 H 试井成果的井是井 J，该井位于井 H 的北边，离断层足够近(图 2.85)；该井的含水饱和度很高。尽管地质模型显示有断层，但井 J 的试井曲线(图 2.87)

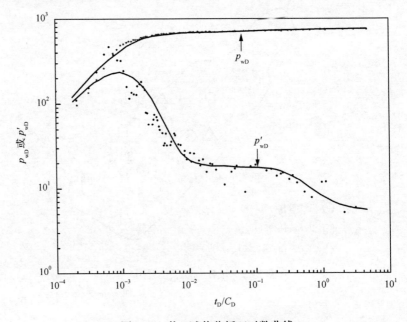

图 2.87 井 J 试井分析双对数曲线

表明对断层并不敏感，排除井 J 附近有断层的可能性。解释结果为：流动系数 $Kh/\mu = 11935.36 \times 10^{-3}\,\mu m^2 \cdot m/(mPa \cdot s)$，地层系数 $Kh = 5967.67 \times 10^{-3}\,\mu m^2 \cdot m$，机械表皮系数 $S = 14.7$，压降期间的采油指数 $PI = 265.07\,m^3/(d \cdot MPa)$。

此外，井 J 和井 H 的唯一区别是井 J 的含水饱和度很高。这意味着从井 H 压力导数图后期所观察到上升特征是流度变化引起的，证实 G 井附近不存在断层。

综上所述，结合地震、钻井等资料，根据多口井试井成果证实原地质模型中大多数断层并不存在，极大地提高了地质模型的可靠性。试井成果还表明物性最好的区域位于油田顶部的中心。"B"油藏顶部的致密层并没有起到流动屏障的作用。在重油区域进行的试井显示该地区的流动系数非常低，而且在重油-原油界面上的井都存在流动系数变化。

2.7　小　　结

(1)试井理论和分析方法非常丰富，其三大核心是地质论、模型论和方法论。

(2)试井研究的对象是油藏，试井地质论包含两个方面，一是对油藏特征简化、抽象，建立试井物理模型，二是采用试井分析方法解释实际试井资料，对测试井所在油藏进行动静态精细油藏描述。试井压力导数曲线能够识别和描述普遍存在的储层非均质性。

(3)Laplace 变换方法是求解试井数学模型最常用的方法，试井大多采用数值反演算法得到井底压力解。采用有效井径可以简化试井模型求解过程。井底压力解的早期和径向流渐近表达式是试井导数曲线诊断流动阶段的基础。

(4)试井典型曲线划分为井储储集和"驼峰"阶段、径向流阶段和晚期阶段。除了 Gringarten 和 Bourdet 复合图版外，还有各类不同坐标形式、不同中间组合参数的典型曲线图版。现代试井典型曲线拟合方法能够诊断储层模型、有效解释地层参数。

(5)早期试井方法、反褶积方法、图形分析方法等与常规试分析方法和现代试井分析方法相辅相成，有助于挖掘试井资料解释深度和广度，提高试井分析结果的可靠性。随着勘探开发的油藏复杂性日益加深，试井新模型、新方法将不断涌现。

第3章　均质油藏水平井试井分析

由于水平井渗流涉及三维各向异性介质、上顶和下底两个界面、水平井筒在油层的位置，水平井渗流机理与直井相比复杂很多，水平井试井理论与方法与直井也有很大不同。诸多学者对水平井压力恢复和压力降落动态特征进行了深入研究(Daviau et al., 1988；Ozkan et al., 1989；Kuchuk et al., 1990；Goode and kuchuk, 1991)。本章从均质油藏入手，系统论述阐述水平井试井理论及分析方法，最后介绍水平井不规则产油位置的试井识别方法。

3.1　水平井试井模型及井底压力解

解析解是分析油藏渗流规律和流动特征的最重要手段。采用多种条件下的瞬时源解，结合 Newman 乘积方法可以得到源汇持续作用的水平井地层压力解析解，通过相关变换可导出 Laplace 空间解。本节将运用 Green 函数方法完整导出水平井的试井数学模型，并在 Laplace 空间内求解井底压力解，绘制典型曲线并分析不同参数对典型曲线的影响。通过不同时间段的近似解化简得到多种流动阶段下的直线分析表达式，这些表达式提供了不同流动阶段的油藏及井筒参数解释方法。

3.1.1　水平井的函数线源解

1. 点源函数基本解的推导

早在20世纪70年代，Gringarten 等(1979)通过将井筒边界条件处理成源汇项，然后在实空间中利用 Green 函数和 Newman 乘积法，建立一系列的油(气)藏渗流数学模型，为试井分析理论和油(气)藏工程计算奠定坚实的理论基础。80 年代末，Ozkan 等(1989)将 Gringarten 的思想进一步推广到 Laplace 空间中，建立了实用的水平井试井理论模型。

众所周知，利用 Green 函数求解具有源汇项的非齐次边界条件和初始条件的不稳定渗流问题时，主要困难在于如何寻找给定条件下的源函数。本节从渗流微分方程出发，推导瞬时点源基本解。

在渗流力学中，瞬时平面点源定义为在 $t = \tau \geqslant 0$ 瞬间，向多孔介质内任一点 $M(x', y')$ 注入微量流体，其体积为 δV，质量为 $\delta m = \rho \delta V$。而在时刻 $t = \tau$ 之前或之后及点 M 外不注入流体。

考虑无限大平面地层，将关于压力的渗流微分方程改写成关于密度的微分方程：

$$\frac{\partial^2 \rho}{\partial x^2} + \frac{\partial^2 \rho}{\partial y^2} = \frac{1}{\eta}\frac{\partial \rho}{\partial t} \tag{3.1}$$

在点 M 以外，$t > \tau$，$\rho(x \to \infty, y \to \infty, t) = \rho_i$：

$$\rho(x, y, t = \tau) = \begin{cases} \rho_i & \text{在点}M\text{以外} \\ \infty & \text{在点}M\text{处} \end{cases} \tag{3.2}$$

利用积分变换法求出其密度函数为

$$\tilde{\rho}(x, y, t) = \rho_i + \frac{A}{t - \tau}\exp\left[-\frac{(x - x')^2 + (y - y')^2}{4\eta(t - \tau)}\right] \tag{3.3}$$

式中，A 为待定系数，取决于注入量的大小。

令场点 $M(x, y)$ 和源点 $M(x', y')$ 之间的距离为 r，则

$$r^2 = (x - x')^2 + (y - y')^2 \tag{3.4}$$

根据质量守恒定理，在 $t > \tau$ 任意时刻，（单位厚度）介质中流体的质量增量为

$$\delta m = \int_0^{2\pi}\int_0^{\infty} \phi(\tilde{\rho} - \rho_i)\, r\mathrm{d}\theta\mathrm{d}r \tag{3.5}$$

把密度函数的表达式(3.3)代入式(3.5)，得到

$$\delta m = \frac{2\pi\phi A}{t - \tau}\int_0^{\infty} \mathrm{e}^{-\frac{r^2}{4\eta(t - \tau)}}\frac{1}{2}\mathrm{d}r^2 \tag{3.6}$$

作变量变换，令

$$u = \frac{r^2}{4\eta(t - \tau)}, \qquad \frac{1}{2}\mathrm{d}r^2 = 2\eta(t - \tau)\mathrm{d}u \tag{3.7}$$

则上式可化简为

$$\delta m = 4\pi\phi\eta A\int_0^{\infty} \mathrm{e}^{-u}\mathrm{d}u = 4\pi\phi\eta A \tag{3.8}$$

由此定义系数 $A = \delta m / 4\pi\phi\eta$，代入密度函数表达式，可得瞬时点源导出的密度为

$$\tilde{\rho}(x,y,t) = \rho_i + \frac{\delta m}{4\pi\phi\eta(t-\tau)} \exp\left[-\frac{(x-x')^2 + (y-y')^2}{4\eta(t-\tau)}\right] \tag{3.9}$$

再利用密度和压力的线性关系，$\tilde{\rho} - \rho_i = \rho_i C_t(\tilde{p} - p_i)$ 及 $\delta m = \rho_i \delta V$，得到压力的表达式：

$$\tilde{p}(x,y,t) = p_i + \frac{\delta V}{4\pi\phi C_t\eta(t-\tau)} \exp\left[-\frac{(x-x')^2 + (y-y')^2}{4\eta(t-\tau)}\right] \tag{3.10}$$

式中，$\tilde{p}$ 为瞬时点源压力，MPa；p_i 为原始地层压力，MPa；ϕ 为孔隙度；C_t 为综合压缩系数，MPa^{-1}；η 为导压系数，m^2/s；t 为时间，s；x、y、z 分别为三个方向的坐标。

式(3.10)就是瞬时点源的压力表达式。

2. 无限大平面直线源

无限大平面中的直线源可以看作无限空间的平面源。在 $t > \tau$ 瞬时，沿直线 $x = x_w$ 的单位长度上采出液量为 ds，沿整条直线 $x = x_w$ 的流量为

$$\int_{-\infty}^{\infty} ds dy = d\sigma \tag{3.11}$$

考虑 ds 与 y 变化的一般情形，对压力表达式中的 y 积分，得瞬时直线源的压力表达式：

$$\tilde{p}(x,t) = p_i - \frac{1}{4\pi\phi C_t\eta(t-\tau)} \int_{-\infty}^{\infty} ds(y') \exp\left[-\frac{(x-x_w)^2 + (y-y')^2}{4\eta(t-\tau)}\right] dy' \tag{3.12}$$

若 ds 沿直线 $x = x_w$ 均匀分布，则 ds 与 y 无关，上式可以改写为

$$\tilde{p}(x,t) = p_i - \frac{ds}{4\pi\phi C_t\eta(t-\tau)} \exp\left[-\frac{(x-x_w)^2}{4\eta(t-\tau)}\right] \int_{-\infty}^{+\infty} \exp\left[-\frac{(y-y')^2}{4\eta(t-\tau)}\right] dy' \tag{3.13}$$

对式(3.13)的高斯积分项积分，有

$$\int_0^{\infty} e^{-a^2 x^2} dx = \frac{\sqrt{\pi}}{2a}, \qquad a > 0 \tag{3.14}$$

则得到平面直线源的压力解，

$$\tilde{p}(x,t) = p_i - \frac{ds}{\phi C_t} \frac{\exp\left[-\dfrac{(x-x_w)^2}{4\eta(t-\tau)}\right]}{\sqrt{4\pi\eta(t-\tau)}} \tag{3.15}$$

3. 无限大平面条带源

无限大平面中条带源就是无限空间中厚板源。若源分布区域是宽度为 x_f 的无限长条带，其中点 $x = x_w$，且单位宽度条带区域在 $t = \tau$ 瞬时采出液量为 $\mathrm{d}l$，其中 $\mathrm{d}l = \mathrm{d}s/\mathrm{d}x$ 为无量纲量，那么对直线源压力解式(3.15)的变量 x 从 $x_w - x_f/2$ 到 $x_w + x_f/2$ 进行积分，则得到瞬时条带源汇解：

$$\tilde{p}(x,t) = p_i - \frac{1}{\phi C_t \sqrt{4\pi\eta(t-\tau)}} \int_{x_w - x_f/2}^{x_w + x_f/2} \mathrm{d}l \exp\left[-\frac{(x-x')^2}{4\eta(t-\tau)}\right] \mathrm{d}x' \qquad (3.16)$$

若 $\mathrm{d}l$ 与 x 无关，则上式积分的结果可用误差函数(或称概率积分) $\mathrm{erf}(x)$ 表示：

$$\tilde{p}(x,t) = p_i - \frac{\mathrm{d}l}{2\phi C_t}\left\{\mathrm{erf}\left[\frac{x_f/2 + (x - x_w)}{\sqrt{4\eta(t-\tau)}}\right] + \mathrm{erf}\left[\frac{x_f/2 - (x - x_w)}{\sqrt{4\eta(t-\tau)}}\right]\right\} \qquad (3.17)$$

其中概率积分的公式为

$$\mathrm{erf}(x) = \frac{2}{\sqrt{\pi}} \int_0^x e^{-u^2} \mathrm{d}u \qquad (3.18)$$

4. 条带形地层中的直线源

考虑平面条带形区域，两端边界分别位于 $x = 0$ 和 $x = x_e$。源位于 $x = x_w$，求解任意场点 x 处的压力。

对于这种条带形区域，可以分为三种不同边界组合，即两端封闭、两端定压和混合边界。这里的混合边界指一端封闭、另一端定压的边界组合。

首先研究上、下边界都封闭的情况。根据镜像原理，所有的镜像源汇与实际源汇同号，其位置为 $2nx_e + x_w$ 和 $2nx_e - x_w$，n 取整数。

按照无限大平面中直线源公式(3.15)，利用叠加原理得到

$$p(x,t) = p_i - \frac{\mathrm{d}s}{\phi C_t \sqrt{4\pi\eta(t-\tau)}} \sum_{n=-\infty}^{\infty}\left\{e^{-\frac{[x-(2nx_e+x_w)]^2}{4\eta(t-\tau)}} + e^{-\frac{[x-(2nx_e-x_w)]^2}{4\eta(t-\tau)}}\right\} \qquad (3.19)$$

把这种瞬时源汇压力解称为指数函数形式解。利用泊松求和公式简化式(3.19)，得到上、下封闭边界的条带地形中直线源的源函数公式：

$$\tilde{p}(x,t) = p_i - \frac{\mathrm{d}s}{\phi C_t x_e}\left\{1 + 2\sum_{m=1}^{\infty}\exp\left[-\frac{m^2\pi^2\eta(t-\tau)}{x_e^2}\right]\cos\frac{m\pi x_w}{x_e}\cos\frac{m\pi x}{x_e}\right\} \qquad (3.20)$$

5. 无限大地层水平井

根据以上利用点源函数的基本解所得到的无限大平面直线源、无限大平面条带源、条带形直线源的瞬时源解，可以导出无限大地层中水平井的试井压力解。

假设油层中央钻入一口水平井，水平井半长为 L，油层厚度为 h，x、y 平面的渗透率为 K_h，z 方向渗透率为 K_v，即水平渗透率和垂直渗透率不同。

设储层顶、底边界(也称上、下边界)封闭，水平方向为无限大，水平井试井数学模型如下：

$$K_h \frac{\partial^2 p}{\partial x^2} + K_h \frac{\partial^2 p}{\partial y^2} + K_v \frac{\partial^2 p}{\partial z^2} = \phi\mu C_t \frac{\partial p}{\partial t} \tag{3.21}$$

令 $z^* = z\sqrt{K_h / K_v}$，则式(3.21)可以转化为标准方程：

$$\frac{\partial^2 p}{\partial x^2} + \frac{\partial^2 p}{\partial y^2} + \frac{\partial^2 p}{\partial z^{*2}} = \frac{1}{\eta}\frac{\partial p}{\partial t} \tag{3.22}$$

$$p(x, y, z, t)\big|_{t=0} = p_i \tag{3.23}$$

边界条件考虑为

$$\frac{\partial p}{\partial x}\bigg|_{x\to\infty} = 0, \qquad \frac{\partial p}{\partial y}\bigg|_{y\to\infty} = 0, \qquad \frac{\partial p}{\partial z}\bigg|_{z=0} = \frac{\partial p}{\partial z}\bigg|_{z=h} = 0 \tag{3.24}$$

以上是无限大地层上、下边界封闭的水平井不稳定渗流的微分方程。该三维源函数可表示成 x 方向厚度为 L 的板源、y 方向无限大平面源与 z 方向厚度为 h 的封闭边界无限大平面源的交集(图 3.1)。

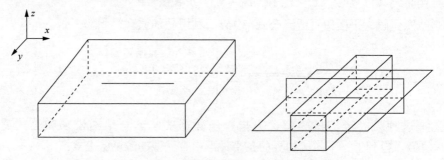

图 3.1　水平井源函数分解示意图

上面即是水平井的试井数学模型。利用 Newman 乘积法得到上述模型的瞬时点源表达式：

$$\tilde{p}(x,y,z,t) = p_i - \frac{dV}{\phi C_t} \frac{1}{2} \left\{ \text{erf}\left[\frac{L+(x-x_w)}{\sqrt{4\eta(t-\tau)}}\right] + \text{erf}\left[\frac{L-(x-x_w)}{\sqrt{4\eta(t-\tau)}}\right] \right\}$$

$$\frac{1}{\sqrt{4\pi\eta(t-\tau)}}\exp\left[-\frac{(y-y_w)^2}{4\eta(t-\tau)}\right]\left(\frac{1}{h^*}\left\{1+2\sum_{n=1}^{\infty}\exp\left[-\frac{n^2\pi^2\eta_v(t-\tau)}{h^{*2}}\right]\cos\frac{n\pi z_w}{h}\cos\frac{n\pi z}{h}\right\}\right)$$

$$(3.25)$$

其中，

$$h^* = h\sqrt{K_h / K_v} \tag{3.26}$$

定义下列无量纲量：

$$p_D = \frac{K_h h^* \Delta p}{1.842 \times 10^{-3} q\mu B} \tag{3.27}$$

$$t_D = \frac{3.6 K_h t}{\phi \mu C_t L^2} \tag{3.28}$$

$$\eta_v = \frac{K_v}{K_h}\eta \tag{3.29}$$

$$h_D^* = h^* / L \tag{3.30}$$

$$x_D = \frac{x}{L} \quad y_D = \frac{y}{L} \quad x_{wD} = \frac{x_w}{L}, \qquad y_{wD} = \frac{y_w}{L} \tag{3.31}$$

$$L_D = \frac{L}{h^*} \tag{3.32}$$

式(3.27)~式(3.32)中，Δp 为压力差，MPa；L 为水平井井筒长度，m；h 为油层有效厚度，m。对式(3.25)无量纲化后，再积分，得到无量纲水平井地层压力分布：

$$p_D(x_D, y_D, z_D, t_D) = \frac{\sqrt{\pi}}{4}\int_0^{t_D}\left\{\frac{1}{\sqrt{t}}\exp\left[-\frac{(y_D-y_{wD})^2}{4t}\right]\right.$$

$$\left.\left\{\text{erf}\left[\frac{1+(x_D-x_{wD})}{\sqrt{4t}}\right] + \text{erf}\left[\frac{1-(x_D-x_{wD})}{\sqrt{4t}}\right]\right\}\left[1+2\sum_{n=1}^{\infty}\exp\left(-\frac{n^2\pi^2\eta_v t}{h_D^{*2}}\right)\cos n\pi z_{wD}\cos n\pi z_D\right]\right\}dt$$

$$(3.33)$$

3.1.2　水平井经典试井模型及压力解

Daviau 等(1988)、Ozkan 等(1989)、和 Kuchuk 等(1990)、Goode 和 Kuchuk(1991)

在 80 年代后期先后在 SPE 会议上公布了水平井试井压力解，这些论文后来都公开发表在 SPE 期刊上。本节着重阐述 4 种水平井经典试井模型压力解。

1. Daviau 模型

Daviau 等 (1988) 首先导出水平井试井的压力解，并分析垂向径向流和拟径向流的压力动态特征。

1) 假设条件

此模型假设垂向存在平板型不渗透边界和定压边界 (图 3.2)。物理模型考虑如下基本假设：①单相微可压缩液体在各向同性地层中渗流；②忽略重力、毛细管力；③测试前地层各处压力均为原始油藏压力 p_i；④流体流动满足线性达西渗流规律；⑤考虑井筒储集和表皮效应的影响；⑥地层等厚，水平井以常产量 q 生产；⑦水平井距离底边界 z_w，水平井长 $2L$；⑧储层顶、底存在不渗透边界，水平方向边界分无限大、矩形不渗透、矩形定压边界 (图 3.3)。

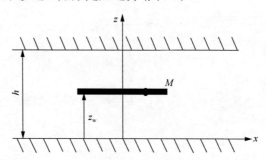

图 3.2　水平井 Daviau 模型 $x\text{-}z$ 示意图 (无限油藏)

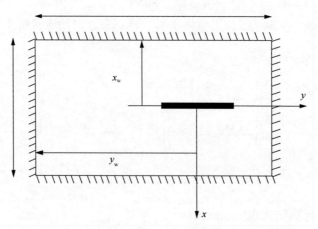

图 3.3　水平井 Daviau 模型 $x\text{-}y$ 示意图 (矩形边界油藏)

2) 数学模型

在建立数学模型之前，引入如下无量纲量：

$$p_D = \frac{Kh}{1.842 \times 10^{-3} q\mu B} \Delta p \qquad (3.34)$$

$$t_D = \frac{3.6Kt}{\phi \mu C_t L^2} \qquad (3.35)$$

$$C_D = \frac{C}{2\pi \phi C_t h L^2} \qquad (3.36)$$

$$e_{D1} = \frac{x_w}{x_e}, \qquad e_{D2} = \frac{y_w}{y_e}, \qquad e_{D3} = \frac{z_w}{h} \qquad (3.37)$$

$$L_{D1} = \frac{L}{x_e}, \qquad L_{D2} = \frac{L}{y_e}, \qquad L_{D3} = \frac{L}{h} \qquad (3.38)$$

$$x_{wD} = \frac{r_w}{L}, \qquad y_D = \frac{y}{L} \qquad (3.39)$$

图 3.3 水平井段距底界距离为 z_w，井径为 r_w，井底定产量生产。油井 M 点的压力降与时间的关系可应用 Green 函数表示，对应于水平井的解析解可用 Newman 乘积表示。

对于无限大油藏，有

$$p_D(t_D) = \frac{\sqrt{\pi}}{4} \int_0^{t_D} \frac{\exp(-x_{wD}^2/4\tau)}{\sqrt{\tau}} \left(\mathrm{erf}\frac{1+y_D}{2\sqrt{\tau}} + \mathrm{erf}\frac{1-y_D}{2\sqrt{\tau}} \right)$$
$$\left[1 + 2\sum_{n=1}^{\infty} e^{-n^2\pi^2 L_{D3}^2 \tau} \cos^2(n\pi e_{D3}) \right] d\tau \qquad (3.40)$$

对于矩形不渗透边界油藏，有

$$p_D(t_D) = 2\pi L_{D1} L_{D2} \int_0^{t_D} \left\{ 1 + 2\sum_{n=1}^{\infty} e^{-n^2\pi^2 L_{D1}^2 \tau} \cos(n\pi e_{D1}) \cos\left[n\pi(e_{D1} + x_{wD}L_{D1}) \right] \right\}$$
$$\left\{ 1 + \frac{2}{\pi L_{D2}} \sum_{n=1}^{\infty} \frac{1}{n} e^{-n^2\pi^2 L_{D2}^2 \tau} \sin(n\pi L_{D2}) \cos(n\pi e_{D2}) \cos\left[n\pi(e_{D2} + y_D L_{D2}) \right] \right\}$$
$$\left[1 + 2\sum_{n=1}^{\infty} e^{-n^2\pi^2 L_{D3} \tau} \cos^2(n\pi e_{D3}) \right] d\tau \qquad (3.41)$$

对于矩形定压边界油藏，有

$$
\begin{aligned}
p_{\mathrm{D}}(t_{\mathrm{D}}) = 8L_{\mathrm{D1}} \int_0^{t_{\mathrm{D}}} & \left\{ \sum_{n=1}^{\infty} \mathrm{e}^{-n^2\pi^2 L_{\mathrm{D1}}^2 \tau} \sin(n\pi e_{\mathrm{D1}}) \sin\left[n\pi(e_{\mathrm{D1}} + x_{\mathrm{wD}}L_{\mathrm{D1}}) \right] \right\} \\
& \left\{ \sum_{n=1}^{\infty} \frac{1}{n} \mathrm{e}^{-n^2\pi^2 L_{\mathrm{D2}}^2 \tau} \sin(n\pi L_{\mathrm{D2}}) \sin(n\pi e_{\mathrm{D2}}) \sin\left[n\pi(e_{\mathrm{D2}} + y_{\mathrm{D}}L_{\mathrm{D2}}) \right] \right\} \\
& \left[1 + 2\sum_{n=1}^{\infty} \mathrm{e}^{-n^2\pi^2 L_{\mathrm{D3}}^2 \tau} \cos^2(n\pi e_{\mathrm{D3}}) \right] \mathrm{d}\tau
\end{aligned}
\tag{3.42}
$$

从上式可以得到流动早期（垂向流动阶段）和流动晚期（拟径向流）的压力渐近解。

当 $\dfrac{x_{\mathrm{wD}}^2}{4t_{\mathrm{D}}} < 10^{-2}$ 时，流动早期（垂向径向流）压力表达式为

$$
p_{\mathrm{D}} = \frac{1}{2L_{\mathrm{D3}}} \left[-\frac{1}{2} E_{\mathrm{i}} \left(-\frac{x_{\mathrm{wD}}^2}{4t_{\mathrm{D}}} \right) \right] \approx \frac{1}{4L_{\mathrm{D3}}} \left(\ln \frac{t_{\mathrm{D}}}{x_{\mathrm{wD}}^2} + 0.809 \right)
\tag{3.43}
$$

垂直径向流阶段出现的时间即为井筒储集效应结束时间 t_{Dc}，t_{Dc} 表达式为

$$
t_{\mathrm{Dc}} = \min \left[\frac{(1-y_D)^2}{6}, 0.32\frac{(1-e_{\mathrm{D2}})^2}{L_{\mathrm{D2}}} \right]
\tag{3.44}
$$

流动后期达到拟径向流阶段，拟径向流出现时间 t_{D} 在 $0\sim2$，拟径向流压力表达式为

$$
p_{\mathrm{D}} = 0.5(\ln t_{\mathrm{D}} + \alpha)
\tag{3.45}
$$

式中，α 为与水平井几何表皮有关的系数。

2. Goode 模型

Goode 和 Kuchuk(1991)采用有限 Fourier 变换方法，得到考虑水平井各向异性条件的压力降落和压力恢复的压力解。

1) 假设条件

该模型除上述一般假设条件外，另作以下几点假设。

(1) 油藏为水平板状，y 方向无限大，x 方向为顶、底不渗透边界，储层厚度为 h_x；而且在 y 方向无限远处的压力不受水平井段压力波动的影响；z 方向长度为 h_z(图 3.4)。

(2) 将水平井视为长度为 $L_{xl} - L_{xd}$ 的条带，水平井段内均匀流动。

(3) 均质各向异性油藏，x 方向渗透率为 K_x，y 方向渗透率为 K_y，z 方向渗透

率为 K_z。

(4)地层微可压缩流体的压缩系数为常数，忽略重力与毛管力作用。

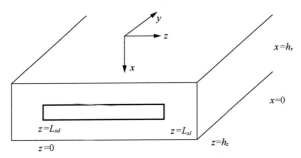

图 3.4　水平井 Goode 模型示意图

2)数学模型

引入无量纲量：

$$p_{\mathrm{D}} = \frac{K_y(L_{xl} - L_{xd})}{1.842 \times 10^{-3} q \mu B} \Delta p \tag{3.46}$$

$$t_{\mathrm{D}} = \frac{3.6 K_y t}{\phi \mu C_{\mathrm{t}} (L_{zb} - L_{za})^2} \tag{3.47}$$

$$v_x = \frac{(L_{zb} - L_{za})}{h_x} \sqrt{\frac{K_x}{K_y}}, \qquad v_z = \frac{(L_{zb} - L_{za})}{h_z} \sqrt{\frac{K_z}{K_y}} \tag{3.48}$$

$$x_{\mathrm{D}} = \frac{x}{h_x}, \qquad y_{\mathrm{D}} = \frac{y}{(L_{zb} - L_{za})}, \qquad z_{\mathrm{D}} = \frac{z}{h_z} \tag{3.49}$$

式中，xd 为油藏左边界到条带型左边的侧面距离；xl 为油藏左边界到条带型右边的侧面距离；za 为油藏顶部到水平条带顶部的垂直距离；zb 为油藏顶部到水平条带底部的垂直距离。

不稳定渗流微分方程为

$$v_x^2 \frac{\partial^2 p_{\mathrm{D}}}{\partial x_{\mathrm{D}}^2} + \frac{\partial^2 p_{\mathrm{D}}}{\partial y_{\mathrm{D}}^2} + v_z^2 \frac{\partial^2 p_{\mathrm{D}}}{\partial z_{\mathrm{D}}^2} = \frac{\partial p_{\mathrm{D}}}{\partial t_{\mathrm{D}}} \tag{3.50}$$

初始条件：

$$p_{\mathrm{D}} = 0 , \qquad t_{\mathrm{D}} = 0 \tag{3.51}$$

内边界条件：

$$\lim_{y_D \to 0} \frac{\partial p_D}{\partial y_D} = \begin{cases} 1, & \dfrac{L_{za}}{h_z} \leqslant z_D \leqslant \dfrac{L_{zb}}{h_z}, \dfrac{L_{xd}}{h_x} \leqslant x_D \leqslant \dfrac{L_{xl}}{h_x}, t_D < t_{D0} \\ 0, & 其他情况 \end{cases} \tag{3.52}$$

外边界条件

$$p_D = 0, \qquad y_D \to \infty \tag{3.53}$$

$$\frac{\partial p_D}{\partial z_D} = 0, \qquad z_D = 0,1 \tag{3.54}$$

$$\frac{\partial p_D}{\partial x_D} = 0, \qquad x_D = 0,1 \tag{3.55}$$

对 x 应用 Fourier 有限余弦积分变换后，数学模型变为

$$\frac{\partial^2 \hat{p}_D}{\partial y_D^2} - (\nu_x \pi n)^2 \hat{p}_D + \nu_z^2 \frac{\partial^2 \hat{p}_D}{\partial z_D^2} = \frac{\partial \hat{p}_D}{\partial t_D} \tag{3.56}$$

其中

$$\hat{p}_D = \int_0^1 p_D \cos(n\pi x_D) \, dx_D \tag{3.57}$$

初始条件

$$\hat{p}_D = 0, \quad t_D = 0 \tag{3.58}$$

内边界条件

$$\lim_{y_D \to 0} \frac{\partial \hat{p}_D}{\partial y_D} = \begin{cases} \dfrac{1}{n\pi}\left[\sin\left(\dfrac{n\pi L_{xl}}{h_x}\right) - \sin\left(\dfrac{n\pi L_{xd}}{h_x}\right) \right], & \dfrac{L_{za}}{h_z} \leqslant z_D \leqslant \dfrac{L_{zb}}{h_z}, t_D < t_{D0} \\ 0, & 其他情况 \end{cases} \tag{3.59}$$

式中，n 为 Fourier 变换变量。

外边界条件

$$\hat{p}_D = 0, \qquad y_D \to \infty \tag{3.60}$$

$$\frac{\partial \hat{p}_D}{\partial z_D} = 0, \qquad z_D = 0,1 \tag{3.61}$$

将式 (3.56) 对 x 进行 Fourier 积分变换之后，再对 z 作 Fourier 有限余弦积分变换，数学模型变为

$$\frac{\partial^2 \hat{\bar{p}}_D}{\partial y_D^2} - \left[\left(\nu_x \pi n \right)^2 + \left(\nu_z \pi m \right)^2 \right] \hat{\bar{p}}_D = \frac{\partial \hat{\bar{p}}_D}{\partial t_D} \tag{3.62}$$

其中，
$$\hat{\bar{p}}_D = \int_0^1 \hat{p}_D \cos\left(m \pi z_D \right) \mathrm{d}z_D \tag{3.63}$$

初始条件：
$$\hat{\bar{p}}_D = 0 \ , \quad t_D = 0 \tag{3.64}$$

内边界条件：

$$\lim_{y_D \to 0} \frac{\partial \hat{\bar{p}}_D}{\partial y_D} = \begin{cases} \dfrac{1}{nm\pi^2} \left[\sin\left(\dfrac{n\pi L_{xl}}{h_x} \right) - \sin\left(\dfrac{n\pi L_{xd}}{h_x} \right) \right] \left[\sin\left(\dfrac{m\pi L_{xb}}{h_z} \right) - \sin\left(\dfrac{m\pi L_{xa}}{h_z} \right) \right], & t_D < t_{D0} \\ 0, & t_D > t_{D0} \end{cases} \tag{3.65}$$

式中，m 为 Fourier 变换变量。

外边界条件：
$$\hat{\bar{p}}_D = 0 \ , \qquad y_D \to \infty \tag{3.66}$$

最后对式 (3.62)～式 (3.66) 进行 Laplace 积分变换，Laplace 空间变量为 u，则数学模型变为

$$\frac{\mathrm{d}^2 \hat{\bar{p}}_D}{\mathrm{d}y_D^2} - \left[u + \left(\nu_x \pi n \right)^2 + \left(\nu_z \pi m \right)^2 \right] \hat{\bar{p}}_D = 0 \tag{3.67}$$

内边界条件：

$$\lim_{y_D \to 0} \frac{\partial \hat{\bar{p}}_D}{\partial y_D} = \left[\sin\left(\frac{n\pi L_{xl}}{h_x} \right) - \sin\left(\frac{n\pi L_{xd}}{h_x} \right) \right] \left[\sin\left(\frac{m\pi L_{zb}}{h_z} \right) - \sin\left(\frac{m\pi L_{za}}{h_z} \right) \right] \left(\frac{1 - \mathrm{e}^{-ut_{D0}}}{\pi^2 mnu} \right) \tag{3.68}$$

外边界条件：
$$\hat{\bar{p}}_D = 0 \ , \qquad y_D \to \infty \tag{3.69}$$

式 (3.67) 的通解为

$$\hat{\bar{p}}_D = A_{mn} \mathrm{e}^{-\left[\sqrt{u + \left(\nu_x \pi n \right)^2 + \left(\nu_z \pi m \right)^2} \, y_D \right]} + B_{mn} \mathrm{e}^{\left[\sqrt{u + \left(\nu_x \pi n \right)^2 + \left(\nu_z \pi m \right)^2} \, y_D \right]} \tag{3.70}$$

由边界条件可得到 A_{mn} 及 B_{mn} :

$$A_{mn} = \frac{\mathrm{e}^{-ut_{D0}} - 1}{mnu\sqrt{u + (v_x \pi n)^2 + (v_z \pi m)^2}} \left[\sin\left(\frac{n\pi L_{xl}}{h_x}\right) - \sin\left(\frac{n\pi L_{xd}}{h_x}\right) \right]\left[\sin\left(\frac{m\pi L_{zb}}{h_z}\right) - \sin\left(\frac{m\pi L_{za}}{h_z}\right) \right]$$

(3.71)

$$B_{mn} = 0 \tag{3.72}$$

则得到该模型在 Laplace 空间下的解为

$$\bar{\bar{p}}_D = \frac{\left(\mathrm{e}^{-ut_{D0}} - 1\right)\mathrm{e}^{-\left[\sqrt{u + (v_x \pi n)^2 + (v_z \pi m)^2}\, y_D\right]}}{mns\sqrt{u + (v_x \pi n)^2 + (v_z \pi m)^2}} \left[\sin\left(\frac{n\pi L_{xl}}{h_x}\right) - \sin\left(\frac{n\pi L_{xd}}{h_x}\right) \right]\left[\sin\left(\frac{m\pi L_{zb}}{h_z}\right) - \sin\left(\frac{m\pi L_{za}}{h_z}\right) \right]$$

(3.73)

Laplace 空间解 (3.73) 还不能直接运用到实际压力计算,所以要对上式进行反演。对式 (3.73) 进行 Laplace 积分逆变换后,得

$$\hat{p}_D = \begin{cases} G_{mn}(t_D, y_D) Z_m Z_n, & 1 < t_D \leqslant t_{D0} \\ \left[G_{mn}(t_D, y_D) - G_{mn}(t_D - t_{D0}, y_D)\right] Z_m Z_n, & t_D > t_{D0} \end{cases} \tag{3.74}$$

其中,

$$G_{mn}(t_D, y_D) = \frac{2}{\sqrt{\pi}} \int_0^{\sqrt{t_D}} \mathrm{e}^{-\left\{\left[(v_x \pi n)^2 + (v_z \pi m)^2\right]u^2 + y_D^2/4u^2\right\}}\, \mathrm{d}u \tag{3.75}$$

$$Z_n = \left[\sin\left(\frac{n\pi L_{xl}}{h_x}\right) - \sin\left(\frac{n\pi L_{xd}}{h_x}\right) \right]\Big/\left[n\left(L_{xl} - L_{xd}\right) \right] \tag{3.76}$$

$$Z_m = -\left[\sin\left(\frac{m\pi L_{zb}}{h_z}\right) - \sin\left(\frac{m\pi L_{za}}{h_z}\right) \right]\Big/\left[m\left(L_{zb} - L_{za}\right) \right] \tag{3.77}$$

进行 Fourier 余弦逆变换,得到

$$\begin{aligned}
p_D = {} & \frac{G_{00}(t_D, y_D)}{\beta_x \beta_z} + \frac{2(L_{xl} - L_{xd})}{\pi \beta_z} \sum_{n=1}^{\infty} G_{n0}(t_D, y_D) Z_n \cos(n\pi x_D) \\
& + \frac{2(L_{zb} - L_{za})}{\pi \beta_x} \sum_{m=1}^{\infty} G_{0m}(t_D, y_D) Z_m \cos(n\pi z_D) \\
& + \frac{4(L_{xl} - L_{xd})(L_{zb} - L_{za})}{\pi^2} \sum_{n=1}^{\infty}\sum_{m=1}^{\infty} G_{mn}(t_D, y_D) Z_m Z_n \cos(n\pi x_D)\cos(n\pi z_D)
\end{aligned} \tag{3.78}$$

Goode 还针对早期垂直径向流、中期线性流、晚期拟径向流分别给出压力降落和压力恢复分析方法，讨论了不同流动期出现的时间。

3. Ozkan 模型

Ozkan 等(1989)在其博士论文中详细给出了水平井及水平井卸压孔的不稳定压力解，并与直井垂直裂缝模型进行对比。

1) 假设条件

(1)油层为水平板状，水平方向无限延伸，水平井段长度为 L、油层厚度 h 内，油层顶、底界为不渗透边界。

(2)储层为均质各向异性。

(3)内边界条件考虑了水平井段内均匀流动、水平井段内为无限导流(即水平井段内无压力损失)。

(4)流体微可压缩，流动满足达西渗流规律。

(5)忽略重力及毛管力。

2) 数学模型

图 3.5 为所研究的渗流模型示意图。Ozkan 模型与 Daviau 模型基本相同。无量纲压力与无量纲时间定义如下：

$$p_{\mathrm{D}} = \frac{Kh}{1.842 \times 10^{-3} q \mu B} \Delta p \tag{3.79}$$

$$t_{\mathrm{D}} = \frac{3.6Kt}{\phi \mu C_t L^2} \tag{3.80}$$

式中，K 为任意常数，各向异性系统中 $K = \sqrt[3]{K_x K_y K_z}$。

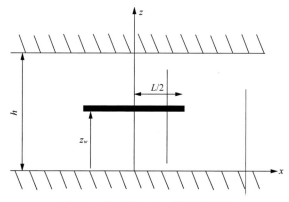

图 3.5 水平井 Ozkan 模型示意图

无量纲距离 x_D 和 y_D 由油井水平井筒长度之半定义；z_D 由油层厚度 h 定义；设油井中心为 $(0,0,z_w)$。

x_D、y_D 和 z_D 的定义如下：

$$x_D = \frac{2x}{L}\sqrt{\frac{K}{K_x}}, \qquad y_D = \frac{2y}{L}\sqrt{\frac{K}{K_y}}, \qquad z_D = \frac{z}{h} \tag{3.81}$$

$$L_D = \frac{L}{2h}\sqrt{\frac{K_z}{K}} \tag{3.82}$$

$$r_{wD} = \frac{2r_w}{L}\sqrt{\frac{K}{K_y}} \tag{3.83}$$

$$z_{wD} = \frac{z_w}{h} \tag{3.84}$$

在这些无量纲参数中，p_D 是 x_D、y_D、z_D、z_{wD}、r_{wD}、L_D 及 t_D 的函数。运用 Green 函数与源函数导出无量纲井底压力 p_D 为

$$p_D\left(x_D,y_D,z_D,z_{wD},L_D,t_D\right) = \frac{\sqrt{\pi}}{4}\sqrt{\frac{K}{K_y}}\int_0^{t_D}\left[\mathrm{erf}\left(\frac{\sqrt{K/K_x}+x_D}{2\sqrt{\tau}}\right)+\mathrm{erf}\left(\frac{\sqrt{K/K_x}-x_D}{2\sqrt{\tau}}\right)\right]$$

$$\left[\exp\left(-y_D^2/4\tau\right)\right]\left[1+2\sum_{n=1}^{\infty}\exp\left(-n^2\pi^2L_D^2\tau\right)\cos\left(n\pi z_D\right)\cos\left(n\pi z_{wD}\right)\right]\frac{\mathrm{d}\tau}{\sqrt{\tau}} \tag{3.85}$$

Ozkan 等 (1989) 认为，在流动早期 (初始径向流阶段)，压力式 (3.85) 近似解为

$$p_D\left(x_D,y_D,z_D,z_{wD},L_D,t_D\right) = \frac{\beta}{8L_D}\left\{\mathrm{Ei}\left[-\frac{\left(z_D-z_{wD}\right)^2/L_D^2+y_D^2}{4t_D}\right]\right\} \tag{3.86}$$

式 (3.86) 中，当 $\left|x_D\right| < \sqrt{K/K_x}$，$\beta = 2$；当 $\left|x_D\right| = \sqrt{K/K_x}$，$\beta = 1$；当 $\left|x_D\right| > \sqrt{K/K_x}$，$\beta = 0$。

初始径向流出现的时间是

$$t_D \leqslant \min\left\{\frac{\delta_D^2}{20}, \frac{\left(z_D+z_{wD}\right)^2}{20L_D^2}, \frac{\left(z_D+z_{wD}-2\right)^2}{20L_D^2}\right\} \tag{3.87}$$

式 (3.87) 中，当 $\left|x_D\right| < \sqrt{K/K_x}$，$\delta_D = \sqrt{K/K_x}-\left|x_D\right|$，当 $\left|x_D\right| = \sqrt{K/K_x}$，$\delta_D = 2\sqrt{K/K_x}$，

式(3.83)在长时间的近似解为

$$p_D\left(x_D,y_D,z_D,z_{wD},L_D,t_D\right)=\frac{1}{2}\left(\ln t_D+0.80907\right)+\sigma\left(x_D,y_D\right)+F\left(x_D,y_D,z_D,z_{wD},L_D\right)$$

$$(3.88)$$

式(3.88)中,

$$\sigma\left(x_D,y_D\right)=$$

$$\frac{1}{2}\left\{\left(x_D-\sqrt{K/K_x}\right)\ln\left[\left(x_D-\sqrt{K/K_x}\right)^2+y_D^2\right]-\left(x_D+\sqrt{K/K_x}\right)\ln\left[\left(x_D+\sqrt{K/K_x}\right)^2+y_D^2\right]\right\}$$

$$-2y_D\arctan\left[2y_D\big/\left(x_D^2+y_D^2-\sqrt{K/K_x}\right)\right]$$

$$(3.89)$$

$$F\left(x_D,y_D,z_D,z_{wD},L_D\right)=\sum_{n=1}^{\infty}\cos\left(n\pi z_D\right)\cos\left(n\pi z_{wD}\right)\int_{-1}^{1}K_0\left(\tilde{r}_D L_D n\pi\right)\mathrm{d}\alpha \quad (3.90)$$

式(3.90)中,

$$\tilde{r}_D^2=\left(x_D-\alpha\sqrt{K/K_x}\right)^2+y_D^2 \quad (3.91)$$

出现径向流、满足式(3.88)条件的时间是

$$t_D\geqslant\max\left\{\frac{100}{\left(\pi L_D\right)^2},25\left[\left(x_D-\sqrt{K/K_x}\right)^2+y_D^2\right],25\left[\left(x_D+\sqrt{K/K_x}\right)^2+y_D^2\right]\right\} \quad (3.92)$$

Ozkan 等(1989)认为水平井的压力响应与无量纲长度L_D和无量纲半径r_{wD}有关。当$L_D\geqslant 50$,$t_D>10^{-2}$时,水平井压力响应与垂直压裂井明显不同。当$L_D\geqslant 4$时,水平井的拟表皮系数可以忽略不计。

4. Kuchuk 模型

Kuchuk 等(1990)在研究气顶和底水油藏这两类定压边界的水平试井问题时,基于均匀流量线源解,采用等效井筒半径,提出沿水平井井筒压力平均积分求解方法,分析了水平井压力动态特征。

1)假设条件

(1)油层为水平板状,水平方向为无限大,油层顶、底界假设为两种情况:油层顶界、底界均为不渗透边界,其中有一边界为定压边界(即整个系统或者有活跃底水,或者有气顶),而另一个则为不渗透边界。

(2) 储层为均质各向异性。

(3) 内边界条件为均匀流线源。

(4) 地层内存在微可压缩流体且黏度保持不变。

(5) 忽略重力及毛管力的影响。

2) 数学模型

物理模型如图 3.6 所示。图 3.6 水平井钻在无限大各向异性储层中, 水平井半长为 L, 其上部和下部以水平面为界, 考虑水平方向上的油藏边界无限大。顶、底边界分两种情况: 顶、底均为不渗透边界, 或其中一个边界定压(气顶或底水), 另一个边界为不渗透边界。

无量纲的定义如下:

$$t_{\mathrm{D}} = \frac{3.6K_{\mathrm{h}}t}{\phi\mu C_{\mathrm{t}}L^2} \tag{3.93}$$

$$h_{\mathrm{D}} = \frac{h}{L}\sqrt{\frac{K_{\mathrm{h}}}{K_{\mathrm{v}}}} \tag{3.94}$$

$$r_{\mathrm{wD}} = \frac{r_{\mathrm{w}}}{2L}\left(1 + \sqrt{\frac{K_{\mathrm{h}}}{K_{\mathrm{v}}}}\right) \tag{3.95}$$

$$z_{\mathrm{wD}} = \frac{z_{\mathrm{w}}}{L}\sqrt{\frac{K_{\mathrm{h}}}{K_{\mathrm{v}}}} \tag{3.96}$$

其他无量纲量的定义与常规定义相同。

Kuchuk 等(1990)运用瞬时 Green 函数对时间积分, 给出定流量下真实空间中水平井的无量纲井底压力响应:

$$p_{\mathrm{D}}(t_{\mathrm{D}}) = 2\pi h_{\mathrm{D}}\int_0^{t_{\mathrm{D}}} G_x(\tau)G_y(\tau)G_z(\tau)\mathrm{d}\tau \tag{3.97}$$

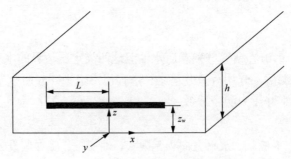

图 3.6　水平井 Kuchuk 模型示意图

其中,

$$G_x(\tau) = \frac{1}{2}\left\{ \text{erf}\left(\frac{1}{\sqrt{\tau}}\right) + \sqrt{\frac{\tau}{\pi}}\left[\exp\left(-\frac{1}{\tau}\right) - 1\right]\right\} \tag{3.98}$$

$$G_y(\tau) = \frac{1}{2\sqrt{\pi\tau}} \tag{3.99}$$

对于常压边界:

$$G_z(\tau) = \frac{1}{h_D}\left[1 + 2\sum_{n=1}^{\infty}\cos\frac{n\pi z_D}{h_D}\cos\frac{n\pi z_{wD}}{h_D}\exp\left(-\frac{n^2\pi^2\tau}{h_D^2}\right)\right] \tag{3.100}$$

对于不渗透边界:

$$G_z(\tau) = \frac{2}{h_D}\sum_{n=1}^{\infty}\cos\frac{(n-1/2)\pi z_D}{h_D}\cos\frac{(n-1/2)\pi z_{wD}}{h_D}\exp\left[-\frac{(n-1/2)^2\pi^2\tau}{h_D^2}\right] \tag{3.101}$$

当 $z_D = z_{wD} + r_{wD}$ 时可以得到井底压力解。

为了有效地计算 p_D,这里对 $G_x(t)$ 运用 Fourier 积分表示,并令 $y = 0$,$z_D = z_{wD} + r_{wD}$,可得

$$G_x(t_D) = \frac{1}{\pi}\int_0^{\infty}\frac{\sin^2 u}{u^2}\exp(-u^2 t_D)\mathrm{d}u \tag{3.102}$$

$$G_y(t) = 1/2\sqrt{\pi t_D} \tag{3.103}$$

$$G_z(t_D) = G_z(z_D = z_{wD} + r_{wD}, t_D) \tag{3.104}$$

进行 Laplace 变换,有

$$\bar{p}_D(u) = \frac{2\pi h}{s}\int_0^{\infty}G(\tau)\mathrm{e}^{-u\tau}\mathrm{d}\tau \tag{3.105}$$

引入函数:

$$F(\beta) = \int_0^{\infty}\frac{\sin^2 v}{v^2\sqrt{v^2 + \beta}}\mathrm{d}v \tag{3.106}$$

显然在存在不渗透边界时,有

$$\bar{p}_D(u) = \frac{1}{u}F(u) + \frac{2}{u}\sum_{j=1}^{\infty}F\left[u + \left(\frac{j\pi}{h_D}\right)^2\right]\cos\left(\frac{j\pi z_{wD}}{h_D}\right)\cos\left(\frac{j\pi z_D}{h_D}\right) \tag{3.107}$$

而对于定压边界的情况，有

$$\bar{p}_D(u) = \frac{2}{u}\sum_{j=1}^{\infty}F\left[u + \frac{\pi^2(2j-1)^2}{4h_D^2}\right]\cos\left[\frac{(2j-1)\pi z_{wD}}{2h_D}\right]\cos\left[\frac{(2j-1)\pi z_D}{2h_D}\right] \quad (3.108)$$

Kuchuk 等(1990)也给出了水平井压力在早期、中期和长时间的近似解。

3.1.3　水平井压力直线段分析方法

从上面 4 种试井模型压力解看出，水平井在不同流动阶段压力解的形式是不一样的。下面依据 Kuchuk 模型得到水平井初始拟径向流动阶段、线性流动阶段和水平径向流动阶段的压力渐近解，分析各个阶段的压力特征及直线段分析方法。

1. 初始拟径向流动(垂直径向流动)阶段

井筒储集阶段结束后，油层的主要流动是在水平井段的垂直截面上的径向流动(图 3.7)，这一阶段称作初始拟径向流动阶段，或称早期拟径向流动阶段，也称垂直径向流动阶段。

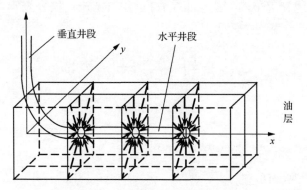

图 3.7　水平井初始拟径向流动示意图

在 Kuchuk 渗流模型中，如果 $t_D \ll 1$，$t_D \ll \min\{z_{wD}^2, (h_D - z_{wD})^2\}$ 和 $t_D / r_{wD}^2 > 25$，则可得到径向流的压力渐近方程：

$$p_D \approx -\frac{1}{4h_D}\mathrm{Ei}\left\{-\frac{1}{4t_D}\left[\frac{(z_D - z_{wD})^2}{h_D^2} + y_D^2\right]\right\} = -\frac{1}{4h_D}\mathrm{Ei}\left(-\frac{r_{wD}^2}{4t_D}\right) \quad (3.109)$$

$$\frac{\mathrm{d}p_D}{\mathrm{d}\ln(t_D)} \approx \frac{h_D}{4}\left\{1 - \sqrt{\frac{t_D}{\pi}} + \exp\left(-\frac{z_{wD}^2}{t_D}\right) \pm \exp\left[-\frac{(h_D - z_{wD})^2}{t_D}\right]\right\} \quad (3.110)$$

式中，± 分别对应于不渗透(+)和定压(−)两种边界条件。

最近一条垂向边界(顶界或底界)出现的时间为

$$t_D \approx \frac{1}{\pi} \min \left\{ z_{wD}^2, (h_D - z_{wD})^2 \right\} \tag{3.111}$$

较远的一条垂向边界(顶界或底界)出现的时间为

$$t_D \approx \frac{1}{\pi} \max \left\{ z_{wD}^2, (h_D - z_{wD})^2 \right\} \tag{3.112}$$

从式(3.112)和(3.113)分别得到垂向渗透率为

$$K_v = \frac{\phi \mu C_t}{3.6 t_{snbf}} \min \left\{ z_{wD}^2, (h_D - z_{wD})^2 \right\} \tag{3.113}$$

$$K_v = \frac{\phi \mu C_t}{3.6 t_{sfbf}} \min \left\{ z_{wD}^2, (h_D - z_{wD})^2 \right\} \tag{3.114}$$

式(3.113)和式(3.114)中，t_{snbf} 为遭遇最近边界的时间；t_{sfbf} 为遭遇最远边界(第二边界)的时间。

水平井垂在直径向流的半对数直线方程为

$$\Delta p = \frac{2.121 \times 10^{-3} q B \mu}{\sqrt{K_v K_h} L} \left(\lg \frac{\sqrt{K_v K_h} t}{\phi \mu C_t r_{we}^2} + 0.9077 + 0.8686 S_{TV} \right) \tag{3.115}$$

式中，Δp 为压力降落值，MPa；q 为油井产量，m^3/d；B 为体积系数，1；μ 为黏度，$mPa \cdot s$；K_v 为垂向渗透率，$10^{-3} \mu m^2$；K_h 为水平渗透率，$10^{-3} \mu m^2$；L 为水平井长度，m；C_t 为综合压缩系数，MPa^{-1}；S_{TV} 为垂直径向流段总表皮，包括井筒机械表皮系数 S_w 和非均质表皮系数 S_{ani}；r_{we} 为考虑渗透率各向异性后的等效井筒半径。

在 $K_v \neq K_h$ 的渗透率各向异性油藏中，水平井的压力变化可用一个平均渗透率等效均质模型来描述，两个渗透率在相位上相差90°：

$$\overline{K} = \sqrt{K_v K_h} \tag{3.116}$$

用一个等效转换的均质系统来描述水平和垂直方向渗透率不同的压力特征，水平和垂直方向渗透率变量转化为

$$x' = x \sqrt{\overline{K} / K_h} = x \sqrt[4]{K_v / K_h} \tag{3.117}$$

$$y' = y\sqrt{K/K_v} = x\sqrt[4]{K_h/K_v} \tag{3.118}$$

经过转换后的各向同性系统中，井筒变成椭圆形，在水平方向主轴为 $r_w\sqrt[4]{K_v/K_h}$，在垂直方向主轴为 $r_w\sqrt[4]{K_h/K_v}$。

等效转换系统和原始系统井面积相同，但周长增加。椭圆井特征与圆柱井相似，圆柱井筒等效半径是水平轴和垂直轴的平均值：

$$r_{we} = \frac{1}{2}r_w\left(\sqrt[4]{K_v/K_h} + \sqrt[4]{K_h/K_v}\right) \tag{3.119}$$

渗透率各向异性与井筒等效半径倍数关系见图 3.8，只有当垂直与水平方向上渗透率差异特别大时，井筒等效半径达到实际井筒半径的 2～3 倍关系。

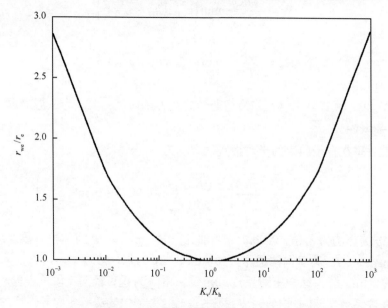

图 3.8　渗透率各向异性与井筒等效半径倍数关系曲线

由于是参照实际井筒半径 r_w，渗透率各向异性产生负的视表皮系数，即非均质表皮系数 S_{ani}：

$$S_{ani} = -\ln\left[\frac{1}{2}\left(\sqrt[4]{K_v/K_h} + \sqrt[4]{K_h/K_v}\right)\right] \tag{3.120}$$

非均质表皮系数的绝对值一般较小，对机械表皮的影响不大(图 3.9)。只有当垂直与水平方向上渗透率差异特别大(如达到 1000 倍)时，S_{ani} 达到-1。

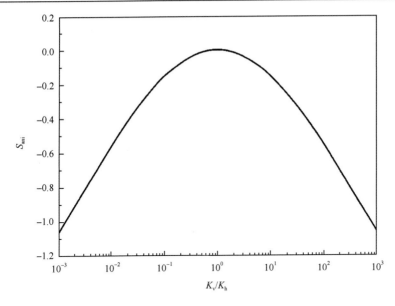

图 3.9 渗透率差异与非均质表皮关系

考虑渗透率各向异性后，水平井垂直径向流阶段半对数直线方程为

$$\Delta p = \frac{2.121\times10^{-3}qB\mu}{\sqrt{K_vK_h}L}\left\{\lg\frac{\sqrt{K_vK_h}\,t}{\phi\mu C_t r_w^2}+0.9077+0.8686\left[S_w-\ln\frac{1}{2}\left(\sqrt[4]{\frac{K_v}{K_h}}+\sqrt[4]{\frac{K_h}{K_v}}\right)\right]\right\}$$

(3.121)

半对数直线斜率：

$$m_{VRF}=\frac{2.121\times10^{-3}qB\mu}{\sqrt{K_vK_h}L}$$

(3.122)

机械表皮系数：

$$S_w=1.151\left\{\frac{\Delta p(1h)}{m_{VRF}}-\lg\frac{\sqrt{K_hK_v}}{\phi\mu C_t r_w^2}-0.9077+\ln\left[\frac{1}{2}\left(\sqrt[4]{\frac{K_v}{K_h}}+\sqrt[4]{\frac{K_h}{K_v}}\right)\right]\right\}$$

(3.123)

对于压降测试：$\Delta p(1h)=p_i-p_{wf}(t=1h)$。

对于压恢测试：$\Delta p(1h)=p_{ws}(\Delta t=1h)-p_{ws}(\Delta t=0)$。

2. 线性流动阶段

在储层顶面和底面都影响到井的压力变化之后，流动即进入线性流动阶段。

此时，在水平井段的各个垂直截面，流动是水平的(图 3.10)。

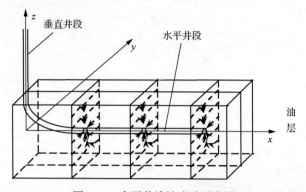

图 3.10　水平井线性流动示意图

　　水平井的长度大于地层厚度，因而在不渗透边界模型中一旦不稳定压力传到顶、底部边界，则出现线性流动阶段。在这个阶段中，与井的整个长度上的流动相比，井筒端点处的流动影响可以忽略。如果 $h_{\mathrm{D}}^2 \ll t_{\mathrm{D}} \ll 1$ 时，则该阶段压力渐近表达式为

$$p_{\mathrm{wD}} = \sqrt{\pi t_{\mathrm{D}}} + \frac{1}{2L_{\mathrm{D}}}(S_{\mathrm{zL}} + S) \tag{3.124}$$

$$\frac{\mathrm{d}p_{\mathrm{D}}}{\mathrm{d}\sqrt{t_{\mathrm{D}}}} \approx \sqrt{\pi}\left[1 - \sqrt{\frac{t_{\mathrm{D}}}{\pi}} + 2\cos^2\left(\frac{\pi z_{\mathrm{wD}}}{h_{\mathrm{D}}}\right)\exp\left(-\frac{\pi^2 t_{\mathrm{D}}}{h_{\mathrm{D}}^2}\right) + 2\cos^2\left(\frac{2\pi z_{\mathrm{wD}}}{h_{\mathrm{D}}}\right)\exp\left(-\frac{4\pi^2 t_{\mathrm{D}}}{h_{\mathrm{D}}^2}\right)\right]$$
$$\tag{3.125}$$

式 (3.125) 表明由于 h_{D} 很小，线性流阶段持续时间不会很长。

　　水平井线性流动阶段中半对数直线方程为

$$\Delta p = \frac{12.39 \times 10^{-3} q\mu B}{Lh}\sqrt{\frac{t}{\phi\mu C_{\mathrm{t}}K_{\mathrm{h}}}} + \frac{1.842 \times 10^{-3} qB\mu}{\sqrt{K_{\mathrm{v}}K_{\mathrm{h}}}L}S_{\mathrm{w}} + \frac{1.842 \times 10^{-3} qB\mu}{K_{\mathrm{h}}h}S_{\mathrm{z}} \tag{3.126}$$

式中，S_{z} 为流线汇聚到油藏厚度位于 z_{w} 的地方产生的部分打开表皮系数，即

$$S_{\mathrm{z}} = -1.151\sqrt{\frac{K_{\mathrm{h}}}{K_{\mathrm{v}}}}\frac{h}{0.5L}\lg\left[\frac{\pi r_{\mathrm{w}}}{h}\left(1 + \sqrt{\frac{K_{\mathrm{v}}}{K_{\mathrm{h}}}}\right)\sin\left(\frac{\pi z_{\mathrm{w}}}{h}\right)\right] \tag{3.127}$$

半对数直线斜率：

$$m_{\mathrm{LF}} = \frac{12.39 \times 10^{-3} qB\mu}{Lh}\sqrt{\frac{1}{\phi\mu C_{\mathrm{t}}K_{\mathrm{h}}}} \tag{3.128}$$

机械表皮系数：

$$S_{\mathrm{w}} = \frac{L\sqrt{K_{\mathrm{v}}K_{\mathrm{h}}}}{1.842\times 10^{-3}q\mu B}\Delta p_{0\mathrm{h}} + 2.303\lg\left[\frac{\pi r_{\mathrm{w}}}{h}\left(1+\sqrt{\frac{K_{\mathrm{v}}}{K_{\mathrm{h}}}}\right)\sin\frac{\pi z_{\mathrm{w}}}{h}\right] \quad (3.129)$$

式中，$\Delta p_{0\mathrm{h}}$ 为线性流半对数直线段上 $t = 0$ 时的截距。

对于压降测试：$\Delta p(0) = p_{\mathrm{i}} - p_{\mathrm{wf}}(0)$。

对于压恢测试：$\Delta p(0) = p_{\mathrm{ws}}(t) - p_{\mathrm{ws}}(\Delta t = 0)$。

3. 水平径向流动阶段

当流动的影响扩大到水平井筒的范围之外，进入到油层之后，相对于广阔的油层，水平井段几乎只不过是一个"点"。在油层的各个水平面上，原油从四面八方流向水平井"点"，"压降漏斗"沿着油层的水平面近似于径向地不断向外扩大，类似于直井的径向流动(图 3.11)。这一阶段称为"拟径向流动阶段"或"后期拟径向流动阶段"。

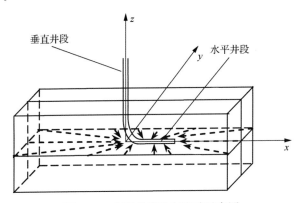

图 3.11 水平井拟径向流动示意图

当顶部和底部边界的影响达到稳定状态之后，将出现水平拟径向流阶段。如果 $t_{\mathrm{D}}\gg 1$，$t_{\mathrm{D}}\gg h_{\mathrm{D}}^2$ 时，则这个阶段的压力渐近表达式为

$$p_{\mathrm{wD}} = \frac{1}{2}\left(\ln t_{\mathrm{D}} + 0.8097\right) + \frac{1}{2L_{\mathrm{D}}}\left(S_{\mathrm{zL}} + S\right) \quad (3.130)$$

$$\frac{\mathrm{d}p_{\mathrm{D}}}{\mathrm{d}\ln t_{\mathrm{D}}} \approx \frac{1}{2}\left[1 - \frac{1}{6t_{\mathrm{D}}} + 2\cos^2\left(\frac{\pi z_{\mathrm{wD}}}{h_{\mathrm{D}}}\right)\exp\left(-\frac{\pi^2 t_{\mathrm{D}}}{h_{\mathrm{D}}^2}\right) + 2\cos^2\left(\frac{2\pi z_{\mathrm{wD}}}{h_{\mathrm{D}}}\right)\exp\left(-\frac{4\pi^2 t_{\mathrm{D}}}{h_{\mathrm{D}}^2}\right)\right] \quad (3.131)$$

在水平拟径向流阶段，有 $t_{\mathrm{D}}\gg 1$ (压力脉冲传播距离远远大于井的长度)和 $t_{\mathrm{D}}\gg h_{\mathrm{D}}^2$ (顶、底边界的影响已完全出现)。为了表征水平井与直井等价的表皮系数

S_{TH}，当泄油半径足够大时，水平井与直井径向流形式相同，径向流段压降方程为

$$\Delta p = \frac{2.121 \times 10^{-3} qB\mu}{K_h h} \left(\lg \frac{K_h \Delta t}{\phi \mu C_t r_w^{\ 2}} + 0.9077 + 0.8686 S_{TH} \right) \tag{3.132}$$

水平井试井解释得到的表皮系数 S_{TH} 包含机械表皮 S_W 和几何表皮 S_G。Kuchuk 等(1991)给出了水平井拟径向流段半对数分析方程：

$$\Delta p = \frac{2.121 \times 10^{-3} qB\mu}{K_h h} \left[\lg \frac{K_h \Delta t}{\phi \mu C_t (0.5L)^2} + 1.6077 \right] + \frac{qB\mu}{172.8\pi\sqrt{K_h K_v}L} S_{hw} + \frac{qB\mu}{172.8\pi K_v h} S_{zT} \tag{3.133}$$

其中，

$$S_{zT} = S_z - 0.5 \frac{K_h}{K_v} \frac{h^2}{(0.5L)^2} \left(\frac{1}{3} - \frac{z_w}{h} + \frac{z_w^{\ 2}}{h^2} \right) \tag{3.134}$$

$$S_z = -1.151 \sqrt{\frac{K_h}{K_v}} \frac{h}{0.5L} \lg \left[\frac{\pi r_w}{h} \left(1 + \sqrt{\frac{K_v}{K_h}} \right) \sin \left(\frac{\pi z_w}{h} \right) \right] \tag{3.135}$$

式中，S_z 为部分打开表皮系数；S_{zT} 为流线到达井之前由于流线汇聚引起的压力降。整理式(3.134)和式(3.135)，得

$$S_{TH} = \frac{h}{L} \sqrt{\frac{K_h}{K_v}} S_{hw} + \left[\left(0.806 + \ln \frac{r_w}{0.5L} \right) + S_{zT} \right] = \frac{h}{L} \sqrt{\frac{K_h}{K_v}} S_{hw} + S_G \tag{3.136}$$

其中，

$$S_G = \left(0.806 + \ln \frac{r_w}{0.5L} \right) + S_{zT} \tag{3.137}$$

机械表皮系数为

$$S_{hw} = \frac{1.151L}{h\sqrt{K_h / K_v}} \left[\frac{\Delta p(1\text{h})}{m_{HRF}} - \lg \frac{K_h}{\phi \mu C_t (0.5L)^2} - 1.6077 \right] \tag{3.138}$$

$$m_{HRF} = \frac{2.121 \times 10^{-3} qB\mu}{K_h h} \tag{3.139}$$

对于压降测试：$\Delta p(1\text{h}) = p_i - p_{wf}(t = 1\text{h})$。

对于压恢测试：$\Delta p\left(1\mathrm{h}\right)=p_{\mathrm{ws}}\left(\Delta t=1\mathrm{h}\right)-p_{\mathrm{ws}}\left(\Delta t=0\right)$。

3.2　水平井典型曲线特征及拟合方法

3.2.1　典型曲线图版

对于均匀流量线源解 Laplace 空间井底压力表达式，采用 Stehfest 数值反演算法，计算出水平井在实空间的井底压力 p_{wD}。由于采用的是均匀流量线源解模型，沿水平井筒上各处的压力不完全相等，要计算井筒中的压力动态特性，除取 $y_{\mathrm{D}}=0$ 和 $z_{\mathrm{D}}=z_{\mathrm{wD}}$ 外，还要适当选取 x_{D} 的值。在本节中对于井轴平行于 x 轴，与 z 轴相交于 z_{wD} 处，且 z 轴过井轴原点的水平井，计算点应取在至出口端的无量纲距离 0.866 处。

根据计算的井底压力，绘制出试井典型曲线(图 3.12)，典型曲线分为 5 个阶段：①阶段 I 为井筒储集阶段，此阶段的压差及其导数曲线均呈斜率为 1 的直线；②阶段 II 为驼峰阶段，导数曲线斜率为 1 的上升直线后，接着形成一个小山峰般的图形(图 3.12 的 AB 段)；③阶段Ⅲ为初始拟径向流动(又称"早期拟径向流动"或"垂直径向流动")阶段，图 3.12 的 BC 段，导数曲线出现水平段；④阶段Ⅳ为中期线性流动阶段，即图 3.12 的 CD 段，导数曲线出现 1/2 斜率的上升直线段；⑤阶段Ⅴ为后期拟径向流动阶段，即图 3.12 的 DE 段，导数曲线出现水平井线。

如果典型曲线横坐标为 $t_{\mathrm{D}}/C_{\mathrm{D}}$，则拟径向流的水平线的纵截距为 0.5，即 0.5 水平线。

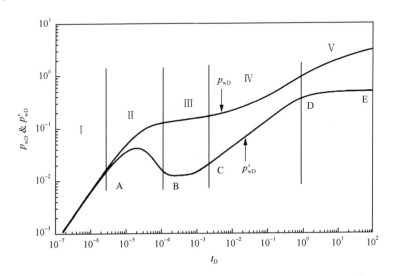

图 3.12　考虑井筒储集及表皮效应的水平井双对数典型曲线

3.2.2 敏感性参数分析

下面依次分析水平段长度 L、渗透率 K_v/K_h、井距底面距离 z_{wD} 对典型曲线图版的影响。

1. 无量纲水平段长度

绘制不同无量纲水平段长度 L_D 下的典型曲线(图 3.13)。随着水平井筒长度 L_D 增加,早期径向流导数稳定段位置逐渐下降且持续时间变短,中期线性流 1/2 斜率直线段出现时间变早,直线段变长。

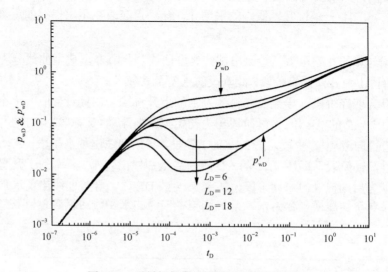

图 3.13　无量纲长度 L_D 对试井曲线的影响

2. 水平与垂直渗透率比值

绘制不同渗透率比值 K_h/K_v 下的典型曲线(图 3.14)。随着渗透率比值增加,早期径向流导数水平稳定段持续时间变短,位置逐渐上移,中期线性流 1/2 单位斜率上升直线段出现时间提前,直线段变长。

3. 井距底面距离

绘制不同 z_{wD} 下的典型曲线(图 3.15)。z_{wD} 越小,中期线性流 1/2 单位斜率直线段持续时间逐渐减小,早期径向流结束时间越早,反之越晚。这正好说明水平井距油藏底面距离越大,其压力波传到底界所需时间越长。

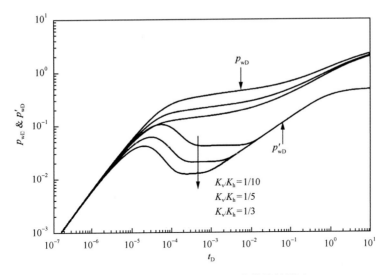

图 3.14　渗透率比值 K_h/K_v 对试井曲线的影响

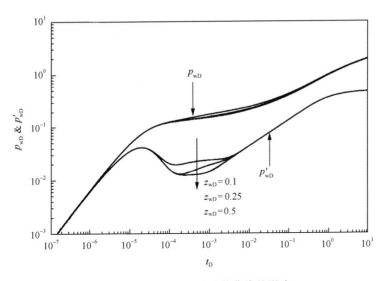

图 3.15　井底距 z_{wD} 对试井曲线的影响

3.2.3　水平井筒位置对压力曲线的影响

从 3.1 节看到，不同的学者给出水平井试井分析的井底压力解，在计算井底压力时，水平井筒的坐标位置取值略有不同。

井底压力式(3.33)给出水平井的压力分布，若选取坐标系使得 z 轴通过水平井筒轴的原点，则 $x_w = y_w = 0$。此时，式(3.33)可以写成：

$$p_D(x_D, y_D, z_D, t_D) = \frac{\sqrt{\pi}}{4} \int_0^{t_D} \left\{ \frac{1}{\sqrt{t}} \exp\left[-\frac{(y_D - y_{wD})^2}{4t} \right] \right.$$

$$\left. \left[\mathrm{erf}\left(\frac{1+x_D}{\sqrt{4t}} \right) + \mathrm{erf}\left(\frac{1-x_D}{\sqrt{4t}} \right) \right] \left[1 + 2\sum_{n=1}^{\infty} \exp\left(-\frac{n^2\pi^2\eta_V t}{h_D^{*2}} \right) \cos n\pi z_{wD} \cos n\pi z_D \right] \right\} dt \quad (3.140)$$

要计算井筒中的压力动态响应，除了取 $y_D=0$，$z_D=z_{wD}$ 之外，还需要适当选取 x_D 的值。下面就 x_D 的值的选取进行进一步讨论。

式 (3.140) 使用的是均匀流量井筒假设，即假设流体沿着水平井筒以均匀流量流入。而水平井试井另一个常用的模型是无限导流井筒模型，该模型假设沿着水平井筒无压降。相比无限导流模型，均匀流量模型求解井底压力的速度更快，更为方便。因此，不同的学者就 x_D 取值问题，使用均匀流量模型能代替无限导流井筒模型计算井底压力存在不同的观点。Goode 和 Thambynayagam (1987) 分析认为，计算点应该取在距离出口端的无量纲距离为 0.869 处，而 Daviau 等 (1988) 则提出当取 $x_D=0.7$ 时，用均匀流量水平井模型的压力解可以近似代替无限导流井筒水平井模型的压力解。此外，Gringaten 和 Ramey (1974) 计算得出，当取 $x_D=0.732$ 的时候，均匀流量裂缝井模型的压力解可以近似代替无限导流裂缝井模型的压力解。Rosa 和 Carvalho (1989) 进一步讨论 x_D 的取值，通过对 x_D 取不同值下均匀流量井筒模型和无限导流井筒模型的井底压力值对比，认为当 x_D 取值 0.68 时使用均匀流量井筒模型计算得出的井底压力可以代替无限导流井筒模型计算的井底压力。但这几种的取值皆是基于不同的模型基础之上，因此，在式 (3.140) 得到的均匀流量模型线源解的基础上，对 x_D 取不同的值分别绘制相应的无量纲井底压力曲线（图 3.16）。

从图 3.16 看出，$x_D=0$ 和 $x_D=1$ 的曲线形态完全一致，但无量纲井底压力值有明显差别，$x_D=0.6$、0.68 和 0.869 时，相比于 $x_D=0$ 曲线形态也有明显差异，在地层线性流阶段的 1/2 斜率直线和系统径向流阶段 0.5 直线之间出现一个过渡流动段。且随着 x_D 值的增加，过渡流动段的越明显。此外，$x_D=0.6$ 和 $x_D=0.68$ 的曲线差异很小，几乎可以忽略不计。

由此看出，x_D 的取值对水平井井底压力的计算具有较明显的影响，这种现象影响到实测压力资料的拟合。由于实际水平井都有造斜段，压力计一般是放于图 3.17 所示的位置，也就是 $x_D=-1$ 的位置，同时由于对称点 $x_D=-1$ 和 $x_D=1$ 的解完全一样。因此，为了更准确地进行理论典型曲线拟合，压力计应该放于 $x_D=0.68$ 的位置。

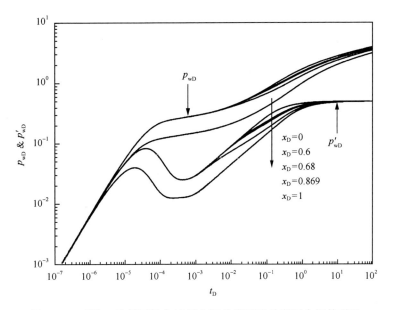

图 3.16 不同 x_D 取值下均匀流量水平井模型的井底压力解的对比

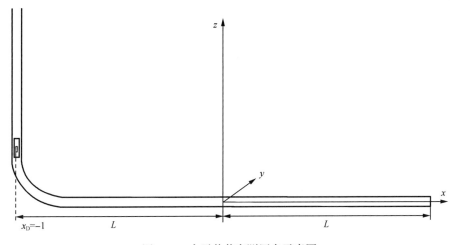

图 3.17 水平井井底测压点示意图

3.2.4 典型曲线拟合分析方法

水平井试井典型曲线分析方法可以确定井储系数、表皮系数、水平及垂向地层渗透率、地层压力。解释步骤如下。

(1)由实测压力数据绘制双对数图,根据导数曲线是否符合水平井典型曲线流动特征,判断是否适用水平井模型。

（2）编制自动拟合程序或采用商业试井解释软件，输入初值参数，限定拟合参数值的范围，通过自动拟合程序进行压力和压力导数曲线拟合，得到地层参数，结合实际地质资料判断拟合得出的参数是否正确。如果不正确，进行反复校核，直到得到合理的试井解释结果为止。

由于解释参数较多，一般采用最优化自动拟合算法进行拟合。

例1：某油田一口水平井，油层有效厚度 14.4m。该井测试井段 5140.79～5448.16m（筛管长度），水平段有效长度为 294.21m，测试前产油 66m³/d。井半径 r_w 为 0.06m，孔隙度 ϕ 为 0.14，有效厚度 h 为 14.4m，地层油黏度 μ 为 2.94 mPa·s，综合压缩系数 C_t 为 1.7×10^{-3}MPa^{-1}，体积系数 B 为 1.13。

从压力导数诊断图（图 3.18）可看出，首先出现的是井筒储集段，之后过渡到垂直径向流动段，再逐步进入到拟径向流动段，最后导数曲线下掉，推测是受恒压边界的影响所致，因此选择水平井均质油藏模型解释。

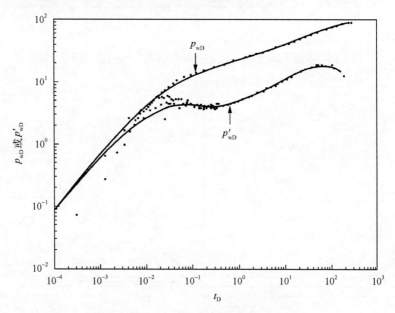

图 3.18　实测压力与典型曲线双对数拟合图

通过该井的试井分析，得到以下几点认识。

（1）本次分析采用典型曲线拟合与叠加分析（图 3.18～图 3.20）两种方法解释，并进行压力历史拟合（图 3.20），符合均质油藏特征。两种解释结果基本一致（表 3.1），最终采用典型曲线拟合法结果。

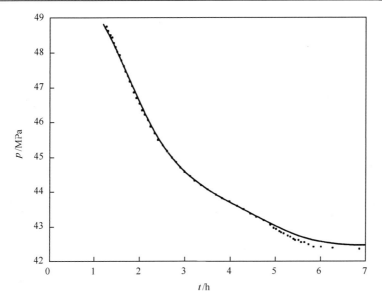

图 3.19　叠加检验图

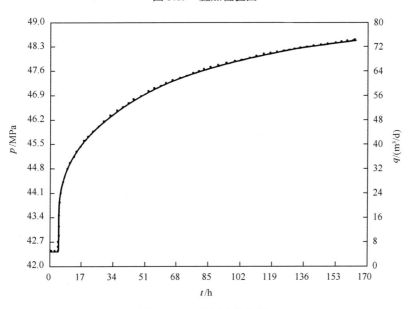

图 3.20　压力历史拟合图

表 3.1　典型曲线拟合解释结果

井储系数 /(m³/MPa)	表皮系数	径向渗透率 /10⁻³μm²	垂向渗透率 /10⁻³μm²	地层压力 /MPa
0.07	−2.75	8.77	1.58	49.76

从表 3.1 看出，地层渗透性较差，但垂向渗透率可能偏大。如用恒压边界进行拟合，恒压边界距离仅为 87.9m，可能为底水影响。

(2)8mm 油嘴流压梯度为 0.81MPa/100m，静压梯度为 0.82MPa/100m，表明井筒内流体为油相。本次井筒储集直线段很清晰，没有气液多相流现象。

(3)从双对数曲线上看，压力恢复达到水平径向流需 130h 左右，与该区其他井相比，时间较长，这与渗透率差有一定关系。

3.3　水平井表皮效应及等效水平长度评价模型

表皮系数是评价油井损害程度的重要参数。某些情况下水平井与同样条件下的邻井相比产量很低、显示出污染特征，但试井资料解释出的表皮系数为负值；还有一些水平井虽然试井资料解释的表皮系数为负值，但采用酸化方法进行储集层改造后油(气)井产量仍然没有提高。这些现象说明现有水平井试井表皮系数计算结果不能很好地评价水平井损害程度。

水平井相对于直井具有其自身的储层损害特点：①与直井相比，水平钻井过程中工作液与储层的接触面积更大、接触时间更长，造成污染的机会随之增加；②随水平段所钻长度的增长，钻井液的流动阻力不断增加，压差也增大，油(气)层的损害随压差的增大而更加严重；③水平井中每单位长度产油段的压力降比直井低很多，清除固相侵入造成孔喉或裂缝堵塞的反排能力下降；④存在 K_v / K_h 产生各向异性的附加表皮。

3.3.1　水平井表皮效应

水平井损害机理及流入特征较直井有很大差别，沿水平井筒的损害分布非常不均匀，水平井井壁周围的损害区不能简单地假设为类似于直井的渗透率降低了的圆柱形区域，因此传统的表皮系数模型不能应用于水平井。Furui 等(2003)提出通过局部表皮求解综合表皮系数的水平井损害模型。

1. 水平井局部表皮系数模型

如图 3.21 所示，假设垂直于井的伤害横截面类似于非均质油藏中流入圆柱形井筒的等压线，假设损害区域的分布与压力场类似，则由 Hawkins 表皮系数公式可得出非均质储层中局部表皮系数的表达式为

$$S(x) = \left(\frac{K}{K_d} - 1 \right) \ln \left\{ \frac{I_{ani}}{I_{ani} + 1} \left[\frac{r_{dh}}{r_w} + \sqrt{\frac{r_{dh}^2}{r_w^2} + \left(\frac{1}{I_{ani}} \right)^2 - 1} \right] \right\} \tag{3.141}$$

式中，K 为未损害地层渗透率，$10^{-3}\mu m^2$；K_d 为损害带渗透率，$10^{-3}\mu m^2$；I_{ani} 为

各向异性系数，$I_{ani} = \sqrt{K_v / K_h}$；$r_{dh}$ 为污染带半径与井径的比值，取值为 1。

对于均质介质（$I_{ani}=1$），式（3.120）还原为常见的 Hawkins 公式。

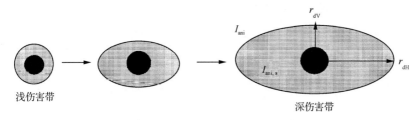

浅伤害带　　　　　　　　　　　　　　　深伤害带

图 3.21　平面径向污染区域示意图

2. 水平井总表皮系数模型

假设近井区主要为径向流，且认为沿水平井水平段的损害带不是均匀分布的，水平井任意分布局部伤害的综合伤害表皮系数模型如图 3.22 所示。将沿水平井井筒的 $r_d(x)$ 分为若干段：$r_{d,1}$，$r_{d,2}$，…对应的渗透率 $K_d(x)$ 依次为 $K_{d,1}$，$K_{d,2}$，…。

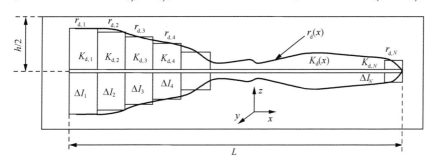

图 3.22　沿水平段不均匀污染示意图

沿水平井井筒的流量分布是沿井位置 x 的函数，即

$$q^*(x) = \frac{542.87 K \Delta p / (\mu B)}{\ln[h/(2r_w)] + S(x)} \tag{3.142}$$

同样，损害带渗透率、损害带半径及局部表皮系数 $S(x)$ 也是沿井的位置 x 的函数，即

$$K_d = K_d(x)\big|_{r_d=r_d(x)} \tag{3.143}$$

$$S(x) = \left[\frac{K}{K_d(x)} - 1\right] \ln\left[\frac{r_d(x)}{r_w}\right] \tag{3.144}$$

将式（3.142）在[0，L]积分得到全井段产量表达式：

$$q = \frac{542.87K\Delta p}{\mu B} \int_0^L \frac{\mathrm{d}x}{\ln\left[h/(2r_\mathrm{w})\right] + S(x)} \tag{3.145}$$

可通过上式推导得到综合表皮系数：

$$q = \frac{542.87KL\Delta p / (\mu B)}{\ln\left[h/(2r_\mathrm{w})\right] + S_\mathrm{eq}} \tag{3.146}$$

因此，在各向同性油藏中总表皮系数 S_eq 与局部表皮系数 $S(x)$ 之间的关系如下：

$$S_\mathrm{eq} = \frac{L}{\displaystyle\int_0^L \frac{\mathrm{d}x}{\ln\left[h/(2r_\mathrm{w})\right] + S(x)}} - \ln\frac{h}{2r_\mathrm{w}} \tag{3.147}$$

将式(3.147)的积分项分成若干微元，改写得

$$S_\mathrm{eq} = \frac{L}{\displaystyle\sum_{i=1}^N \frac{\Delta l_i}{\ln\left[h/(2r_\mathrm{w})\right] + S_i}} - \ln\frac{h}{2r_\mathrm{w}} \tag{3.148}$$

经适当的坐标转换可得出考虑储层非均质性的总表皮系数表达式：

$$S_\mathrm{eq} = \frac{L}{\displaystyle\int_0^L \left\{ \ln\left[\frac{h}{r_\mathrm{w}(I_\mathrm{ani}+1)} + S(x) \right] \right\}^{-1} \mathrm{d}x} - \ln\frac{h}{r_\mathrm{w}(I_\mathrm{ani}+1)} \tag{3.149}$$

式(3.149)是考虑了损害非均匀性和储层渗透率非均质性的水平井地层损害表皮系数计算模型，与直井的 Hawkins 表皮系数公式相比，表达式中含诸如水平井长度、储层厚度、非均质系数等参数。

3. 局部表皮影响因素

影响局部表皮系数的因素很多，主要有储层的各向异性、污染带渗透率等，下面讨论这些参数对局部表皮系数的影响。

1) 各向异性系数

由式(3.149)绘制各向异性系数 I_ani 与局部表皮系数 $S(x)$ 关系曲线(图 3.23)。随着储层各向异性系数的增加，局部表皮系数增加。当各向异性系数增大到一定值时，表皮系数增加趋势逐渐平缓。

2) 污染带渗透率

定义 $\alpha = K/K_\mathrm{d}$，其中 K 为未污染渗透率，K_d 为污染带渗透率。由式(3.149)绘制污染带渗透率比值 α 与局部表皮系数 $S(x)$ 关系曲线(图 3.24)。随着 α 的增大，表皮系数逐渐增大，当 $\alpha < 1$ 时，表明地层受到改善，表皮系数为负值；当 $\alpha > 1$

时，表明地层受到污染，表皮系数为正值。

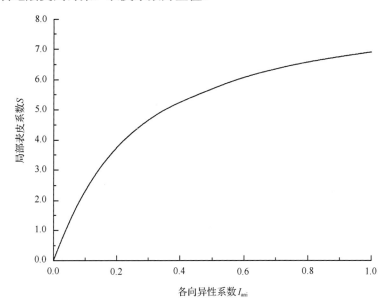

图 3.23　各向异性系数与局部表皮系数关系曲线

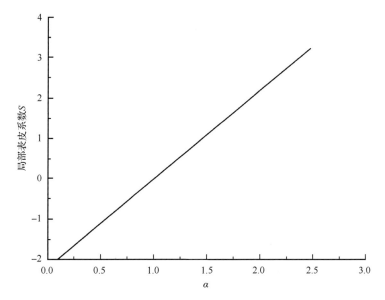

图 3.24　污染带渗透率比值与局部表皮系数关系曲线

3) 总表皮系数影响因素分析

对于存在部分未射开段(严重污染段)的水平井而言，总表皮系数也会出现负值，且随着未射开段(严重污染段)的长度增加，水平井表皮系数也随之增加；同时存在未射开段(严重污染段)、污染/改善段、正常井段的水平井表皮系数,在水平井部分段污染及部分段不射开的情况下,都有可能出现负表皮系数情况。

3.3.2 水平井等效长度模型

水平井线源解井底压力分布公式是在裸眼或完善井条件下导出的。所谓完善井,是指井壁附近储层的渗透率、孔隙度等参数与地层参数完全相同。但在实际钻完井作业过程中,泥浆侵入、泥饼形成等因素会降低井筒附近的渗透率。此外,地层部分打开、孔眼堵塞等都会造成井壁附近渗透率下降,即井壁附近渗透率 K_S 小于地层渗透率 K,成为不完善井。或采取某些增产措施,如酸化、压裂等,使井壁附近渗透率 K_S 大于地层渗透率 K,成为超完善井。$K_S \neq K$ 必然导致井底压力与按裸眼算出的压力不同,这种效应称为表皮效应。

对于水平等厚均质地层,当 $S > 0$ 时表示油井受污染,$S < 0$ 时表示油井改善。表皮系数这个概念最初应用于传统直井,后来出现有效井筒半径的概念,将半径为 r_w 的井用半径为 $r_{we} = r_w e^{-S}$ 的井来等效,当 $r_{we} < r_w$,即 $S > 0$ 时表示油井受污染。当 $r_{we} > r_w$,即 $S < 0$ 时表示油井改善(图 3.25)。

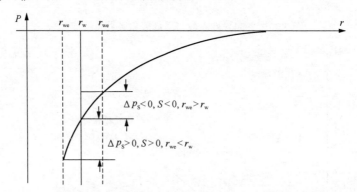

图 3.25　直井表皮效应引起的附加压降示意图

直井损害区域假设为渗透率降低了的圆柱形区域。由于水平井损害的特殊性与复杂性,再加上水平井生产过程中本身压差就比较小,污染非均匀分布导致某些水平段对产量只有部分贡献甚至没有贡献。一些水平井生产动态发现,即使整个水平段都射开投产,也只有部分水平段产液。类似于直井中有效井筒半径的概念,即将半径为 r_w 的直井用半径为 $r_{we} = r_w e^{-s}$ 的直井来等效,可以用有效水平段长度的概念来表示水平井的污染程度。把由于机械污染产生附加压力降的水平井看成是一口水平段长度缩短的水平井。即一口水平段长度为 L_1 的污染水平井可以用一口无污染的水平段长度为 L 的水平井来等效。当水平井产生污染时 $L > L_1$,反之,当水平井改善(井底超完善)时,$L < L_2$(图 3.26)。

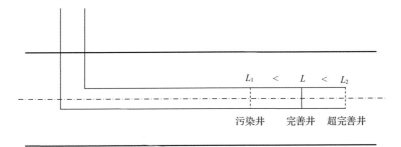

$$L_1 \quad < \quad L \quad < \quad L_2$$

污染井　　完善井　超完善井

图 3.26　水平井等效水平段长度示意图

为了表征水平井与直井等价的总表皮系数，假设当泄油半径足够大时，水平井与直井径向流形式相同，径向流段压降方程为

$$\Delta p = \frac{2.121 \times 10^{-3} qB\mu}{K_h h} \left(\lg \frac{K_h \Delta t}{\phi \mu C_t r_w^{\,2}} + 0.9077 + 0.8686 S_{TH} \right) \tag{3.150}$$

根据 Kuchuk 等（1991）的结果，表皮系数 S_{zT} 式（3.134）描述了由于流线汇聚引起的附加压力降，当无量纲地层厚度 $h_D = \dfrac{h}{0.5 L_1} \sqrt{\dfrac{K_h}{K_v}}$ 很小时（在井筒很长和垂向渗透率很高情况下，该项可以忽略不计），式（3.137）可写为

$$S_G = 0.806 + \ln \frac{r_w}{0.5 L_1} \tag{3.151}$$

如果水平井的不稳定试井时间足够长，达到拟径向流阶段，无量纲井底压力和无量纲时间成对数成直线关系，即

$$p_{wD} = \frac{1}{0.8686} \left(\lg \frac{K_h \Delta t}{\phi \mu C_t r_w^{\,2}} + 0.9077 \right) + S_{TH}$$

$$= \frac{1}{0.8686} \left(\lg \frac{K_h \Delta t}{\phi \mu C_t r_w^{\,2}} + 0.9077 \right) + \left(\frac{h}{L_1} \sqrt{\frac{K_h}{K_v}} S_w + 0.806 + \ln \frac{r_w}{0.5 L_1} \right) \tag{3.152}$$

引入等效长度的概念，当机械表皮系数 $S_w = 0$ 时，式（3.152）可写为

$$p_{wD} = \frac{1}{0.8686} \left(\lg \frac{K_h \Delta t}{\phi \mu C_t r_w^{\,2}} + 0.9077 \right) + \left(0.806 + \ln \frac{r_w}{0.5 L_2} \right) \tag{3.153}$$

式（3.152）、式（3.153）相减得

$$L_2 / L_1 = \mathrm{e}^{-\frac{h}{L_1}\sqrt{\frac{K_\mathrm{h}}{K_\mathrm{v}}}S_\mathrm{w}} \tag{3.154}$$

式 (3.154) 表明，对于机械表皮系数 $S_\mathrm{w} > 0$ 的水平井，等效长度 L_2 小于 L_1，而增产措施后的水平井，等效长度 L_2 大于 L_1。因此，存在机械污染的水平井等效于水平段缩短的水平井。

S_w 可从拟径向流段得到，即

$$S_\mathrm{w} = \frac{1.151 L_1}{h\sqrt{K_\mathrm{h}/K_\mathrm{v}}}\left[\frac{p(1\mathrm{h}) - p(\Delta t = 0)}{m_\mathrm{HRF}} - \lg\frac{K_\mathrm{h}}{\phi\mu C_\mathrm{t}(0.5L_1)^2} - 1.6077\right] \tag{3.155}$$

在无限导流垂直裂缝拟径向流阶段，等效井筒半径为裂缝半长的 0.5 倍，应用等效井筒半径的概念，得到水平井拟径向流段如下关系式：

$$r_\mathrm{we} = 0.5\frac{L_1}{2}\mathrm{e}^{-\frac{h}{L_1}\sqrt{\frac{K_\mathrm{h}}{K_\mathrm{v}}}S_\mathrm{w}} \tag{3.156}$$

而在直井中，等效半径定义为

$$r_\mathrm{we} = r_\mathrm{w}\mathrm{e}^{-S_\mathrm{evw}} \tag{3.157}$$

由式 (3.156)、式 (3.157) 可得

$$S_\mathrm{evw} = \frac{h}{L_1}\sqrt{\frac{K_\mathrm{h}}{K_\mathrm{v}}}S_\mathrm{hw} + \ln\frac{r_\mathrm{w}}{0.25L_1} \tag{3.158}$$

将等效水平段长度代入修正的 Joshi (1988) 的水平井产能公式，计算损害后的产能，该产能与未损害的产能比值 PR 为

$$\mathrm{PR} = \frac{\ln\dfrac{a + \sqrt{a^2 - (0.5L_1)^2}}{0.5L_1} + \dfrac{\beta h}{L_1}\ln\dfrac{\beta h(1 + \lambda^2)}{2r_\mathrm{w}}}{\ln\dfrac{a + \sqrt{a^2 - (0.5L_2)^2}}{0.5L_2} + \dfrac{\beta h}{L_2}\ln\dfrac{\beta h(1 + \lambda^2)}{2r_\mathrm{w}}} \tag{3.159}$$

式中，

$$\beta = \sqrt{K_\mathrm{h}/K_\mathrm{v}} \tag{3.160}$$

$$\lambda = \delta/(h/2) \tag{3.161}$$

$$a = 0.5L_1 \left\{ \left[(r_e / 0.5L)^4 + 0.25 \right]^{0.5} + 0.5 \right\}^{0.5} \qquad (3.162)$$

其中，δ 为水平井筒偏离油层中心的距离，m。

3.3.3　模型的讨论

由式 (3.158) 绘制水平井机械表皮系数与等价直井表皮系数关系曲线 (图 3.27)。由图 3.27 可见，在机械表皮系数相等条件下，水平段越长，等价直井表皮系数越小。当水平段长度一定时，即使水平井机械表皮系数为较大的正值，其等价的直井表皮系数依然为负值，说明水平井在几何形态上相当于超完善的直井，相较于直井有非常高的产量。

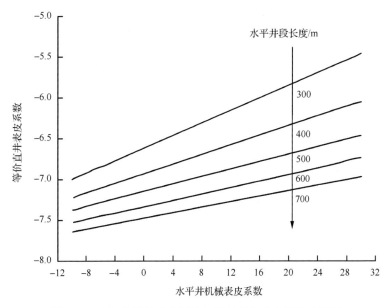

图 3.27　水平井机械表皮系数与等价直井表皮系数的关系

由式 (3.154) 绘制等效长度比与水平井机械表皮系数的关系曲线 (图 3.28)，由式 (3.159) 绘制等效长度比与等效产能比的关系曲线 (图 3.29)。由图 3.28 和图 3.29 可知，若等效长度比为定值，当井污染时，其水平段越长，水平井机械表皮系数越大，等效产能比就越小。当井超完善时，水平段越长，水平井机械表皮系数越小，等效产能比越大。说明水平井越长，受污染后产能损失越大，而改善后则越有利于产能提高。因此，等效长度模型可以将水平井的实际生产动态与其等价直井的生产动态或与其预期的生产动态进行比较，以评价该水平井是否需要采取增产措施，并评价增产措施的效果。

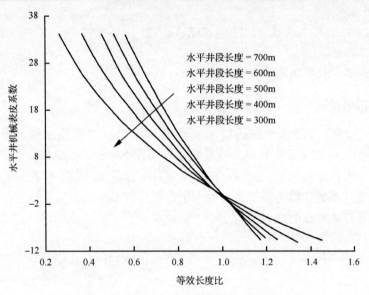

图 3.28 等效长度比与机械表皮系数关系

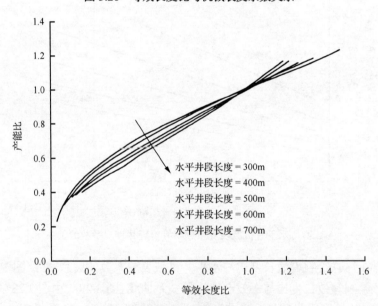

图 3.29 等效长度比与产能比关系

需要说明的是，上述模型中水平井长度 L 在式(3.154)中，计算出来的水平井机械表皮系数 S_{hw} 很大，但这并不意味着产生的附加压降也很大。因为此时的附加压降表达式中水平井长度 L 在分母中：

$$\Delta p_s = \frac{1.842 \times 10^{-3} q \mu B}{KL} S_{hw} \tag{3.163}$$

当用储层厚度 h 定义表皮系数时，附加压降表达式为

$$\Delta p_s = \frac{1.842 \times 10^{-3} q\mu B}{Kh} S_w \tag{3.164}$$

式中，

$$S_w = \frac{h}{L} S_{hw} \tag{3.165}$$

当加入渗透率各向异性修正时，

$$S_w = \frac{h}{L} \sqrt{\frac{K_h}{K_v}} S_{hw} \tag{3.166}$$

不同的定义得到的机械表皮系数值不一样，但产生的附加压降其实是一样的。

另外，正如式 (3.154) 所计算得到的等效水平段长度较实际打开水平段长度缩短或伸长，取决于机械表皮系数的正负。该模型给出了水平段有效长度与机械表皮系数之间的换算关系。

3.3.4 实例应用

例 2：海上某油田水平井 B 井于 2011 年 5 月日投产，2011 年 6 月 24 日进行压恢测试。基本参数为：井半径 r_w 为 0.1m，孔隙度 ϕ 为 31.9%，有效厚度 h 为 19m，地层油黏度 μ 为 262mPa·s，综合压缩系数 C_t 为 3.1×10^{-3}MPa^{-1}，体积系数 B 为 1.09。投产初期产油 33m³/d，初期生产压差 2.0MPa。测试前产油 23m³/d，生产压差 3.2MPa。其生产历史见图 3.30。

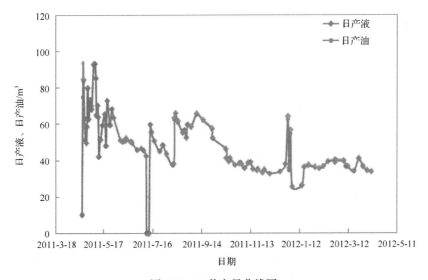

图 3.30　B 井产量曲线图

测试压力历史曲线见图 3.31，压力拟合见图 3.32。由实测压力数据与线源解模型

拟合得到机械表皮系数 $S_w = -0.95$，渗透率 $K = 1100 \times 10^{-3} \mu m^2$，水平井有效产油段

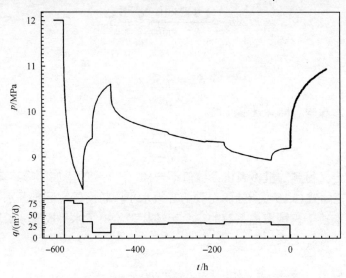

图 3.31　B 井测试工作历史曲线图

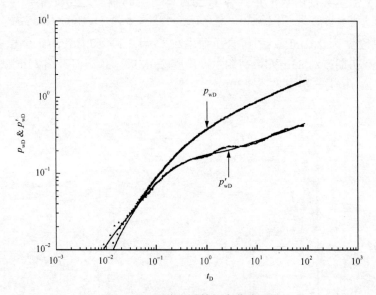

图 3.32　B 井双对数拟合曲线图

长度 $L_2 = 46.3m$，远小于实际打开储层长度 $L_1 = 254.4m$；由等效水平段长度评价模型计算得等效长度比 $L_2/L_1 = 18.20\%$，水平井机械表皮系数 $S_{hw} = 19.76$，规整化机械表皮系数 $S_w = 1.70$，等效产能比 PR $= 35.25\%$，等效直井表皮 $S_{evw} = -4.75$。

　　从解释结果看，有效产油段长度较短，81.80%的水平段对产量没有贡献，预计解除伤害后产量可以恢复到原来的 2.9 倍。

3.4　水平段不规则产油试井模型及拟合方法

常规水平井试井模型假设水平井段全部射开，沿水平井段各个位置的产油量分布有规律，如对于均质油藏，从水平井筒跟端到趾端，流量呈 U 形分布，即两端流量大，中间流量小。

沿水平井筒方向储集层含油性往往是不均匀的，储层物性也非均质，导致水平段出油量不均匀。此外，沿水平段钻完井对储层的非均匀污染也将导致水平段流量分布不规则。选择性完井(如选择性分段射孔完井、套管外分段封隔完井等)也使水平井筒部分段不产油。

水平井筒产油不规则现象是水平井生及测试中经常出现的现象，程时清等(2014)针对水平井不规则产油现象，研究了这种情形的试井模型及产油位置诊断方法。

3.4.1　水平井不规则产油试井模型

1. 物理模型

物理模型如图 3.33 所示，假设条件如下。

(1)油层为水平板状，水平方向无限延伸，油层顶、底界为不渗透边界，水平井井轴平行于 x 轴，与 z 轴相交于 z_w，并以定产量 q_{wi} 生产。

(2)储层为均质各向异性；油层中任一点的水平渗透率为 $K_h = K_x = K_y$，垂直渗透率为 $K_v = K_z$。

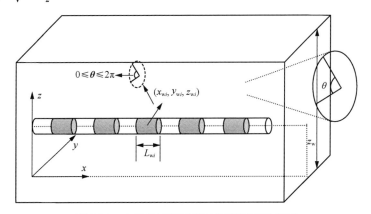

图 3.33　水平井不规则产油物理模型示意图

(3)水平段被分割成 N 个不同的产油段，其中第 i 段的中心位于 (x_{wi}, y_{wi}, z_{wi}) 处，生产井段长为 L_{wi}。

(4)水平井段长度为 L，油层孔隙度为 ϕ，油层厚度为 h，综合压缩系数为 C_t，原油黏度为 μ，储层流体微可压缩。

(5)忽略重力及毛管力。

(6)考虑井筒储集效应和表皮效应，水平井筒每段的表皮系数为 S_i。

2. 数学模型

对于水平井水平方向渗透率 K_h 与垂直方向渗透率 K_v 不相等的三维渗流问题，若引入：

$$z^* = z\sqrt{K_h / K_v} \tag{3.167}$$

则水平井三维渗流偏微分方程可化为如下标准形式：

$$\frac{\partial^2 p}{\partial x^2} + \frac{\partial^2 p}{\partial y^2} + \frac{\partial^2 p}{\partial z^{*2}} = \frac{1}{\eta}\frac{\partial p}{\partial t} \tag{3.168}$$

考虑水平井为圆柱源，利用各种条件下的瞬时源解和 Newman 乘积法，得到上述模型第 i 个产油段的地层压力分布公式：

$$\Delta p(x,y,z,t) = p_i - p(x,y,z,t) = \frac{1}{24\phi C_t}\frac{q_{wi}}{2\pi L_{wi}}\int_0^t G_x G_{yz}\mathrm{d}\tau \tag{3.169}$$

式中，

$$G_x = \frac{1}{2}\left\{\mathrm{erf}\left[\frac{L_{wi}/2+(x-x_{wi})}{\sqrt{3.6\times4\eta\tau}}\right] + \mathrm{erf}\left[\frac{L_{wi}/2-(x-x_{wi})}{\sqrt{3.6\times4\eta\tau}}\right]\right\} \tag{3.170}$$

$$G_{yz} = \int_0^{2\pi}\left\{\frac{1}{\sqrt{3.6\times4\pi\eta\tau}}\exp\left[-\frac{(y-y_{wi}-r_w\sin\theta)^2}{3.6\times4\eta\tau}\right]\right\}$$
$$\left\{\frac{1}{h^*}\left[1+2\sum_{n=1}^{\infty}\exp\left(-\frac{n^2\pi^2\eta_v\tau}{h^{*2}}\right)\cos\frac{n\pi(z_{wi}+r_w\cos\theta)}{h}\cos\frac{n\pi z}{h}\right]\right\}\mathrm{d}\theta \tag{3.171}$$

引入以下无量纲量：

$$r_{wD} = \frac{r_w}{L} \tag{3.172}$$

$$x_D = \frac{x}{L}, \qquad y_D = \frac{y}{L}, \qquad z_D = \frac{z}{L} \tag{3.173}$$

$$x_{wDi} = \frac{x_{wi}}{L}, \qquad y_{wDi} = \frac{y_{wi}}{L}, \qquad z_{wDi} = \frac{z_{wi}}{L} \tag{3.174}$$

$$L_{wDi} = \frac{L_{wi}}{L}, \qquad L_{Di} = \frac{L_{wi}}{h^*} \tag{3.175}$$

$$C_D = \frac{C}{2\pi h^* \phi C_t L^2} \tag{3.176}$$

$$q = \sum_{i=1}^{N} q_{wi}, \qquad q_{wDi} = \frac{q_{wi}}{\sum\limits_{i=1}^{N} q_{wi}} \tag{3.177}$$

得到无量纲水平井地层压力分布：

$$p_D(x_D, y_D, z_D, t_D) = \frac{1}{4\sqrt{\pi}} \int_0^{t_D} G_{xD} G_{yzD} \mathrm{d}\tau_D \tag{3.178}$$

式中，

$$G_{xD} = \mathrm{erf}\left[\frac{L_{wDi}/2 + (x_D - x_{wDi})}{\sqrt{4t_D}}\right] + \mathrm{erf}\left[\frac{L_{wDi}/2 - (x_D - x_{wDi})}{\sqrt{4t_D}}\right] \tag{3.179}$$

$$G_{yzD} = \int_0^{2\pi} \left\{ \frac{1}{\sqrt{t_D}} \exp\left[-\frac{(y_D - y_{wDi} - r_{wD}\sin\theta)^2}{4t_D} \right] \right\}$$
$$\left\{ 1 + 2\sum_{n=1}^{\infty} \exp\left(-\frac{n^2\pi^2\beta^2 t_D}{h_D^{*2}} \right) \cos n\pi z_D \cos\left[n\pi(z_{wDi} + r_{wD}\sin\theta) \right] \right\} \mathrm{d}\theta \tag{3.180}$$

考虑各个产油段不同的表皮系数 S_i 后，N 个产油段无量纲水平井地层压力为

$$p_D(x_D, y_D, z_D, t_D) = \sum_{i=1}^{N} \left(\frac{1}{4\sqrt{\pi}} \int_0^{t_D} \frac{q_{wDi}}{L_{wDi}} G_{xD} G_{yzD} \mathrm{d}\tau_D + \frac{q_{wDi}}{L_{Di}} S_i \right) \tag{3.181}$$

式 (3.181) 是未考虑井筒储集效应的水平井无量纲井底压力解。如果考虑井储效应和表皮效应，则采用式 (2.112) 反演求解。

3.4.2 敏感性参数分析

根据式 (3.181) 进行反演得到拉氏空间压力 $\bar{p}_D$，然后根据式 (2.112) 得到井底压力拉氏空间解 $\bar{p}_{wD}$，再进行 Stehfest 数值反演，即可计算出不规则产油水平井在实空间的井底压力 p_{wD}，从而绘制出典型试井曲线。

由于采用均匀流量柱源解，沿水平井筒上各处的压力不完全相等，在计算 p_{wD}

时要在井筒中取计算点作为水平井底的压力值，在本节中对于井轴平行于 x 轴且与 z 轴相交于 z_{wD} 处的水平井，在式(3.181)中取 $x_D = 0.866$，$y_D = 0$。

下面讨论无量纲距离、产油段数、产油段长度、分段表皮系数以及分段流量对水平井井底压力的影响。

1. 无量纲距离

这里假设水平井筒两端井段出油，两个产油段在井两端对称分布，产油段长度、流量、表皮系数均相同，令两产油段间的无量纲距离为 $\Delta x_D = \Delta(x_{w2} - x_{w1})/L$，不同无量纲距离下的不规则产油水平井试井典型曲线如图3.34所示。

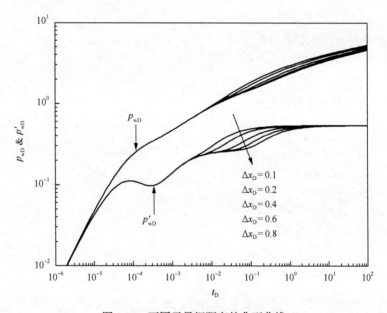

图3.34　不同无量纲距离的典型曲线

从图3.34看出，在早期井储段和垂直径向流段，不同无量纲距离下的所有曲线重合在一起，这与单一水平段生产时的曲线相同，说明早期的压力响应只与打开的产油段总长度有关，当打开的产油段总长度相等时，早期压力响应一致。而当 Δx_D 逐渐增大时，即产油段之间的间隔逐渐增大时，在晚期水平径向流段出现不同特征：当 Δx_D 较小时，表现为水平井整段生产时的特征，压力导数曲线呈0.5水平线；当 Δx_D 较大时，在地层拟水平径向流段压力导数0.5水平线之前，出现一个新"平台"，这个平台的导数曲线呈0.25水平线。一般 N 段生产水平井，该平台段呈 $0.5/N$ 水平线。

这个 $0.5/N$ 水平线对水平井不规则产油位置诊断及解释至关重要，水平井测试过程中压降较小，尤其是当测试时间较短时很难出现最终水平径向流段。对于水平井存在多段生产且产油段间距较大时，若把 0.5/N 水平线当做最终水平径向流直线段进行解释，解释出的水平渗透率 K_h 会产生 N 倍的误差。

2. 产油段数

水平井总长度 L 一定，总流量 q 相等，有效出油段长度为 $L_{erf}=0.25L$，有效出油段被分成 N=1，2，3，4，5 个对称、均匀分布的产油段，流量、表皮系数均匀分布，不同产油段数 N 下的不规则产油水平井典型曲线如图 3.35 所示。

从图 3.35 可知，当打开的产油段总长度 L_{erf} 相等时，早期压力响应一致，中、晚期曲线形态出现差异，最终水平径向流段稳定在 0.5 水平线。对于不同的产油段数，在最终拟径向流直线段出现前，显示一个如前所述的 0.5/N 水平段。当打开水平段的总长度相同时，产油段数 N 越多，压降越小，同时可以看出，整段产油模型与分段产油模型在曲线上有明显差别。

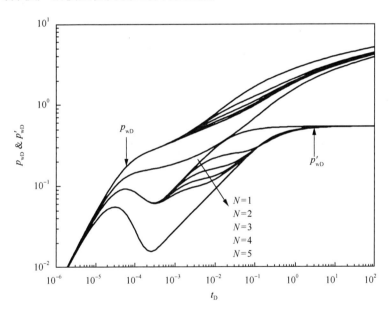

图 3.35　不同产油段数的典型曲线

3. 产油段长度

考虑水平井总长度 L 一定，总流量 q 相等，在水平井上对称分布 3 个产油段，3 个段的表皮系数 S 相同，令无量纲生产长度为 $L_D=L_w/h^*$，不同无量纲生产长度 L_D 下的不规则产油水平井试井典型曲线如图 3.36 所示。

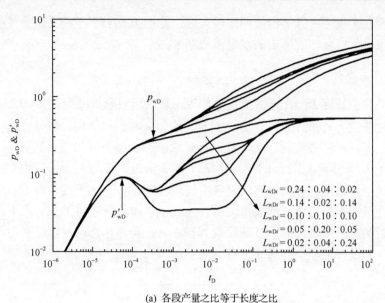

(a) 各段产量之比等于长度之比

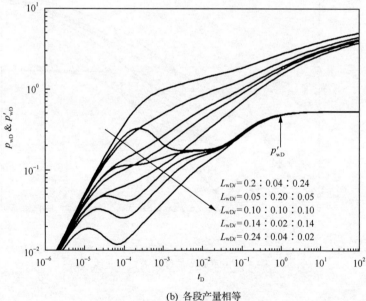

(b) 各段产量相等

图 3.36　不同无量纲长度的典型曲线

从图 3.36 看出，有效产液段总长度一定，当各段流量与各产液段长度之比相等时，跟端产液段长度越短，垂直径向流越明显；当各段流量相等时，随着跟端产油段长度的增加，早期径向流被掩盖，线性流持续时间越长。

4. 分段表皮系数

水平井总长度 L 一定，总流量 q 相等，有效出油段长度为 $L_{erf} = 0.5L$，有效出油段被分成 $N=3$ 个对称均匀分布的产油段，流量 q_{wi} 均匀分布，各段表皮系数 $S_{wi}=1$，2，3，不同表皮系数 S_i 下的不规则产油水平井试井典型曲线如图 3.37 所示。对于同一个水平井，表皮系数 S_{wi} 越大，驼峰越高且出现时间越晚，垂直径向流段被不同程度地掩盖，而线性流段和最终水平径向流段没有受到影响。

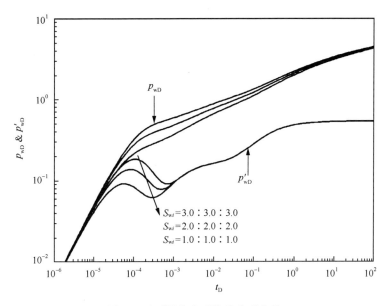

图 3.37 不同表皮系数的典型曲线

当总表皮系数不变时，改变各段的表皮系数，得到如图 3.38 的典型曲线。随着跟部表皮系数的比例逐渐增大，曲线位置逐渐变高，径向流阶段逐渐变明显。

5. 分段流量

水平井总长度 L 一定，有 $N=5$ 个对称均匀分布的产油段，有效出油段长度为 $L_{erf} = 0.5L$，总流量 q 相等，表皮系数 S_i 均匀分布，各段流量 q_{wi} 不均匀分布，不同流量 q_{wi} 下的不规则产油水平井试井典型曲线如图 3.39 所示。

从图 3.39 看出，当跟端出油较小时压降最小，当跟端出油较多时压降最大。当均匀出油时，其压降介于跟端出油较多与跟端出油较少情形之间。当产油量由跟端到趾端逐渐增大或减小时，其压力与导数曲线不重合，此模型可以诊断高产油段位置。对于高含水的水平井，近似考虑单相流动，采用此模型可以判断高产液的水平井段，进行选择性堵水。

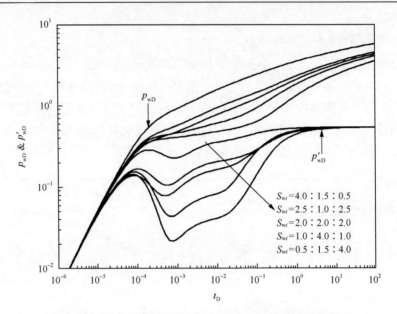

图 3.38　总表皮系数不变时不同分表皮系数的典型曲线

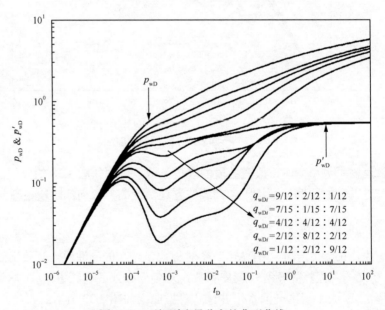

图 3.39　不规则流量分布的典型曲线

3.4.3　不规则产油试井典型曲线拟合方法

不规则产油试井模型用于实际试井资料解释，除了可以确定井储系数、表皮系数、渗透率、地层压力外，还能诊断产油部位，计算产油段长度。不规则产油试井典型曲线拟合方法解释步骤如下。

(1)由实测压力数据绘制压力及导数双对数图,根据试井曲线上后期压力导数新"平台"特征值,诊断有效产油部位。

(2)采用常规水平井试井模型初步拟合,计算表皮系数、井储系数、渗透率、地层压力、水平井长度等参数。

(3)将常规水平井试井模型解释参数作为输入初值参数,用不规则产油试井新模型典型图版进行拟合,确定有效产油段数目及位置。进一步拟合计算表皮系数、渗透率、井储系数。

例3:某油田一口水平井,测试前产油 13.7m^3/d 左右。井半径 r_w 为 0.12m,孔隙度 ϕ 为 13%,有效厚度 h 为 4m,地层油黏度 μ 为 1.81mPa·s,综合压缩系数 C_t 为 2.43×10^{-3}MPa^{-1},体积系数 B 为 1.06。

实例 3 压力导数曲线(图 3.40)依次出现垂直径向流水平段、过渡后的新平台水平段、线性流 1/2 斜率上升段、最后的 0.5 水平段。由水平井不规则产油试井模型可知,当水平井只有部分水平段出油时,在垂直径向流后将出现两个水平径向流态,第一水平径向流压力导数稳定在 0.5/N 水平线上,之后出现 1/2 斜率线性流,最终水平径向流压力导数稳定在 0.5 处。

根据曲线形态特征,分别采用两段和三段产油模型解释,其产油位置分别为中段-趾端出油、中段-跟端出油、跟-趾端、跟-中-趾端出油、水平井靠近跟端三段出油、水平井靠近趾端三段出油 6 种情况(图 3.41),分别进行典型曲线拟合。其中靠近跟端三段出油模型与实测曲线拟合最好(图 3.40),解释的出油段位置正

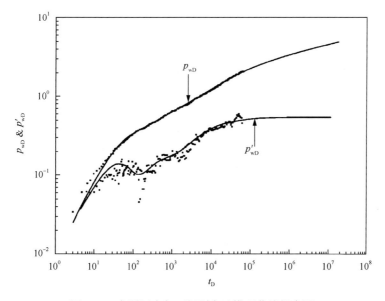

图 3.40 实测压力与不规则产油模型曲线拟合图

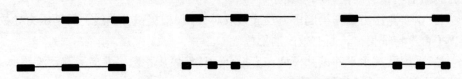

图 3.41 水平井不同出油位置示意图

好处于测井解释含油层段。拟合参数为井筒储集系数 $C = 0.43m^3/MPa$，表皮系数 $S = 0.27$，有效产油长度 $L = 22.8m$，水平渗透率 $K_h = 19.5 \times 10^{-3} \mu m^2$，垂直渗透率 $K_v = 3.0 \times 10^{-3} \mu m^2$；三段产油量分别为 $1.37m^3/d$、$6.85m^3/d$、$5.48m^3/d$。该井水平段钻开储层长度为 300m，实际产油段只占总长度的 7.6%，这是该井产量偏低的主要原因。

依据解释结果，建议对该水平井趾端进行酸化解堵，可以实现节省作业成本、增加产油量的目标。

例 4：海上某油田水平井 B，有关测试数据见本章第 3 节的实例 2，压力导数曲线依次出现垂直径向流水平段、0.25 水平段、线性流 1/2 斜率段、0.5 水平径向流段(图 3.42)，实测曲线符合不规则产油模型曲线特征(图 3.43)。由此诊断可知，B 井只有水平段两端地层出油(图 3.44)。

需要指出的是，此方法用于气井，同样可以得到气井不规则产气的水平井试井模型及压力分析方法。

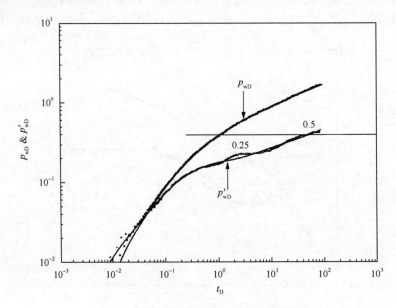

图 3.42 B 井不规则产油试井模型拟合曲线

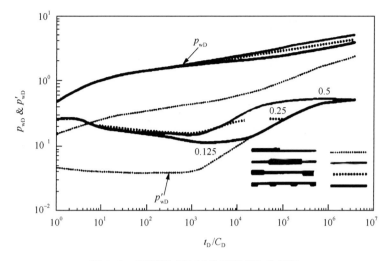

图 3.43　不规则产油试井模型对比分析图

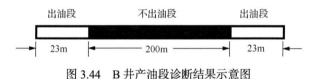

图 3.44　B 井产油段诊断结果示意图

3.5　小　　结

(1) 介绍了几类常见的源函数，论述了无限大水平井线源解、水平井试井模型压力解及各流动阶段的渐近解，给出了 Daviau、Goode、Ozkan 和 Kuchuk 共 4 种模型求解过程。Daviau 模型假设条件是各向同性地层，顶、底为不渗透边界，水平方向分别考虑无限大、矩形定压和矩形封闭地层，采用 Green 函数方法得到地层压力解。Goode 模型则考虑各向异性地层，但水平方向假设无限大，使用 Fourier 积分变换及 Laplace 积分变换方法求解得到压力解；Ozkan 模型与 Goode 模型的物理模型相似，但 Ozkan 分析了水平井压力解和垂直裂缝井压力解之间的关系，给出了出现垂直径向流和拟径向流的时间，讨论了拟表皮系数的计算方法；Kuchuk 模型考虑的是顶、底不渗透及定压两种边界、水平方向为无限大，先运用瞬时 Green 函数对时间积分，再用 Laplace 变换得到压力解。这 4 种模型在水平井物理模型和数学求解方法上既有一定相似，又有所区别。

(2) 均质油藏水平井试井典型曲线图版主要分为垂直拟径向流动阶段、中期线性流动阶段和水平拟径向流动阶段。通过水平井试井模型不同时期的井底压力渐近解表达式，得到压力直线段分析方法。典型曲线拟合方法与直线段分析方法相结合，可以解释水平井长度、水平与垂直渗透率比值、井距底面距离等参数。

(3)水平井表皮效应与直井不同，可以将水平井机械污染看成是水平段长度的缩短。用有效水平段长度表征水平井的污染程度，提出等效水平段长度评价方法，直观表征水平井储层损害程度及对产能的影响程度。

(4)不规则产油的典型曲线特征表明无量纲距离、产油段数、产油段长度、分段流量、分段表皮系数对典型曲线图版有一定影响。尤其分段流量的影响明显且易于识别。不规则产油试井模型能够应用于水平筒井产油(液)位置的诊断及地层参数计算。

第4章 非均质油藏水平井试井分析

大多数油藏为非均质油藏，油(气)在非均质油藏的压力传播方式与均质油藏有较大差别。本章主要论述双重介质、三重介质、多层和复合介质的水平井试井模型及分析方法，重点讨论非均质性对典型曲线及压力分析的影响。

4.1　双重介质储层水平井试井分析

双重介质模型也称双孔模型，在双重介质模型中，基质岩块的渗透率非常低，只有裂缝与井筒相连通，且裂缝具有较高的渗透率，油(气)通过裂缝系统流入井内。苏联渗流力学家 Barenblatt(1960)首次提出描述裂缝性储集层的双重介质概念,给出了不稳定压力解,分析了双重介质储层的渗流规律。Wareen 和 Root(1963)较早提出双重介质试井模型，并被广泛应用。De Carvalho 和 Rosa(1988)建立了双重介质储层水平井试井分析方法，Aguilera 和 Ng(1991)研究了具有各向异性的天然裂缝性油藏中水平井的试井分析方法。

4.1.1　试井模型及压力解

在双重介质模型中，根据流动形态，将其分为拟稳态流动和不稳态流动，试井分析中最常见的是拟稳态流动。下面考虑 Warren 和 Root(1963)描述的双重介质模型，假设介质间的窜流为拟稳态，外边界无限大，考虑井筒储集和表皮效应影响。

1. 物理模型

图 4.1 是水平井双重介质模型渗流示意图，为了建立水平井渗流的试井数学模型，作以下假设。

(1)油井以定产量生产。

(2)地层流体和岩石微可压缩，流体单相且压缩系数为常数。

(3)地层流体渗流满足达西定律。

(4)测试前地层中各点压力均匀，都为原始地层压力。

(5)考虑井筒储集效应以及表皮效应。

(6)忽略重力和毛管力的影响。

(7)裂缝与井筒连通，而基岩只作为"源"，基岩和裂缝之间发生拟稳态窜流。

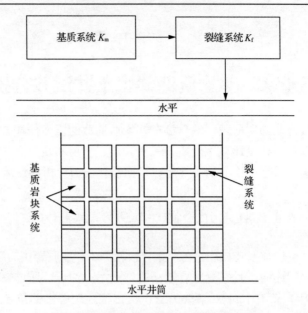

图 4.1　双重介质油藏水平井渗流示意图

2. 数学模型

1) 数学模型

对于水平井，裂缝、基质双重介质模型无量纲渗流方程如下：

$$\frac{\partial^2 p_{fD}}{\partial x_D^2} + \frac{\partial^2 p_{fD}}{\partial y_D^2} + \frac{1}{h_D^2}\frac{\partial^2 p_{fD}}{\partial z_D^2} = \omega\frac{\partial p_{fD}}{\partial t_D} + (1-\omega)\frac{\partial p_{mD}}{\partial t_D} \tag{4.1}$$

$$\lambda(p_{fD} - p_{mD}) = (1-\omega)\frac{\partial p_{mD}}{\partial t_D} \tag{4.2}$$

初始条件：

$$p_{fD}(r_D, t_D)|_{t_D=0} = p_{mD}(r_D, t_D)|_{t_D=0} = 0 \tag{4.3}$$

内边界条件：

$$\lim_{x_D \to x_{wD}}\frac{\partial p_{fD}}{\partial x_D} = -\frac{\pi h_D}{(z_{1D} - z_{2D})} \tag{4.4}$$

外边界条件：

$$p_{fD}(r_D, t_D)|_{r_D=\infty} = p_{mD}(r_D, t_D)|_{r_D=\infty} = 0 \tag{4.5}$$

其中无量纲量定义如下:

$$p_{jD} = \frac{K_f h(p_i - p_j)}{1.842 \times 10^{-3} q\mu B} \tag{4.6}$$

$$t_D = \frac{3.6 K_f t}{(\phi C_t)_{f+m} \mu L^2} \tag{4.7}$$

$$x_D = \frac{x}{L}, \quad y_D = \frac{y}{L}, \quad z_D = \frac{z}{L}, \quad z_{wD} = \frac{z_w}{L}, \quad h_D = \frac{h}{L} \tag{4.8}$$

式(4.1)~式(4.7)中,$j = f, m, w$;$C_D = \dfrac{C}{2\pi h^* \phi C_t L^2}$;$\omega = \dfrac{(\phi C)_f}{(\phi C)_f + (\phi C)_m}$;$\lambda = \dfrac{\alpha L^2 K_m}{K_f}$;$L$ 为水平井筒长度,m;ϕ 为孔隙度;C_t 为压缩系数,MPa^{-1};下角 f 为裂缝系统;下角 m 为基质系统;ω 为弹性储能比;λ 为窜流系数;α 为形状因子;下角 w 为井筒。

式(4.1)~式(4.5)构成了双重介质储层水平井试井三维数学模型。

2)数学模型的解

依据 De Carvalho 和 Rosa(1988)的求解方法,应用 Laplace 变换,式(4.1)变为

$$\frac{\partial^2 \overline{p}_{fD}}{\partial x_D^2} + \frac{\partial^2 \overline{p}_{fD}}{\partial y_D^2} + \frac{\partial^2 \overline{p}_{fD}}{\partial z_D^2} - uf(u)\overline{p}_{fD} = 0 \tag{4.9}$$

式中,

$$f(u) = \frac{\omega(1-\omega)u + \lambda}{(1-\omega)u + \lambda} \tag{4.10}$$

由于均质和双重介质模型的井底压力在 Laplace 空间具有等价性,因此,将对应均质储层水平井试井模型解推广到双重介质储层水平井模型。不考虑井筒储集效应条件下,无限大油藏水平井试井数学模型的压力解为

$$p_{fD}(t_D) = \frac{\sqrt{\pi}}{4} \int_0^{t_D} F_1(z_D, z_{wD}, \tau) F_2(y_D, y_{wD}, \tau) F_3(x_D, \tau) \mathrm{d}\tau \tag{4.11}$$

式中,

$$F_1(z_D, z_{wD}, \tau) = 1 + 2\sum_{n=1} \exp\left(-\frac{n^2 \pi^2 \tau}{h_D^2}\right) \cos(n\pi z_D) \cos(n\pi z_{wD}) \tag{4.12}$$

$$F_2(y_D, y_{wD}, \tau) = \frac{1}{\sqrt{\tau}} \exp\left[-\frac{(y_D - y_{wD})^2}{4\tau}\right] \tag{4.13}$$

$$F_3(x_D, \tau) = \text{erf}\left(\frac{1+x_D}{2\sqrt{\tau}}\right) + \text{erf}\left(\frac{1-x_D}{2\sqrt{\tau}}\right) \tag{4.14}$$

p_{fD} 是未考虑井筒储集储和表皮效应的双重介质储层水平井无量纲井底压力。如果考虑井筒储集和表皮效应，可采用第 2 章式 (2.112) 进行数值反演，得到无量纲井底压力 p_{wD}。

4.1.2　典型曲线特征

1. 典型曲线图版

以 p_{wD} 与 $\dfrac{\mathrm{d}p_{wD}}{\mathrm{d}\ln t_D}$ 为纵坐标，以 t_D 为横坐标，绘制双重介质储层水平井试井典型曲线 (图 4.2)，水平井双重介质模型试井典型曲线分为 6 个阶段。

(1) 纯井筒储集阶段 I，压力和压力导数都呈现斜率为 1 的直线，该阶段反映井筒储集效应的影响。

(2) 过渡阶段 II，压力导数曲线在出现驼峰峰值后向下掉落，峰值的高低，取决于参数 $C_D e^{2S}$ 值的大小。在参数组 $C_D e^{2S}$ 中，表皮系数 S 值处于指数位置，所以压力及其导数受表皮系数 S 值的影响更大。$C_D e^{2S}$ 越大，则峰值越高，下倾越陡，且峰值出现时间较迟。

(3) 线性流阶段 III，压力导数表现为一条斜率为 0.5 的上升直线段。

(4) 第一径向流阶段 IV，压力导数表现为一条纵向截距值等于 0.5 的水平线，是裂缝系统径向流期。

(5) 双重孔隙介质过渡流阶段 V，压力导数曲线表现为下凹。

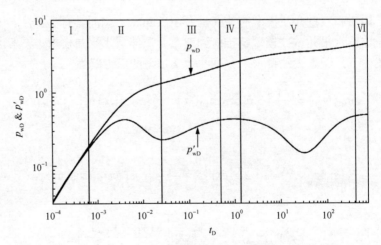

图 4.2　双重介质模型水平井试井典型曲线

(6) 整个系统径向流阶段Ⅵ，或为第二径向流段，压力导数表现为纵向截距值等于 0.5 的水平线。

2. 敏感性参数分析

双重介质储层水平井试井模型的影响参数有 7 个，其中主要影响参数有窜流系数 λ、储容比 ω、偏心距 z_{wD} 等，下面分析这些参数对典型曲线的敏感性。

1) 窜流系数

窜流系数定义为由基质岩块到裂缝系统的流动能力，取值 $\lambda=10^{-8}$、10^{-9} 和 10^{-10} 时的双对数典型曲线如图 4.3 所示。窜流系数的变化对水平井压力动态的早期影响较大，窜流系数越小，窜流发生时间越晚。这是因为 λ 越小，则 K_f 与 K_m 的差异越大(基质渗透率越小，渗流阻力越大)，因此，在孔隙与裂缝之间需要很大的压差才能发生窜流，在压力恢复过程中，裂缝压力需要较长时间才能达到较高的基质孔隙系统中的压力水平，从而较晚出现过渡阶段。

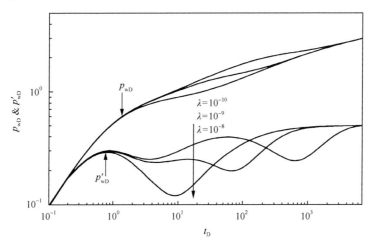

图 4.3 窜流系数 λ 对压力动态的影响

2) 储容比

弹性储能比定义为裂缝系统的存储能力与总系统的存储能力之比，系数取值为 $\omega=0.1$、0.2 和 0.3 时的双对数典型曲线如图 4.4 所示。储容比 ω 的变化对水平井压力动态的早期影响较大，储容比 ω 越小，早期压降越大，下凹深度越大，即窜流的程度越强，窜流持续的时间也越长，这是因为当裂缝系统压力恢复后，裂缝向基质补充流体需要较长的时间才能提高基质孔隙系统内的压力，所以基质孔隙越发育，所需时间越长，因而过渡段持续的时间越长。

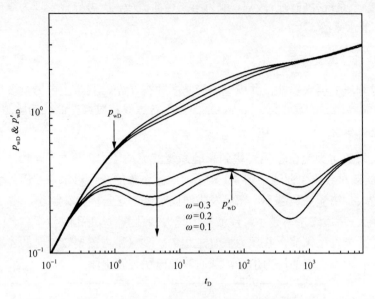

图 4.4　储容比 ω 对水平井压力动态的影响

3) 偏心距

偏心距 z_{wD} 是指水平井中心轴距油(气)藏下边界的距离。其无量纲偏心距定义为 $z_{wD} = z_w / h$，在其他条件不变的情况下对这一参数进行敏感性分析，水平井位置 $z_{wD} = 0.1$、0.2 和 0.3 时压力数典型曲线如图 4.5 所示，z_{wD} 主要影响第一径向流

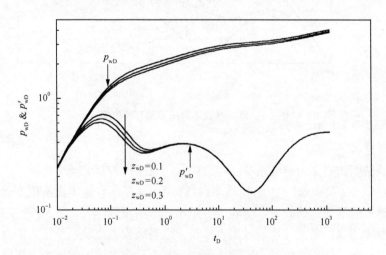

图 4.5　偏心距 z_{wD} 变化时对水平井压力动态的影响

阶段，其值越大，早期径向流持续的时间越长，这也说明水平井距离油藏最近边界的距离越大，其压力波传到顶、底边界所需的时间也就越长。

4.2　三重介质储层水平井试井分析

一些学者曾经将裂缝-孔隙油藏的基质岩块按其孔隙度和渗透性的差异分成两类，一类与裂缝系统之间的连通性较好，另一类则较差，两类孔隙系统可能是由于地层中原生孔隙和连通性不均匀造成的，也可能是由于一部分基质岩块中含有孤立的洞穴而产生的。这类含有洞穴的基岩可看成它的综合渗透率比其他不含洞穴的岩块要高。把这两种孔隙介质作为两个独立的液体补给源，流体分别从这两个独立的孔隙介质流入裂缝，再流向井底。根据这种分类方法可将含有孤立洞穴的裂缝介质归类为基质-基质-裂缝型的三重介质储层，也可分为基质-微细缝-裂缝型三重介质储层。

在碳酸盐岩油(气)田的大规模开发过程中发现一些广泛发育与裂缝系统相连的孔洞和溶洞，孔洞分布已不再是呈现简单的孤立状态，孔洞大小不一，有的直径甚至达到几十米。这类储层与前所述的三重介质储层有很大的区别，关键就在于孔洞的发育程度和分布不同，这类带溶洞的裂缝储层称为裂缝-孔隙-溶洞型的三重介质储层。

含三重介质的油藏中存在三个彼此独立而又相互联系的水动力学系统，三重连续介质在空间上重叠，每个几何点既属于孔洞介质、裂缝介质又属于岩块介质，且每个几何点上溶洞、裂缝和岩块的孔隙度、渗透率、压力、渗流速度等参数不同。

4.2.1　试井模型及压力解

针对基质、裂缝、溶洞向井流动以及相互窜流方式的差别，三重介质储层试井有几类常见的物理模型。

1. 物理模型

1)裂缝和溶洞-井筒连通模型

缝洞型油藏的裂缝和溶洞系统均发育良好，具有渗透性高的特点，裂缝和溶洞是主要的流体通道。与之相比，基岩系统不具备渗透性，是这类缝洞型油藏的主要储集空间，模型如图4.6所示。这类数学模型类似于双重介质中的双渗模型，在三重介质中多了一个基岩"源"项。

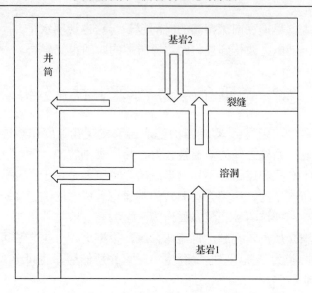

图4.6　裂缝和溶洞-井筒连通模型示意图

2)裂缝-井筒连通模型

　　这个模型是把基岩岩块按其孔隙度和渗透性的差异分成两类,一类与裂缝系统之间的连通性好,另一类则较差,把这两种孔隙介质作为两个独立的液体补给源,流体分别从这两个独立的孔隙介质流入裂缝,再流向井底。根据这种分类方法可将含有孤立洞穴的裂缝介质归结为基质1-基质2-裂缝型的三重介质,试井模型如图4.7所示。

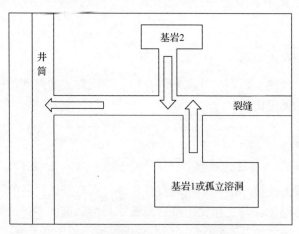

图4.7　裂缝-井筒连通模型示意图

3)溶洞-井筒连通模型

这种模型是针对某一类缝洞型油藏提出的,这类油藏的溶洞系统发育良好,具有渗透性高的特点，溶洞是主要的流体流动通道。与之相比，裂缝系统具有较低渗透性，可忽略不计，并且基岩系统不具备渗透性，基岩是这类缝洞型油藏的主要储集空间，试井模型如图 4.8 所示。

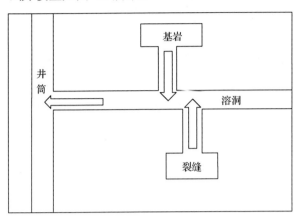

图 4.8　溶洞-井筒连通模型示意图

4) 孔隙、裂缝和溶洞-井筒连通模型

在这类油藏中，基质岩块具备一定的渗透性，基岩一方面作为流体流动的通道，但更主要的是基岩仍充当这类油藏的主要储集空间。裂缝和溶洞系统发育良好，具有渗透性高和储容低的特点，裂缝和溶洞是主要的流体流动通道，试井模型如图 4.9 所示。实际上它也是描述渗流过程最为复杂、考虑因素最为完整的模型。

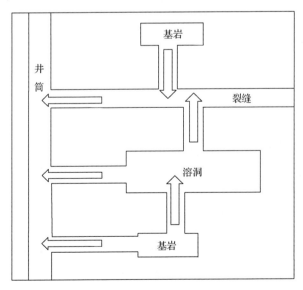

图 4.9　孔隙、裂缝和溶洞-井筒连通模型

本节将以裂缝和溶洞-井筒连通模型为例，介绍三重介质试井数学模型及求解方法。

裂缝和溶洞-井筒连通模型的试井物理模型如下。

(1)油层为水平板状，水平方向无限延伸，油层顶、底界为不渗透边界，水平井定产量 q 生产。

(2)地层流体和岩石微可压缩，流体单相且压缩系数为常数。

(3)地层流体在三个渗流场内流动满足达西定律。

(4)油井测试前地层中各点的压力均匀，都为原始地层压力。

(5)忽略重力和毛管力的影响。

(6)考虑井筒储集储效应以及表皮效应。

(7)裂缝和溶洞与井筒连通，而基岩只作为"源"，基岩和裂缝之间，基岩和溶洞之间以及裂缝和溶洞之间发生拟稳态窜流。

2. 数学模型及求解

1)数学模型

孔、洞、缝三重介质模型无量纲渗流方程如下：

$$\left(\frac{\mathrm{d}^2 \overline{p}_{\mathrm{fD}}}{\mathrm{d}r_{\mathrm{D}}^2} + \frac{1}{r_{\mathrm{D}}} \frac{\mathrm{d}\overline{p}_{\mathrm{fD}}}{\mathrm{d}r_{\mathrm{D}}} \right) + \lambda_{\mathrm{mf}} \left(\overline{p}_{\mathrm{mD}} - \overline{p}_{\mathrm{fD}} \right) + \lambda_{\mathrm{vf}} \left(\overline{p}_{\mathrm{vD}} - \overline{p}_{\mathrm{fD}} \right) = \omega_{\mathrm{f}} s \overline{p}_{\mathrm{fD}} \tag{4.15}$$

$$\lambda_{\mathrm{vf}} \left(\overline{p}_{\mathrm{fD}} - \overline{p}_{\mathrm{vD}} \right) = \omega_{\mathrm{v}} s \overline{p}_{\mathrm{vD}} \tag{4.16}$$

$$\lambda_{\mathrm{mf}} \left(\overline{p}_{\mathrm{fD}} - \overline{p}_{\mathrm{mD}} \right) = \omega_{\mathrm{m}} s \overline{p}_{\mathrm{mD}} \tag{4.17}$$

其中无量纲量定义如下：

$$p_{j\mathrm{D}} = \frac{K_{\mathrm{f}} h \left(p_i - p_j \right)}{1.842 \times 10^{-3} q \mu B}, \quad t_{\mathrm{D}} = \frac{3.6 K_{\mathrm{f}} t}{(\phi C)_{\mathrm{f+v+m}} \mu r_{\mathrm{w}}^2}, \quad \omega_j = \frac{(\phi C)_j}{(\phi C)_{\mathrm{f+v+m}}}, \quad \lambda_j = \frac{\alpha_j K_j r_{\mathrm{w}}^2}{K_{\mathrm{f}}},$$

$$x_{\mathrm{D}} = \frac{x}{L}, \quad y_{\mathrm{D}} = \frac{y}{L}, \quad z_{\mathrm{D}} = \frac{z}{L}, \quad r_{\mathrm{D}} = \frac{r}{L}, \quad L_{\mathrm{D}} = \frac{L}{h^*} = \frac{1}{h_{\mathrm{D}}}, \quad h^* = h \sqrt{\frac{K_{\mathrm{h}}}{K_{\mathrm{v}}}} \, \text{。}$$

2)数学模型的解

利用点源函数对水平井进行求解，单位长度瞬时点源函数为

$$\lim_{\varepsilon \to 0^+} 4\pi L^3 \left(r_{\mathrm{D}}^2 \frac{\mathrm{d}\overline{p}_{\mathrm{fD}}}{\mathrm{d}r_{\mathrm{D}}} \right)_{r_{\mathrm{D}} = \varepsilon} = -1 \tag{4.18}$$

三重介质油藏瞬时点源函数基本解

$$\bar{p}_{fD} = \frac{\exp\left[-\sqrt{uf(u)}\,r_D\right]}{4\pi L^3 r_D} \tag{4.19}$$

式中，$f(u) = \dfrac{\omega_v \lambda_{vf}}{\omega_v u + \lambda_{vf}} + \dfrac{\omega_m \lambda_{mf}}{\omega_m u + \lambda_{mf}} + \omega_f$；$u$ 为 Laplace 空间变量。 $\tag{4.20}$

对于连续点源，得到井底压力表达式为

$$\bar{p}_{fD} = \frac{\bar{q}\mu}{4\pi KLu}\sum_{n=-\infty}^{n=\infty}\left\{\frac{\exp\left[-\sqrt{uf(u)}\sqrt{(x_D - x_{wD})^2 + (y_D - y_{wD})^2 + (z_D - z_{wD})^2}\right]}{\sqrt{(x_D - x_{wD})^2 + (y_D - y_{wD})^2 + (z_D - z_{wD})^2}}\right\} \tag{4.21}$$

考虑顶、底边界都是封闭的情况，利用镜像法和叠加原则得

$$\bar{p}_{fD} = \frac{\bar{q}\mu}{4\pi KLu}\sum_{n=-\infty}^{n=\infty}\left\{\frac{\exp\left[-\sqrt{uf(u)}B_n\right]}{B_n} + \frac{\exp\left[-\sqrt{uf(u)}C_n\right]}{C_n}\right\} \tag{4.22}$$

式中，

$$B_n = \sqrt{r_D^2 + (z_D - z_{wD} - 2nh_D)^2} \tag{4.23}$$

$$C_n = \sqrt{r_D^2 + (z_D + z_{wD} - 2nh_D)^2} \tag{4.24}$$

再利用泊松叠加公式，得到三重介质水平井的井底压力表达式为

$$\begin{aligned}
\bar{p}_{fD} &= \frac{1}{2u}\int_{-1}^{1}[K_0\sqrt{uf(u)}]\mathrm{d}\alpha \\
&+ \frac{1}{u}\sum_{n=1}^{n=\infty}\cos n\pi z_D \cos n\pi z_{wD}\int_{-1}^{1}K_0\sqrt{(x_D - \alpha)^2\left[uf(u) + \frac{n^2\pi^2}{h_D^2}\right]}\,\mathrm{d}\alpha
\end{aligned} \tag{4.25}$$

如果考虑井筒储集和表皮效应，可采用第 2 章式(2.112)进行数值反演，得到无量纲井底压力 p_{wD}。

4.2.2　典型曲线特征

1. 典型曲线图版

根据水平井孔、洞、缝三重介质试井模型典型曲线特征(图 4.10)，将其划分为为 9 个阶段：

(1)井筒储集阶段 I，这一阶段主要受井筒储集效应的影响。表现为压力曲线和压力导数曲线重合为一条斜率为 1 的上升直线。

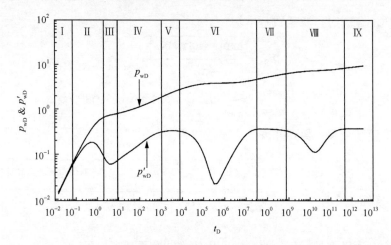

图 4.10　三重介质水平井试井模型典型曲线

(2)过渡阶段Ⅱ，曲线形态与双重介质模型相同。

(3)早期径向流阶段Ⅲ，压力导数表现为一条水平线，表现为在水平井段的垂直截面上的径向流动。这一阶段往往被严重的井储效应所掩盖。

(4)线性流阶段Ⅵ，压力导数表现为一条斜率为 0.5 的上升直线段。在储层的顶面和底面都影响井的压力变化之后，进入线性流动阶段，水平井的各个垂直截面上流动是水平的。

(5)第二径向流阶段Ⅴ，压力导数表现为纵向截距值等于 0.5 的水平线。主要是裂缝系统达到径向流阶段。

(6)溶洞的拟稳态窜流阶段Ⅵ，该阶段主要反映溶洞向裂缝的窜流，压力导数出现一个明显的下凹段。

(7)裂缝和溶洞系统达到径向流动阶段Ⅶ，导数曲线同样表现为纵向截距 0.5 的水平线。

(8)基岩的拟稳态窜流阶段Ⅷ，该阶段主要反映基岩向裂缝的窜流，压力导数曲线出现第二个明显的下凹段。

(9)系统总径向流阶段Ⅸ，当全井都达到径向流动阶段时，相对于无限大地层，井可以看作为一"点"，因而其导数曲线都为 0.5 水平线。

2. 敏感性参数分析

三重介质水平井试井模型的影响参数很多，其中主要的影响参数有溶洞向裂缝的窜流系数 λ_{vf}、基岩向裂缝的窜流系数 λ_{mf}、裂缝和溶洞的储容比 ω_f、ω_v、偏心距 z_{wD} 等，下面进行敏感性参数分析。

1)溶洞向裂缝的窜流系数

溶洞向裂缝的窜流系数对三重介质水平井试井曲线的影响如图 4.11 所示，溶洞向裂缝的窜流系数 λ_{vf} 只影响双对数曲线的第二个下凹，窜流系数越大，其下凹段出现的时间越晚早，在曲线中表现为第二个下凹段沿 0.5 水平线向左平移，但形态不变，这也表明三重介质中首先发生溶洞向裂缝的窜流，λ_{vf} 值越大，即溶洞与裂缝渗透率差异越大，越先发生窜流。

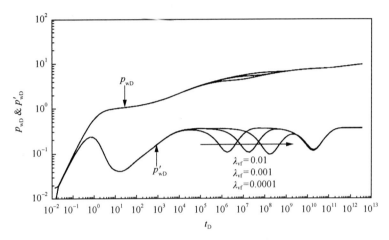

图 4.11　溶洞向裂缝的窜流系数对典型曲线的影响

2)基岩向裂缝的窜流系数

基岩向裂缝的窜流系数对三重介质水平井试井曲线的影响如图 4.12 所示，基岩向裂缝的窜流系数 λ_{mf} 只影响双对数曲线的第二个下凹，窜流系数越大，其下凹

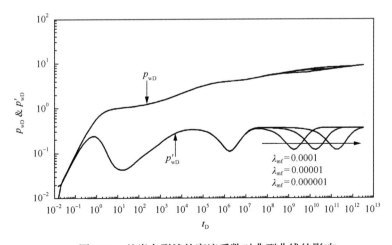

图 4.12　基岩向裂缝的窜流系数对典型曲线的影响

段出现的时间越早，在曲线中表现为第二个下凹段沿 0.5 水平线向左平移，但形态不变，这也表明三重介质中当压力不断降低时，发生溶洞向裂缝的窜流后，也将发生基岩向裂缝的窜流，λ_{mf}值越大，即基岩也裂缝渗透率差异越大，越先发生窜流。

3）溶洞的弹性储容比

溶洞的弹性储容比对顶、底封闭的三重介质水平井试井曲线的影响如图 4.13 所示，溶洞的弹性储容比影响双对数曲线的两个下凹。溶洞弹性储容比越小，其第一个下凹越浅且越窄，第二个下凹越深且越宽。

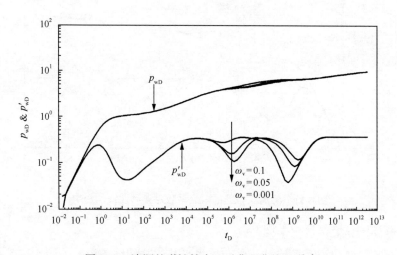

图 4.13　溶洞的弹性储容比对典型曲线的影响

4）裂缝的弹性储容比

裂缝的弹性储容比对顶、底封闭的三重介质水平井试井曲线的影响如图 4.14 所示，裂缝的弹性储容比影响双对数曲线的第一个下凹，裂缝弹性储容比越小，其第一个下凹越浅且越窄，第一径向流出现的时间越晚。

5）z_{wD} 对三重介质水平井试井曲线

水平井底距油层的距离对三重介质水平井试井曲线的影响如图 4.15 所示，z_{wD}主要影响第一径向流阶段。其值越大，第一径向流持续时间越长，这也正好说明水平井距离油藏顶、底面距离越大，其压力波传到顶、底边界所需的时间也就越长。

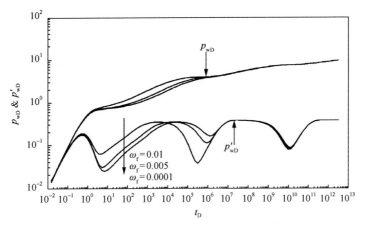

图 4.14　裂缝的弹性储容比对典型曲线的影响

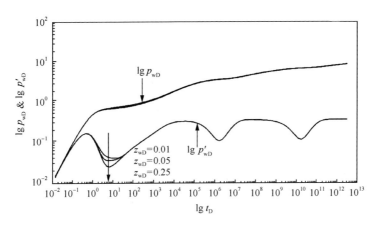

图 4.15　z_{wD} 对三重介质水平井典型曲线的影响

4.3　多层储层水平井试井分析

多层储层是两个或多个不同储层性质层的组合，每层都含有不同的流体。多层油藏是油藏纵向非均质性的常见现象。水平井也适用于多层油藏，Kuchuk（1996）引入电磁学中的反射投射法解决三维多层储层水平井压力计算问题，建立了多层储层水平井的渗流模型，并给出了多层储层水平井试井的压力求解方法。

4.3.1　试井模型及压力解

1. 物理模型

多层油藏水平井物理模型如图 4.16 所示。

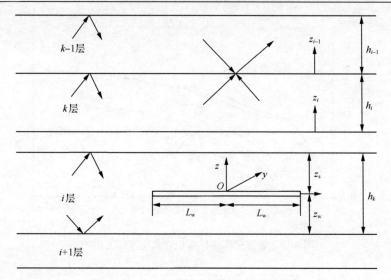

图 4.16 多层油藏水平井物理模型示意图

(1)考虑无限大各向异性层状介质，地层顶、底边界是不渗透、定压边界。

(2)所有层是水平的，层间流体可以发生相互窜流。

(3)假设每层流体微可压缩，流体压缩系数和黏度为常数。

(4)水平井位于 n 层储层中第 k 层，井筒与层面平行，忽略井筒储集和井筒表皮的影响，水平井半长为 L。

(5)单相流体，忽略毛管力和重力影响。

2. 数学模型

第 i 层中的压力扩散方程：

$$(K_x)_i \frac{\partial^2 p_i}{\partial x^2} + (K_y)_i \frac{\partial^2 p_i}{\partial y^2} + (K_z)_i \frac{\partial^2 p_i}{\partial z^2} = (\phi \mu C_t)_i \frac{\partial p_i}{\partial t} \tag{4.26}$$

初始条件：

$$p_i(\vec{r}, 0) = p_0 \ t = 0 \tag{4.27}$$

地层侧向上无限大边界条件：

$$p_i(\vec{r}, t) = p_i(x, y \to \infty, t) = p_0 \tag{4.28}$$

顶层(第 1 层)和底层(第 n 层)边界条件为：

$$\gamma_i\, p_i(\vec{r},t)+\zeta_i\frac{\partial p_i}{\partial z}(\vec{r},t)=0, \qquad z_1=h_1,\ z_n=0 \tag{4.29}$$

式 (4.26)～式 (4.29) 中，p_i 为原始地层压力，MPa；h_i 为第 i 层的厚度，m；z_i 为第 i 层中 z 方向的距离，m；$\vec{r}(x,y,z)$ 为三维坐标向量；r 层为参考层；式 (4.29) 中参数不同的取值代表不同的边界，$\gamma=0$，$\zeta=1$ 表示封闭边界，$\gamma=1$，$\zeta=0$ 表示定压边界。

考虑水平井单元采用均匀流量。水平井筒第 i 段内边界定流量生产条件为

$$\lim_{r\to 0}\zeta_i\frac{\partial p}{\partial n}=\begin{cases}0, & \text{不在第}i\text{段内}\\ q_i(t), & \text{在第}i\text{段内}\end{cases} \tag{4.30}$$

式中，$\dfrac{\partial}{\partial n}$ 为方向量；ζ_i 为各层的常量。

层界面上压力和流量的连续性条件分别为

$$p_i(r,t)=p_{i+1}(r,t)\,|\,z=z_i \tag{4.31}$$

$$\left(\frac{K_z}{\mu}\right)_i\frac{\partial p_i}{\partial z}(r,t)=\left(\frac{K_z}{\mu}\right)_{i+1}\frac{\partial p_{i+1}}{\partial z}(r,t)\,|\,z=z_i \tag{4.32}$$

无量纲参数定义：

$$p_{Di}=\frac{\sqrt{(K_y K_z)_r}\,L}{1.842\times10^{-3}q\mu_r B}\left[p_i-(p_w)_i\right] \tag{4.33}$$

$$t_D=\frac{3.6(K_x)_r\,t}{(\phi\mu C_t)_r L^2} \tag{4.34}$$

$$h_{Di}=\sqrt{\frac{K_x}{K_y}}\frac{h_i}{L} \tag{4.35}$$

$$x_D=\frac{x}{L},\quad y_D=\sqrt{\frac{K_x}{K_y}}\frac{y}{L},\quad z_D=\sqrt{\frac{K_x}{K_z}}\frac{z}{L},\quad z_{wD}=\sqrt{\frac{K_x}{K_z}}\frac{z_w}{L} \tag{4.36}$$

有效无量纲井筒半径为

$$r_{wD}=\frac{r_w}{2L}\left\{\sqrt{\left(\frac{K_x}{K_y}\right)_i}+\sqrt{\left(\frac{K_x}{K_z}\right)_i}\right\} \tag{4.37}$$

无量纲化方程为

$$\frac{\partial^2 p_{Di}}{\partial x_D^2} + (\lambda_y)_i \frac{\partial^2 p_{Di}}{\partial y_D^2} + (\lambda_z)_i \frac{\partial^2 p_{Di}}{\partial z_D^2} = \frac{1}{\kappa_i} \frac{\partial p_{Di}}{\partial t_D} \tag{4.38}$$

式中，$(\lambda_y)_i = \left(\dfrac{K_y}{K_x}\right)_i$；　$(\lambda_z)_i = \left(\dfrac{K_z}{K_x}\right)_i$；　$\kappa_i = \dfrac{\eta_i}{\eta_r}$；　$\eta_i = \left(\dfrac{K_x}{\phi\mu c_t}\right)_i$；　$\eta_r = \left(\dfrac{K_x}{\phi\mu c_t}\right)_r$。

式(4.30)～式(4.32)构成了多层储层水平井试井数学模型。

在 Laplace 空间中，带有初始条件的扩散方程(4.38)变为

$$\frac{\partial^2 \bar{p}_{Di}}{\partial x_D^2} + (\lambda_y)_i \frac{\partial^2 \bar{p}_{Di}}{\partial y_D^2} + (\lambda_z)_i \frac{\partial^2 \bar{p}_{Di}}{\partial z_D^2} - \frac{u}{\kappa_i} \bar{p}_{Di} = 0 \tag{4.39}$$

由于渗流问题的复杂性，考虑控制方程式为典型的三维 Helmholtz 方程，因此采用 Green 函数方法求解上述问题。

通过对 Green 函数的双重无限 Fourier 余弦变换得到齐次问题的解：

$$\bar{\bar{\bar{G}}}_i(u,\alpha,\beta,z) = A_i \exp(v_i z) + B_i \exp(-v_i z) \tag{4.40}$$

式中，$v_i^2 = \dfrac{1}{(\lambda_z)_i}\left[\alpha^2 + (\lambda_y)_i \beta^2 + \dfrac{u}{\kappa_i}\right]$；　α、β 分别为 Fourier 余弦变换中的变量；A_i、B_i 为待定常数，由边界条件和界面条件确定。

再通过 Fourier 变换可得到点汇响应的双重 Fourier 变换 $\bar{\bar{\bar{G}}}_{ss}$ 为

$$\bar{\bar{\bar{G}}}_{ss}(u,\alpha,\beta,z;z') = \frac{\pi}{4v_s}\exp(-v_s|z-z'|) \tag{4.41}$$

根据齐次化原理，对于点汇所在层，多层储层基本解可表示为齐次问题解与点汇问题解之和，即

$$\bar{\bar{\bar{G}}}_s(u,\alpha,\beta,z;z') = \frac{\pi}{4v_s}\exp(-v_s|z-z'|) + A_s \exp(v_s z) + B_s \exp(-v_s z) \tag{4.42}$$

其他层的解为齐次问题的解，即式(4.40)。

至此，已经得到多层介质油藏点汇引起的响应的通解形式，只要求得式 A_i、B_i、A_s 和 B_s(对于纵向较多的储层，系数用常规计算相当繁琐，对此可以采用电子学中的反射和投射方法来求解系数，本书就不再赘述，详细内容可参考 Kuchuk(1996)的文献。

水平井的压力响应与瞬时线汇解 $(\bar{g}_w)_k$ 在 Laplace 空间存在如下关系：

$$(\bar{p}_D)_k(r_{wD},u)=2\frac{(\bar{g}_w)_k(r_{wD},u)}{u} \tag{4.43}$$

由式 (4.43) 可知计算水平井的压力响应，必须先求得 $(\bar{g}_w)_k(r_{wD},u)$。Kuchuk(1996) 通过双重无限 Fourier 余弦逆变换推导出解的表达式为

$$(\bar{g}_w)_k(r_w,u)=(\bar{g}_{wu})_k(r_w,u)+\frac{4}{\pi^2}\int_0^\infty\int_0^\infty\frac{\sin^2\alpha}{\alpha^2}\left(\bar{\bar{\bar{G}}}_h\right)_k(r_w,\alpha,\beta,u)\mathrm{d}\alpha\mathrm{d}\beta \tag{4.44}$$

式中，$(\bar{g}_{wu})_k(r_{wD},u)$ 为水平井的 Laplace 空间解，$\left(\bar{\bar{\bar{G}}}_h\right)_k$ 为多层油藏中齐次问题的解，即式 (4.40) 和式 (4.42)。

4.3.2　典型曲线特征

1. 典型曲线图版

水平井顶、底封闭两层模型双对数压力响应和压力导数曲线如图 4.17 所示，典型曲线分为 6 个流动阶段。

(1) 井筒储集阶段 Ⅰ，与均质水平井模型相同。

(2) 过渡阶段 Ⅱ，与均质水平井模型相同。

(3) 早期径向流段 Ⅲ，压力导数表现为一条水平线，表现为在水平井垂直截面上的径向流动，该阶段往往被严重的井储效应所掩盖。

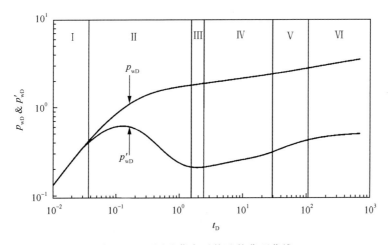

图 4.17　两层油藏水平井试井典型曲线

(4)层间窜流过渡阶段Ⅳ，压力波传播到双层油藏的交界面和底面后，由于层与层之间物性的差异，导致层间窜流，形成窜流阶段的"过渡段"。

(5)线性流段Ⅴ，压力导数表现为一条斜率为 0.5 的上升直线段。在双层储层交界面和底面都影响井的压力变化之前，流动进入线性流动阶段。

(6)系统总径向流阶段Ⅵ，当全井都达到径向流动阶段时，相对于无限大地层，井可以看作为一"点"，因而其导数曲线呈现为一条纵向截距为 0.5 的水平线。

2. 敏感性参数分析

下面着重分析双层储层水平井试井的敏感性参数，主要有上层流动能力、上层油藏厚度。

1)上层流动能力

上层流动能力占总的流动能力的比值（$a = K_1 / K_1 + K_2$），a 对双层储层水平井典型曲线的影响如图 4.18 所示，下层为水平井所在层。从图 4.18 看出，上层流动能力差，水平井所在层的物性好，无量纲压力就越大，流动阶段Ⅲ、Ⅳ和Ⅴ界限很难确定，特征也不明显，在垂直径向流向线性流过渡期间，压力导数曲线出现下降趋势，曲线的斜率会由正变为负。但上下层的流动能力一样时，双层储层的试井曲线特征与均质储层相同。

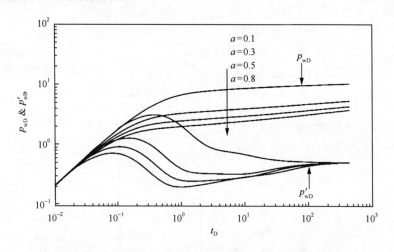

图 4.18　上层油藏流动能力对两层储层水平井试井曲线的影响

2)上层储层厚度

两层储层中上层厚度对总厚度比值 $\left[b = h_1 / (h_1 + h_2) \right]$ 对封闭的双层储层水平井试井曲线的影响如图 4.19 所示，下层为水平井所在层。上层厚度影响水平井的第Ⅲ、Ⅳ和Ⅴ阶段，上层厚度越大，水平井所在层的厚度越小，压力波越早传播到两层的交界面，进入第 V 阶段比较早，反之，上层厚度越小，水平井所在层的厚度越大，进入第 V 阶段的时间比较晚。

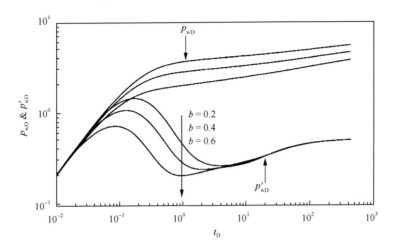

图 4.19　上层储层厚度对多层储层水平井试井曲线的影响

4.4　水平井复合模型试井分析

类似于直井的酸化措施，水平井酸化后形成以水平井筒为中心的内外物性不同的复合区，此时可以考虑为水平井复合模型。王晓冬和刘慈群（1997a，1997b）、石国新等（2012）分别采用有限余弦积分变换、Laplace 变换和特征值法，研究顶、底封闭、侧面无穷大水平井复合模型试井分析方法。

4.4.1　试井模型及压力解

1. 物理模型

水平井二区复合模型如图 4.20 所示，内外区由于物性差异而具有不同的孔渗特性。与其他模型不同的是，此模型不仅考虑顶、底封闭，还考虑顶、底定压及顶、底混合边界的各种复杂外边界，侧面外边界不仅考虑无穷大地层，还考虑封闭和定压边界。

2. 数学模型

定义类似于直井有效井径的无量纲距离为

$$r_D = r / (r_w e^{-S}) \tag{4.45}$$

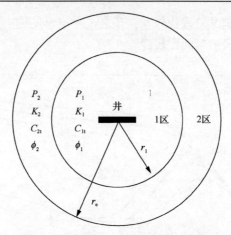

图 4.20　水平井 2 区复合模型示意图

因为水平井的总表皮系数为

$$S_t = \frac{\sqrt{K_{1h}K_{1p}}\,(L/2)}{1.842 \times 10^{-3}\,q\mu B}\Delta p_s \tag{4.46}$$

因此，在 S_t 和 S 之间存在如下关系式：

$$S_t = \frac{L}{2h}\sqrt{\frac{K_{1p}}{K_{1h}}}S \tag{4.47}$$

导压系数比为

$$\eta_D = \frac{\eta_2}{\eta_1} \tag{4.48}$$

流度比 M、储容比 ω 的定义与直井复合模型相同。

1）Laplace 空间水平井渗流无量纲控制方程为

$$\frac{\partial^2 \overline{p}_{1D}}{\partial r_D^2} + \frac{1}{r_D}\frac{\partial \overline{p}_{1D}}{\partial r_D} + \frac{1}{h_{1D}^2}\frac{\partial^2 \overline{p}_{1D}}{\partial z_D^2} = u\mathrm{e}^{-2S}\,\overline{p}_{1D}, \qquad 1 \leqslant r_D \leqslant r_{1D} \tag{4.49}$$

$$\frac{\partial^2 \overline{p}_{2D}}{\partial r_D^2} + \frac{1}{r_D}\frac{\partial \overline{p}_{2D}}{\partial r_D} + \frac{1}{h_{2D}^2}\frac{\partial^2 \overline{p}_{2D}}{\partial z_D^2} = \frac{u}{\eta_D \mathrm{e}^{2S}}\,\overline{p}_{2D}, \qquad r_{1D} \leqslant r_D \leqslant r_{eD} \tag{4.50}$$

对定产量生产条件，点源的内边界条件为

$$\lim_{r_D \to 0}\left(r_D \frac{\partial \overline{p}_{1D}}{\partial r_D} \right) = -\frac{1}{u} \tag{4.51}$$

2) 内外区界面连接条件

压力连续：

$$\left.\bar{p}_{1\mathrm{D}}\right|_{r_{\mathrm{D}}=r_{1\mathrm{D}}} = \left.\bar{p}_{2\mathrm{D}}\right|_{r_{\mathrm{D}}=r_{1\mathrm{D}}} \tag{4.52}$$

流量连续：

$$\left.\frac{\partial \bar{p}_{1\mathrm{D}}}{\partial r_{\mathrm{D}}}\right|_{r_{\mathrm{D}}=r_{1\mathrm{D}}} = M \left.\frac{\partial \bar{p}_{2\mathrm{D}}}{\partial r_{\mathrm{D}}}\right|_{r_{\mathrm{D}}=r_{1\mathrm{D}}} \tag{4.53}$$

3) 外边界条件

顶面封闭：

$$\left.\frac{\partial \bar{p}_{1\mathrm{D}}}{\partial z_{\mathrm{D}}}\right|_{z_{\mathrm{D}}=1} = \left.\frac{\partial \bar{p}_{2\mathrm{D}}}{\partial z_{\mathrm{D}}}\right|_{z_{\mathrm{D}}=1} = 0 \tag{4.54}$$

底面封闭：

$$\left.\frac{\partial \bar{p}_{1\mathrm{D}}}{\partial z_{\mathrm{D}}}\right|_{z_{\mathrm{D}}=0} = \left.\frac{\partial \bar{p}_{2\mathrm{D}}}{\partial z_{\mathrm{D}}}\right|_{z_{\mathrm{D}}=0} = 0 \tag{4.55}$$

侧面无穷大：

$$\lim_{r_{\mathrm{D}}\to\infty} \bar{p}_{2\mathrm{D}} = 0 \tag{4.56}$$

3. 数学模型的解

在 Laplace 空间中无量纲压力可分离为水平径向的函数变量 $\bar{R}(r_{\mathrm{D}})$ 和垂直方向上的函数变量 $\bar{Z}(z_{\mathrm{D}})$，即

$$\bar{p}_{1\mathrm{D}} = \bar{R}_1(r_{\mathrm{D}})\bar{Z}(z_{\mathrm{D}}) \tag{4.57}$$

$$\bar{p}_{2\mathrm{D}} = \bar{R}_2(r_{\mathrm{D}})\bar{Z}(z_{\mathrm{D}}) \tag{4.58}$$

由于复合模型的复合特性在水平径向方向，因此垂直方向上的函数变量与复合模型的复合特性无关，即

$$\bar{R}_1'' + \frac{1}{r_{\mathrm{D}}}\bar{R}_1' - \xi_1\bar{R}_1 = 0 \tag{4.59}$$

$$\xi_1 = u\mathrm{e}^{-2S} + \frac{\lambda}{h_{1\mathrm{D}}^2} \tag{4.60}$$

$$\bar{R}_2'' + \frac{1}{r_{\mathrm{D}}}\bar{R}_2' - \xi_2\bar{R}_2 = 0 \tag{4.61}$$

$$\xi_2 = \frac{u}{\eta_{2,1}e^{2S}} + \frac{\lambda}{h_{2D}^2} \tag{4.62}$$

$$\bar{Z}'' + \lambda \bar{Z} = 0 \tag{4.63}$$

1) 水平径向函数变量的解

$$\bar{R}_1 = AI_0\left(r_D\sqrt{\xi_1}\right) + BK_0\left(r_D\sqrt{\xi_1}\right) \tag{4.64}$$

$$\bar{R}_2 = CI_0\left(r_D\sqrt{\xi_2}\right) + DK_0\left(r_D\sqrt{\xi_2}\right) \tag{4.65}$$

则有

$$CI_0\left(r_{eD}\sqrt{\xi_2}\right) + DK_0\left(r_{eD}\sqrt{\xi_2}\right) = 0 , \qquad 恒压 \tag{4.66}$$

$$CI_1\left(r_{eD}\sqrt{\xi_2}\right) - DK_1\left(r_{eD}\sqrt{\xi_2}\right) = 0 , \qquad 封闭 \tag{4.67}$$

最后得

$$I_0\left(\sqrt{\xi_1}r_{1D}\right)A + K_0\left(\sqrt{\xi_1}r_{1D}\right)B = I_0\left(\sqrt{\xi_2}r_{1D}\right)C + K_0\left(\sqrt{\xi_2}r_{1D}\right)D \tag{4.68}$$

$$\sqrt{\xi_1}\left[I_1\left(\sqrt{\xi_1}r_{1D}\right)A - K_1\left(\sqrt{\xi_1}r_{1D}\right)B\right] =$$
$$M_{2,1}\sqrt{\xi_2}\left[I_1\left(\sqrt{\xi_2}r_{1D}\right)C - K_1\left(\sqrt{\xi_2}r_{1D}\right)D\right] \tag{4.69}$$

式中，I_0 为第一类零阶修正贝塞尔函数；I_1 为第一类一阶修正贝塞尔函数；K_0 为第二类零阶修正贝塞尔函数；K_1 为第二类一阶修正贝塞尔函数；A、B、C、D 为待定系数。

2) 垂向函数变量的解

$$\begin{cases} \bar{Z} = \dfrac{1}{2}\cos\left(\sqrt{\lambda_n}z_{wD}\right)\cos\left(n\pi z_D\right) \\ \lambda_n = \left(n\pi\right)^2 \end{cases}, \quad n=0,1,2,\cdots \tag{4.70}$$

3) 模型的解

假设模型顶、底均封闭，侧面无限大，压力解如下：

$$\bar{p}_{1D} = \bar{R}_1\bar{Z} = \frac{1}{2}\sum_{n=0}^{\infty}\left[A_nI_0\left(r_D\sqrt{\xi_{1,n}}\right) + B_nK_0\left(r_D\sqrt{\xi_{1,n}}\right)\right]\cos\left(n\pi z_{wD}\right)\cos\left(n\pi z_D\right) \tag{4.71}$$

$$\xi_{1,n} = \xi_1 = ue^{-2S} + \frac{\left(n\pi\right)^2}{h_D^2}, \qquad A_n = A, \quad B_n = B, \quad n = 0,1,2,\cdots \tag{4.72}$$

则井底压力为

$$\bar{p}_{sD} = \frac{1}{2} \sum_{n=0}^{\infty} \left[A_n \int_{-L/2r_w}^{L/2r_w} I_0 \left(x_D \sqrt{\xi_{1,n}} \right) dx_D + B_n \int_{-L/2r_w}^{L/2r_w} K_0 \left(x_D \sqrt{\xi_{1,n}} \right) dx_D \right]$$
$$\cos(n\pi z_{wD}) \cos \left[n\pi \left(z_{wD} + \frac{r_w}{h} \right) \right] \tag{4.73}$$

如果考虑井筒储集和表皮效应，可采用第 2 章式 (2.112) 进行数值反演，得到无量纲井底压力 p_{wD}。

4.4.2 典型曲线特征

水平井无限大二区径向复合模型典型曲线如图 4.21 所示。整个渗流可分为 7 个阶段。

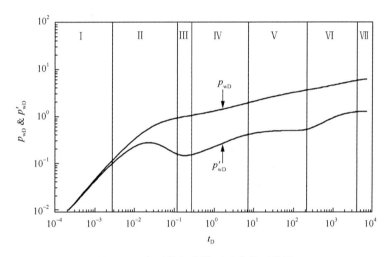

图 4.21 水平井复合模型试井典型曲线

(1) 阶段 I 为纯井筒储集阶段，与均质模型相同。

(2) 阶段 II 为过渡阶段，与均质模型相同。

(3) 阶段 III 为早期径向流阶段，导数曲线表现为一条水平线，反映了早期当压力波未传播到顶、底封闭边界时的垂直径向流特征。

(4) 阶段 IV 为中期线性流阶段，导数曲线表现为斜率为 1/2 的直线，反映了当压力传播到顶、底边界后出现垂直于水平井段的线性流动。

(5) 阶段 V 为中期径向流阶段，导数曲线表现为一条纵向截距为 0.5 的水平线，反映了内区水平方向的径向流动。

(6) 阶段 VI 为中期径向流后的过渡段，导数曲线从值 0.5 的水平线过渡到另一水平线。

(7)阶段Ⅶ为晚期径向流阶段，导数曲线表现为另一条水平线，该阶段反映了内区和外区的整体水平方向的径向流动。

4.4.3　敏感性参数分析

在径向复合模型的参数敏感性分析中，本书着重分析两区流度比 M、储容比 ω 的敏感性。

1. 两区流度比

两区的流度比 M 对复合模型典型曲线如图 4.22 所示，可以看到流度比 M 主要影响晚期的径向流阶段；当 $M>1$ 时，压力导数曲线晚期径向流的水平线相当于中期径向流的 0.5 线上升了一个台阶，M 值越大，晚期径向流水平线的位置就越越高；当 $M<1$ 时，晚期径向流的水平线相对于中期径向流 0.5 线下降了一个台阶，M 值越小，晚期径向流水平线位置越低。

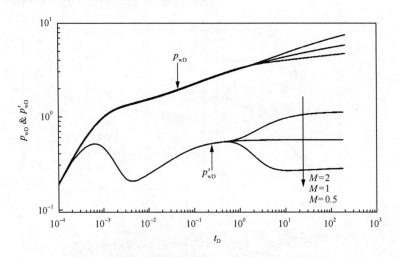

图 4.22　两区复合模型流度比 M 对典型曲线的影响

2. 两区储容比 ω

如果两区的流度相等，但是 $(\phi C_t)_1 \neq (\phi C_t)_2$，此时双对数曲线的形状如图 4.23 所示。由于 $\omega=1$，导数曲线的第一直线段和第二直线段都应在同一水平线上，但在它们之间有一个过渡段曲线，当内区的存储能力大于外区，曲线向上隆起而形成"驼峰"；当外区储存能力大于内区，与介质间拟稳定流情形的双孔模型相似，曲线下凹而形成"凹子"。

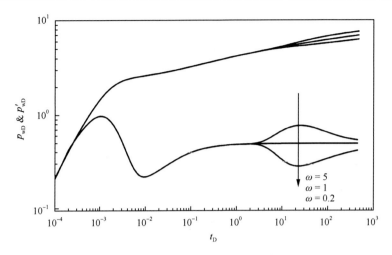

图 4.23　两区复合模型储容比 ω 对典型曲线的影响

4.5　各向异性储层水平井试井分析

本节介绍 Obinn 和 Igbokoyi(2013)提出的各向异性储层水平井试井解,并讨论各向异性对试井分析的影响。

4.5.1　试井模型及压力解

1. 物理模型

各向异性储层水平井物理模型如图 4.24 所示,为了建立水平井试井数学模型,作如下假设。

(1)地层流体微可压缩,流体单相,流动为层流。

(2)油藏渗透率各向异性,最大渗透率方向为 x 轴方向。

(3)每个水平井井段的渗透率是基质渗透率。

(4)总的流量是时间的函数,且每一段的流量是一定的。

(5)整个井筒的流量分布是已知的,每个源的流量独立(常数),为总流量的一部分。

(6)线源长度是有效的完井长度,每个井段都为线源。

(7)水平井井段的方向受主渗透率方向影响。

(8)油藏的物性不受压力和温度的影响。

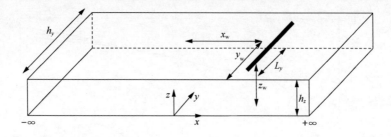

图 4.24　x 方向无限大油藏中水平井图示

2. 数学模型

Obinna(2013)对这类试井模型的求解方法如下。

(1)将渗流方程转换为无量纲形式。

(2)用 Fourier、Laplace 变换和 Stefest 数值反演求解无量纲渗流方程。

(3)线源压力解为点源函数压力解的叠加。

(4)综合考虑水平井的方向和渗透率各向异性。

下面分 4 种情况,讨论试井模型的压力解。

1)油藏在仅在 x 方向上无限大

各向异性储层点源函数渗流方程如下:

$$\alpha_{x_i}^2 K_x \frac{\partial^2 p_i}{\partial x^2} + \alpha_{y_i}^2 K_y \frac{\partial^2 p_i}{\partial y^2} + \alpha_{z_i}^2 K_z \frac{\partial^2 p_i}{\partial z^2} + \mu \beta_i q_r \delta(x) \delta(y - y_{wi}) \delta(z - z_w) = \phi \mu C_t \frac{\partial p_i}{\partial t} \quad (4.74)$$

方程无量纲化:

$$\alpha_{x_i}^2 \frac{\partial^2 p_{D_i}}{\partial x_D^2} + \alpha_{y_i}^2 \frac{\partial^2 p_{D_i}}{\partial y_D^2} + \alpha_{z_i}^2 \frac{\partial^2 p_{D_i}}{\partial z_D^2} + 2\pi \beta_i \delta(x_D) \delta(y_D - y_{wDi}) \delta(z_D - z_{wD}) = \frac{\partial p_{D_i}}{\partial t_D} \quad (4.75)$$

初始条件:

$$p_{D_i}(x_D, y_D, z_D, t_D = 0) = 0 \quad (4.76)$$

边界条件:

$$p_{D_i}(x_d \to \pm\infty, y_D, z_D, t_D) = 0 \quad (4.77)$$

$$\left. \frac{\partial p_{D_i}}{\partial y_D} \right|_{y_D = 0, h_{y_D}} = 0 \quad (4.78)$$

$$\left. \frac{\partial p_{D_i}}{\partial z_D} \right|_{z_D = 0, h_{z_D}} = 0 \quad (4.79)$$

无量纲量定义如下：

$$p_{D_i} = \frac{L\sqrt{K_{y_i}K_{z_i}}\Delta p_i}{1.842\times10^{-3}q_r\mu} \tag{4.80}$$

$$t_D = \frac{3.6K_x t}{\phi\mu C_t L^2} \tag{4.81}$$

$$C_D = \frac{C}{2\pi\phi C_t L r_w^2} \tag{4.82}$$

$$x_D = \frac{x}{L}, \quad y_D = \frac{y}{L}\sqrt{\frac{K_x}{K_y}}, \quad z_D = \frac{z}{L}\sqrt{\frac{K_x}{K_z}} \tag{4.83}$$

$$h_{y_D} = \frac{h_y}{L}\sqrt{\frac{K_x}{K_y}}, \quad h_{z_D} = \frac{h_z}{L}\sqrt{\frac{K_x}{K_z}} \tag{4.84}$$

$$\alpha_{n_i}^2 = \frac{K_{n_i}}{K_n}, \quad n=x,y,z, \quad \beta_i = \frac{q_i}{q_r}, \quad \gamma_i = \frac{L_i}{L} \tag{4.85}$$

式(4.80)～式(4.85)中，L 为参考长度，m；p 为压力，MPa；x_w 为 x 坐标轴方向上的井距离，m；y_w 为 y 坐标轴方向上的井距离，m；z_w 为 z 坐标轴方向上的井距离，m。

对式(4.74)～式(4.79)进行关于 t_D 的 Laplace 空间变换：

$$\alpha_{x_i}^2\frac{\partial^2\bar{p}_{D_i}}{\partial x_D^2} + \alpha_{y_i}^2\frac{\partial^2\bar{p}_{D_i}}{\partial y_D^2} + \alpha_{z_i}^2\frac{\partial^2\bar{p}_{D_i}}{\partial z_D^2} + \frac{2\pi\beta_i\delta(x_D)\delta(y_D-y_{wDi})\delta(z_D-z_{wD})}{u} = u\bar{p}_{D_i} \tag{4.86}$$

$$\bar{p}_{D_i}(x_D\to\pm\infty, y_D, z_D, u) = 0 \tag{4.87}$$

$$\frac{\partial\bar{p}_{D_i}}{\partial y_D}\Big|_{y_D=0,h_{y_D}} = 0 \tag{4.88}$$

$$\frac{\partial\bar{p}_{D_i}}{\partial z_D}\Big|_{z_D=0,h_{z_D}} = 0 \tag{4.89}$$

式中，u 为 Laplace 空间变量。

对式(4.86)～式(4.89)进行 z_D 和 y_D 有限 Fourier 变换，得

$$\alpha_{x_i}^2\frac{\partial^2\bar{p}_{D_i}}{\partial x_D^2} - \left(u+\alpha_{y_i}^2 k^2+\alpha_{z_i}^2 l^2\right)\bar{p}_{D_i} = \frac{-8\pi\beta_i\delta(x_D)\cos(ky_{wDi})\sin(lz_{wD})}{uh_{y_D}h_{z_D}} \tag{4.90}$$

$$\bar{p}_{D_i}(x_D\to\pm\infty, k, l, u) = 0 \tag{4.91}$$

对式(4.90)进行关于 x_D 无限 Fourier 变换，得

$$\hat{\bar{p}}_{D_i}(\omega,k,l,u) = \frac{8\pi\beta_i}{h_{y_D}h_{z_D}} \frac{\cos(ky_{wDi})\cos(lz_{wD})}{u(u+\alpha_{x_i}^2\omega^2+\alpha_{y_i}^2k^2+\alpha_{z_i}^2l^2)} \tag{4.92}$$

再进行关于 ω 的 Fourier 逆变换，得

$$\bar{p}_{D_i}(x_D,k,l,u) = \frac{4\pi\beta_i\cos(ky_{wD})\cos(lz_{wD})}{h_{y_D}h_{z_D}} \frac{e^{-\frac{x_D}{\alpha_{x_i}}\sqrt{u+\alpha_{y_i}^2k^2+\alpha_{z_i}^2l^2}}}{\alpha_{x_i}\sqrt{u+\alpha_{y_i}^2k^2+\alpha_{z_i}^2l^2}} \tag{4.93}$$

再进行 k 和 l 的 Fourier 逆变换，得

$$\bar{p}_{D_i}(x_D,y_D,z_D,u) = \frac{4\pi\beta_i}{\alpha_{x_i}uh_{y_D}h_{zD}} \times \left[\begin{array}{l} \dfrac{1}{4}\dfrac{e^{-\frac{x_D}{\alpha_{x_i}}\sqrt{u}}}{\sqrt{u}} + \dfrac{1}{2}\sum_{m=1}^{\infty}\left[\dfrac{e^{-\frac{x_D}{\alpha_{x_i}}\sqrt{u+\alpha_{z_i}^2l^2}}\cos(lz_{wD})\cos(lz_D)}{\sqrt{u+\alpha_{z_i}^2l^2}}\right] \\[3mm] + \dfrac{1}{2}\sum_{m=1}^{\infty}\left[\dfrac{e^{-\frac{x_D}{\alpha_{x_i}}\sqrt{u+\alpha_{y_i}^2k^2}}\cos(ky_{wDi})\cos(ky_D)}{\sqrt{u+\alpha_{y_i}^2k^2}}\right] \\[3mm] + \sum_{m=1}^{\infty}\sum_{n=1}^{\infty}\left[\dfrac{e^{-\frac{x_D}{\alpha_{x_i}}\sqrt{u+\alpha_{y_i}^2k^2+\alpha_{z_i}^2l^2}}\cos(ky_{wDi})\cos(ky_D)\cos(lz_{wD})\cos(lz_D)}{\sqrt{u+\alpha_{y_i}^2k^2+\alpha_{z_i}^2l^2}}\right] \end{array} \right] \tag{4.94}$$

转化为含井筒表皮系数的线源解，得

$$\bar{p}_{w_{D_i}}(x_{wD},y_{wD_i},z_{wD},u,s_i) = \int_{y_{wD_i}-\gamma_iL_{y_{D_i}}}^{y_{wD_i}+\gamma_iL_{y_{D_i}}} \bar{p}_{Di}(x_{wD},y_D,z_{wD},u,s_i) =$$

$$\frac{4\pi\beta_i}{\sin(\theta_w)\alpha_{x_i}uh_{y_D}h_{z_D}} \times \left[\begin{array}{l} \dfrac{\gamma_iL_{yDi}}{2}\left(\dfrac{e^{-\frac{x_{wD}}{\alpha_{x_i}}\sqrt{u}}}{\sqrt{u}}+s_i\right) + \gamma_iL_{yDi}\sum_{m=1}^{\infty}\left[\dfrac{e^{-\frac{x_D}{\alpha_{x_i}}\sqrt{u+\alpha_{z_i}^2l^2}}\cos(lz_{wD})}{\sqrt{u+\alpha_{z_i}^2l^2}}+s_i\right] \\[4mm] + \sum_{m=1}^{\infty}\left(\dfrac{e^{-\frac{x_{wD}}{\alpha_{x_i}}\sqrt{u+\alpha_{y_i}^2k^2}}}{k\sqrt{u+\alpha_{y_i}^2k^2}}+s_i\right)\sin(\gamma_ikL_{yDi})\cos^2(ky_{wDi}) \\[4mm] + 2\sum_{m=1}^{\infty}\sum_{n=1}^{\infty}\left(\dfrac{e^{-\frac{x_{wD}}{\alpha_{x_i}}\sqrt{u+\alpha_{y_i}^2k^2+\alpha_{z_i}^2l^2}}}{k\sqrt{u+\alpha_{y_i}^2k^2+\alpha_{z_i}^2l^2}}+s_i\right)\sin(\gamma_ikL_{yDi})\cos^2(ky_{wDi})\cos^2(lz_{wD}) \end{array} \right] \tag{4.95}$$

2) 油藏在 x 和 y 方向上无限大

无量纲方程为

$$\alpha_{x_i}^2 \frac{\partial^2 p_{D_i}}{\partial x_D^2} + \alpha_{y_i}^2 \frac{\partial^2 p_{D_i}}{\partial y_D^2} + \alpha_{z_i}^2 \frac{\partial^2 p_{D_i}}{\partial z_D^2} + 2\pi\beta_i\delta(x_D)\delta(y_D)\delta(z_D - z_{wD}) = \frac{\partial p_{D_i}}{\partial t_D} \qquad (4.96)$$

$$p_{D_i}(x_D, y_D, z_D, t_D = 0) = 0 \qquad (4.97)$$

$$p_{D_i}(x_D \to \pm\infty, y_D, z_D, t_D) = 0 \qquad (4.98)$$

$$p_{D_i}(x_D, y_D \to \pm\infty, z_D, t_D) = 0 \qquad (4.99)$$

$$\frac{\partial p_{D_i}}{\partial z_D}\Big|_{z_D=0, h_{z_D}} = 0 \qquad (4.100)$$

对式 (4.96)～式 (4.100) 进行关于 t_D 的 Laplace 空间变换：

$$\alpha_{x_i}^2 \frac{\partial^2 \bar{p}_{D_i}}{\partial x_D^2} + \alpha_{y_i}^2 \frac{\partial^2 \bar{p}_{D_i}}{\partial y_D^2} + \alpha_{z_i}^2 \frac{\partial^2 \bar{p}_{D_i}}{\partial z_D^2} + \frac{2\pi\beta_i\delta(x_D)\delta(y_D)\delta(z_D - z_{wD})}{u} = u\bar{p}_{D_i} \qquad (4.101)$$

$$\bar{p}_{D_i}(x_D \to \pm\infty, y_D, z_D, u) = 0 \qquad (4.102)$$

$$\bar{p}_{D_i}(x_D, y_D \to \pm\infty, z_D, u) = 0 \qquad (4.103)$$

$$\frac{\partial \bar{p}_{D_i}}{\partial z_D}\Big|_{z_D=0, h_{z_D}} = 0 \qquad (4.104)$$

对式 (4.101)～式 (4.104) 进行关于 z_D 有限 Fourier 变换，得

$$\alpha_{x_i}^2 \frac{\partial^2 \bar{p}_{D_i}}{\partial x_D^2} + \alpha_{x_i}^2 \frac{\partial^2 \bar{p}_{D_i}}{\partial x_D^2} - \left(u + \alpha_{z_i}^2 l^2\right)\bar{p}_{D_i} = \frac{-4\pi\beta_i\delta(x_D)\cos(y_D)\cos(lz_{wD})}{uh_{z_D}} \qquad (4.105)$$

$$\bar{p}_{D_i}(x_D \to \pm\infty, y_D, l, u) = 0 \qquad (4.106)$$

$$\bar{p}_{D_i}(x_D, y_D \to \pm\infty, l, u) = 0 \qquad (4.107)$$

对式 (4.105)～式 (4.107) 进行关于 x_D、y_D 得无限 Fourier 变换，得

$$\hat{\bar{p}}_{D_i}(\omega, k, l, u) = \frac{4\pi\beta_i}{uh_{z_D}} \frac{\cos(lz_{wD})}{u + \alpha_{x_i}^2\omega^2 + \alpha_{y_i}^2 k^2 + \alpha_{z_i}^2 l^2} \qquad (4.108)$$

对式 (4.108) 进行关于 ω 的 Fourier 逆变换

$$\hat{\bar{p}}_{\mathrm{D}_i}(x_\mathrm{D},k,l,u) = \frac{2\pi\beta_i \cos(lz_\mathrm{wD})}{uh_{z_\mathrm{D}}} \frac{\mathrm{e}^{-\frac{x_\mathrm{D}}{\alpha_{x_i}}\sqrt{u+\alpha_{y_i}^2 k^2+\alpha_{z_i}^2 l^2}}}{\alpha_{x_i}\sqrt{u+\alpha_{y_i}^2 k^2+\alpha_{z_i}^2 l^2}} \tag{4.109}$$

对式(4.109)进行关于 l 无限 Fourier 逆变换

$$\hat{\bar{p}}_{\mathrm{D}_i}(x_\mathrm{D},y_\mathrm{D},z_\mathrm{D},u) = \frac{2\pi\beta_i}{\alpha_{x_i}uh_{z_\mathrm{D}}}\left[\frac{1}{2}\frac{\mathrm{e}^{-\frac{x_\mathrm{D}}{\alpha_{x_i}}\sqrt{u+\alpha_{y_i}^2 k^2}}}{\sqrt{u+\alpha_{y_i}^2 k^2}} + \sum_{m=1}^{\infty}\frac{\mathrm{e}^{-\frac{x_\mathrm{D}}{\alpha_{x_i}}\sqrt{u+\alpha_{y_i}^2 k^2+\alpha_{z_i}^2 l^2}}\cos(lz_\mathrm{wD})\cos(lz_\mathrm{D})}{\sqrt{u+\alpha_{y_i}^2 k^2+\alpha_{z_i}^2 l^2}}\right] \tag{4.110}$$

转化为含井筒表皮的线源解，得

$$p_{\mathrm{wD}}(x_\mathrm{wD},y_\mathrm{wD},z_\mathrm{wD},u) = \sum_{i=1}^{N}\left\{L^{-1}\left\{F^{-1}\left[\hat{p}_{\mathrm{wD}i}(x_\mathrm{wD},k,z_\mathrm{wD},u)\right]\right\}\right\} \tag{4.111}$$

3) 在 x, y, z 方向上有限的封闭油藏

无量纲方程为

$$\alpha_{x_i}^2\frac{\partial^2 p_{\mathrm{D}_i}}{\partial x_\mathrm{D}^2} + \alpha_{y_i}^2\frac{\partial^2 p_{\mathrm{D}_i}}{\partial y_\mathrm{D}^2} + \alpha_{z_i}^2\frac{\partial^2 p_{\mathrm{D}_i}}{\partial z_\mathrm{D}^2} + 2\pi\beta_i\delta(x_\mathrm{D}-x_\mathrm{wD})\delta(y_\mathrm{D}-y_{\mathrm{wD}i})\delta(z_\mathrm{D}-z_\mathrm{wD}) = \frac{\partial\Delta p_{\mathrm{D}_i}}{\partial t_\mathrm{D}} \tag{4.112}$$

$$p_{\mathrm{D}_i}(x_\mathrm{D},y_\mathrm{D},z_\mathrm{D},t_\mathrm{D}=0) = 0 \tag{4.113}$$

$$\left.\frac{\partial p_{\mathrm{D}_i}}{\partial x_\mathrm{D}}\right|_{x_\mathrm{D}=0,h_{x_\mathrm{D}}} - 0 \tag{4.114}$$

$$\left.\frac{\partial p_{\mathrm{D}_i}}{\partial y_\mathrm{D}}\right|_{y_\mathrm{D}=0,h_{y_\mathrm{D}}} = 0 \tag{4.115}$$

$$\left.\frac{\partial p_{\mathrm{D}_i}}{\partial z_\mathrm{D}}\right|_{z_\mathrm{D}=0,h_{z_\mathrm{D}}} = 0 \tag{4.116}$$

对式(4.112)~式(4.116)进行关于 t_D 的 Laplace 空间变换：

$$\alpha_{x_i}^2\frac{\partial^2 \bar{p}_{\mathrm{D}_i}}{\partial x_\mathrm{D}^2} + \alpha_{y_i}^2\frac{\partial^2 \bar{p}_{\mathrm{D}_i}}{\partial y_\mathrm{D}^2} + \alpha_{z_i}^2\frac{\partial^2 \bar{p}_{\mathrm{D}_i}}{\partial z_\mathrm{D}^2} + \frac{2\pi\beta_i\delta(x_\mathrm{D}-x_\mathrm{wD})\delta(y_\mathrm{D}-y_{\mathrm{wD}i})\delta(z_\mathrm{D}-z_\mathrm{wD})}{u} = u\bar{p}_{\mathrm{D}_i} \tag{4.117}$$

$$\left.\frac{\partial \bar{p}_{\mathrm{D}_i}}{\partial x_\mathrm{D}}\right|_{x_\mathrm{D}=0,h_{x_\mathrm{D}}} = 0 \tag{4.118}$$

$$\left.\frac{\partial \overline{p}_{\mathrm{D}_i}}{\partial y_{\mathrm{D}}}\right|_{y_{\mathrm{D}}=0,h_{y_{\mathrm{D}}}} = 0 \tag{4.119}$$

$$\left.\frac{\partial \overline{p}_{\mathrm{D}_i}}{\partial z_{\mathrm{D}}}\right|_{z_{\mathrm{D}}=0,h_{z_{\mathrm{D}}}} = 0 \tag{4.120}$$

对式(4.117)~式(4.118)进行 $x_{\mathrm{D}},y_{\mathrm{D}},z_{\mathrm{D}}$ 的 Fourier 变换，得

$$\hat{\overline{\hat{p}}}_{\mathrm{D}_i}(\omega,k,l,u) = \frac{16\pi\beta_i}{uh_{x_{\mathrm{D}}}h_{y_{\mathrm{D}}}h_{z_{\mathrm{D}}}}\frac{\cos(\omega x_{\mathrm{wD}})\cos(ky_{\mathrm{wD}})\cos(lz_{\mathrm{wD}})}{u+\alpha_{x_i}^2\omega^2+\alpha_{y_i}^2k^2+\alpha_{z_i}^2l^2} \tag{4.121}$$

对式(4.121)进行关于 ω 有限 Fourier 逆变换，得

$$\hat{\overline{p}}_{\mathrm{D}_i}(x_{\mathrm{D}},k,l,u) = \frac{16\pi\beta_i}{uh_{x_{\mathrm{D}}}h_{y_{\mathrm{D}}}h_{z_{\mathrm{D}}}}\frac{\cos(\omega x_{\mathrm{wD}})\cos(ky_{\mathrm{wD}})\cos(lz_{\mathrm{wD}})}{u+\alpha_{x_i}^2\omega^2+\alpha_{y_i}^2k^2+\alpha_{z_i}^2l^2} \tag{4.122}$$

在井筒周围 ($x_{\mathrm{D}}=x_{\mathrm{wD}}$)：

$$\ddot{\overline{p}}_{\mathrm{D}_i}(x_{\mathrm{D}},k,l,u) = \frac{4\pi\beta_i\cos(ky_{\mathrm{wD}})\cos(lz_{\mathrm{wD}})}{\alpha_{x_i}h_{x_{\mathrm{D}}}h_{y_{\mathrm{D}}}h_{z_{\mathrm{D}}}u\sqrt{u+\alpha_{y_i}^2k^2+\alpha_{z_i}^2l^2}}$$

$$\left(\cot\left[\frac{h_{x_{\mathrm{D}}}\sqrt{u+\alpha_{y_i}^2k^2+\alpha_{z_i}^2l^2}}{\alpha_{x_i}}\right] + \left\{\frac{\cos\left[\frac{\left(h_{x_{\mathrm{D}}}-2x_{\mathrm{wD}}\right)\sqrt{u+\alpha_{y_i}^2k^2+\alpha_{z_i}^2l^2}}{\alpha_{x_i}}\right]}{\sin\left(\frac{h_{x_{\mathrm{D}}}\sqrt{u+\alpha_{y_i}^2k^2+\alpha_{z_i}^2l^2}}{\alpha_{x_i}}\right)}\right\}\right) \tag{4.123}$$

点源解：

$$p_{\mathrm{wD}}(x_{\mathrm{wD}},y_{\mathrm{wD}},z_{\mathrm{wD}},u) = \sum_{i=1}^{N}\left\{L^{-1}\left\{F^{-1}\left[\ddot{\overline{p}}_{\mathrm{wD}i}(x_{\mathrm{wD}},k,l,u)\right]\right\}\right\} \tag{4.124}$$

4) 对油藏在仅在 x 方向上无限大的渗流方程进行求解

在式(4.95)线源解公式中加入井筒储集效应，得

$$\overline{p}_{\mathrm{wD}i}(x_{\mathrm{wD}},y_{\mathrm{wD}i},z_{\mathrm{wD}},u,S,C_{\mathrm{D}}) = \frac{\overline{p}_{\mathrm{wD}i}(x_{\mathrm{wD}},y_{\mathrm{wD}i},z_{\mathrm{wD}},u,S)}{1+C_{\mathrm{D}}u^2\overline{p}_{\mathrm{wD}_i}(x_{\mathrm{wD}},y_{\mathrm{wD}i},z_{\mathrm{wD}},u,S)} \tag{4.125}$$

井筒处源函数的解为

$$\overline{p}_{\mathrm{wD}i}(x_{\mathrm{wD}},y_{\mathrm{wD}},z_{\mathrm{wD}},u,S,C_{\mathrm{D}}) = \sum_{i=1}^{N}\left\{\overline{p}_{\mathrm{wD}i}(x_{\mathrm{wD}},y_{\mathrm{wD}i},z_{\mathrm{wD}},u,S_i,C_{\mathrm{D}i})\right\} \tag{4.126}$$

在较长的时间以后，从式(4.96)可得

$$\lim_{t_D \to \infty} \{p_{wD}\} = \lim_{u \to o} \{\bar{p}_{wD}\} \tag{4.127}$$

$$\bar{p}_{wD}(x_{wD}, y_{wD}, z_{wD}, u \to 0) = \sum_{i=1}^{N} \left\{ \frac{2\pi\gamma_i\beta_i L_{y_{D_i}}}{\alpha_{x_i}\sin(\theta_w)h_{y_D}h_{z_D}} \frac{e^{-\frac{x_{wD}\sqrt{u}}{\alpha_{x_i}}}}{u\sqrt{u}} \right\} \tag{4.128}$$

式中，$p_{wD} = L^{-1}\{\bar{p}_{wD}\}$，$\dfrac{\partial p_{wD}}{\partial t_D} = L^{-1}\{s\bar{p}_{wD}\}$。

由式(4.128)，Laplace 反演渐近解为

$$p_{wD} = \sum_{i=1}^{N} \left\{ \frac{2\pi\gamma_i\beta_i L_{yDi}}{\alpha_{x_i}\sin\theta_w h_{y_D}h_{z_D}} \left[\frac{2\sqrt{t_D} e^{\frac{\left(\frac{x_{wD}}{\alpha_{x_i}}\right)^2}{4t_D}}}{\sqrt{\pi}} - \frac{x_{wD}\operatorname{erfc}\left(\frac{x_{wD}}{2\alpha_{x_i}\sqrt{t_D}}\right)}{\alpha_{x_i}} \right] \right\} \tag{4.129}$$

$$t_D \frac{\partial p_{wD}}{\partial t_D} = \sum_{i=1}^{N} \left[\frac{2\pi\gamma_i\beta_i L_{yDi}}{\alpha_{x_i}\sin\theta_w h_{y_D}h_{z_D}} \frac{\sqrt{t_D}e^{\frac{\left(\frac{x_{wD}}{\alpha_{x_i}}\right)^2}{4t_D}}}{\sqrt{\pi}} \right] \tag{4.130}$$

当 $t_D \gg 0$ 时，式(4.129)和(4.130)式之间的关系如下：

$$p_{wD} = 2t_D \frac{\partial p_{wD}}{\partial t_D} \tag{4.131}$$

式(4.131)是晚期线性流阶段压力和压力导数的关系。

4.5.2 敏感性参数分析

在各向异性储层水平井试井参数敏感性分析中，下面着重分析水平井产油段数、水平井与主渗透率(x方向)之间的夹角、生产能力的不均匀、渗透率各向异性、油藏的宽度和油藏的厚度等参数。

1. 水平井产油段数

水平井生产井段发生水窜或气窜后，一般会被迫关闭该产油段。图 4.25 显示了关闭生产井段对试井典型曲线的影响，可知关闭这些井段对压力动态特征的影响主要体现在早期的流动阶段。

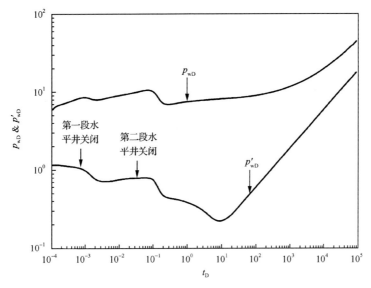

图 4.25　生产井段关闭对典型曲线的影响

2. 生产井流量分布

如图 4.26 所示，3 段水平井产油段流量分布不均影响大部分的生产阶段。产量分布的越均匀，压力降就越小。这段曲线表明均匀的产量分布有助于生产。但这种因素不会影响边界流阶段(晚期线性流阶段)。

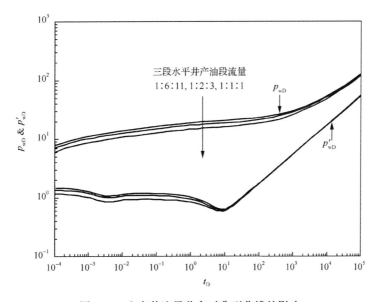

图 4.26　生产井流量分布对典型曲线的影响

3. 渗透率各向异性

如图 4.27～图 4.29 所示，三段水平井中间段主渗透率 K_x 的增加引起井底压力的增加，因此造成压降的减少。压降主要由主渗透率 K_x 控制。y 方向渗透率的增加，减少了早期线性流阶段的持续时间。调节 K_x / K_y 的比值，压力导数曲线中的

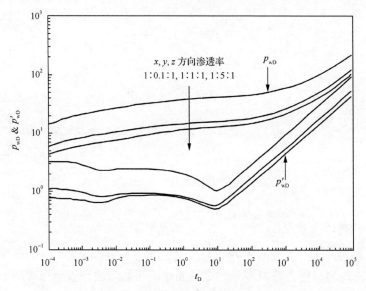

图 4.27 主渗透率 K_x 对典型曲线的影响

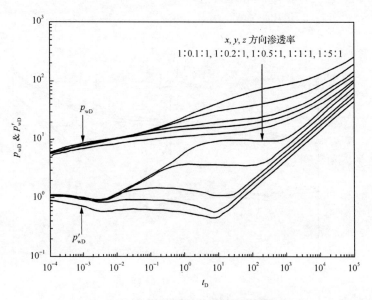

图 4.28 y 方向渗透率对典型曲线的影响

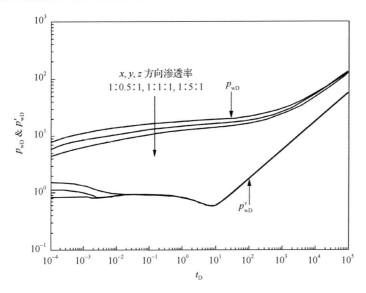

图 4.29　z 方向渗透率对典型曲线的影响

拟径向流段可能会完全覆盖早期径向流段。K_x / K_y 比值也影响拟径向流的时间长短和边界流开始的时间（晚期径向流）。z 方向的渗透率主要控制早期径向流阶段的压力动态特征。

4. 油藏的宽度和厚度

油藏宽度和厚度对试井典型曲线的影响如图 4.30、图 4.31 所示，随着油藏的

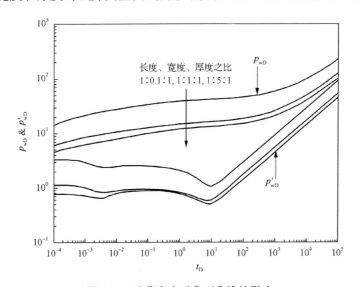

图 4.30　油藏宽度对典型曲线的影响

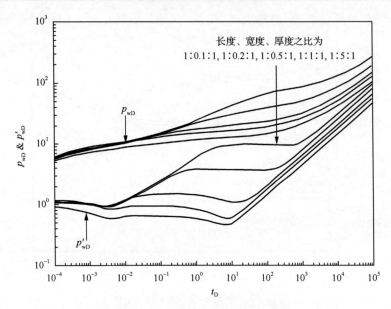

图 4.31　油藏厚度对典型曲线的影响

宽度减小，早期径向流开始的时间提前。当有效宽度小到一定程度时，早期径向流可能会消失。可以明显看出，随着油藏厚度的增加，早期线性流或者球形流(主要取决于生产井段的数量)持续的时间将会增长，而拟径向流会变短。

　　此外，水平井与主渗透率之间的夹角主要影响早期径向流阶段。这是由于水平井与主渗透率之间的夹角越大，水平井段井筒内的流量会增多，产生的压力降会越大，但对压力导数影响不明显。

4.6　非均质油藏水平井试井动态地质描述实例

4.6.1　实例 1 Arab D 油藏

　　Arab D 碳酸盐岩油藏 2001 年钻了一口大位移水平井，水平井有效长度 2340m，三维地震显示油藏中存在高度发育的裂缝和断层，钻井过程中压裂液严重漏失。生产 704d 之后关井 96h。油井生产阶段产量为 886m³/d。其他参数为：井半径 r_w 为 0.079m，孔隙度 ϕ 为 0.14，有效厚度 h 为 76.2m，地层油黏度 μ 为 0.73mPa·s，综合压缩系数 C_t 为 2.08×10^{-3}MPa^{-1}，体积系数 B 为 1.34。

　　如图 4.32 所示，井筒储集阶段之后，压力导数曲线显示了两个不同的流动阶段，线性流阶段(1/2 斜率)和双线性流阶段(1/4 斜率)。实际上，早期的线性流阶段十分罕见，只有当测量精度高并且井储极小的时候才会出现。本例中两个流动阶段贯穿整个测试阶段。双线性流表示有裂缝存在。由钻井和试井解释分析可知，水平井贯穿油藏中裂缝部分。

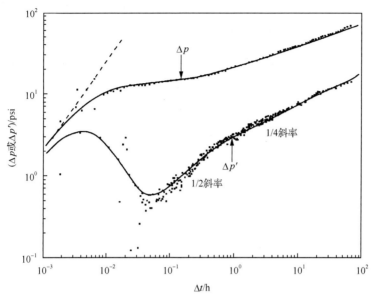

图 4.32　双对数曲线拟合

1psi=6.89476×10⁻³MPa

采用数值模拟方法得到这类非均质油藏的数值解，与测试资料拟合，得到的试井解释结果如表 4.1 所示。

表 4.1　试井解释结果

项目	x 方向渗透率/10⁻³μm²	y 方向渗透率/10⁻³μm²	水平与垂向渗透率比
基质	240	240	0.4
裂缝	9000	1000	1.0

4.6.2　实例 2 断块油藏

某区块 1998 年钻了一口倾斜角为 50°的斜井。三个月后在油藏的顶部钻了一口水平井。在钻水平井段的过程中钻井液严重漏失，说明油藏中可能存在大断层。本来计划钻井 460m，后来只能钻 270m，新钻的水平井在生产过程中很快就遇到了水窜。

水平井在开井生产 20h 之后，随即在地面关井 48h。但是在关井恢复后期，压力降低明显，这表明可能有断层的干扰。产液量为 1124m³/d。其他参数为：井半径 r_w 为 0.076m，孔隙度 ϕ 为 0.20，有效厚度 h 为 94.5m，地层油黏度 μ 为 0.72mPa·s，综合压缩系数 C_t 为 1.47×10⁻³MPa⁻¹，体积系数 B 为 1.34。

如图 4.33 所示，驼峰阶段后压力导数出现很短的水平段，然后出现上升的直线，紧接着压力导数下降。这种下降是油藏边水的反应。分析认为水平井附近有一传导性断层，导致油井突然见水。解释结果见表 4.2。

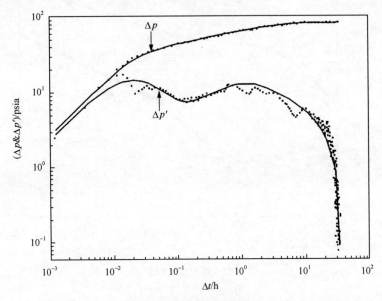

图 4.33　双对数曲线拟合

表 4.2　试井解释结果

x 方向渗透率 /$10^{-3}\mu m^2$	y 方向渗透率/$10^{-3}\mu m^2$	水平与垂向渗透率比	表皮系数
72	1150	0.33	−2

4.6.3　实例 3 水平井复合模型

新疆油田某砂岩油藏某水平井，该井经历 5d 的关井压力恢复测试，其他参数为：井半径 r_w 为 0.28m，孔隙度 ϕ 为 0.3，有效厚度 h 为 4.0m，地层油黏度 μ 为 3.79mPa·s，综合压缩系数 C_t 为 2.74×10^{-3}MPa^{-1}，体积系数 B 为 1.116。

根据该井油藏地质特征、实测压力和压力导数曲线形状，选用顶、底封闭、侧面外边界无穷大水平井试井复合模型进行拟合解释(图 4.34)，解释结果如表 4.3 所示。可以看出，若运用水平井均质储层模型进行拟合，则测试曲线后期无法拟合，而运用水平井二区复合储层模型能够很好地进行拟合。运用水平井二区复合储层试井模型解释的结果更加符合油藏实际。

表 4.3　水平井试井解释结果

分区	水平渗透率 /$10^{-3}\mu m^2$	水平与垂向渗透率比	表皮系数	井储系数 /(m³/MPa)	1 区半径 /m	导压系数比	流度比
1 区	64.02	6.24	4.08	2.455	166.33	0.28	0.35
2 区	22.41	7.84					

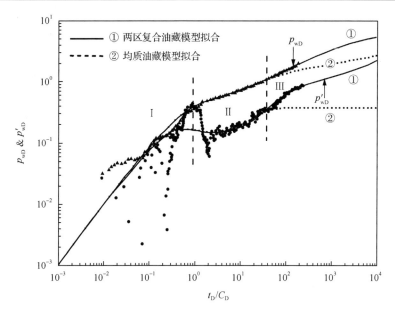

图 4.34　双对数曲线拟合图

4.7　小　　结

（1）详细介绍了双重介质、三重介质、多层、各向异性储层水平井试井模型及压力求解方法。多层储层及各向异性储层试井模型求解方法复杂，涉及 Laplace 变换、有限和无限 Fourier 变换及逆变换。这类复杂油藏水平井试井模型的求解方法极大丰富了试井模型论，也为更复杂的试井问题求解奠定基础。

（2）水平井双重介质模型试井典型曲线与直井类似，也出现基质向裂缝窜流的下凹。窜流系数越小，窜流发生时间越晚。储容比 ω 越小，下凹深度越大，即窜流的程度越强，窜流持续的时间也越长。

（3）对于两层水平井模型，上层流动能力影响水平井早期的流动。在垂直径向流向线性流过渡期间，压力导数曲线会出现下降趋势，曲线的斜率会由正变为负。上层厚度越大，水平井所在层的厚度越小，压力波越早传播到双层油藏两层的交界面。

(4)复合模型中，内外区的流度比主要控制拟径向流阶段曲线，流度比越大，后期导数曲线上翘的幅度越大。

(5)水平井产油段数、水平井与主渗透率之间的夹角、生产能力的不均匀、渗透率各向异性等对导数曲线比较敏感，主要体现在早期的流动阶段，影响垂向径向流及线性流。

(6)水平井非均质性试井模型可以有效识别油藏的非均质性，为油藏精细描述提供丰富的动态参数。

第5章 压裂水平井试井分析

水平井多段压裂已成为提高低渗及致密储层油(气)井产能的最有效技术。水平井压裂有两种方式:一种是常规多段压裂,每段压裂形成单一裂缝,另一种是体积压裂,形成复杂的裂缝网络。多段压裂产生的裂缝改变多孔介质的流动形态,将近井筒地层中的渗流方式由平面径向流改变为平面线性流。本章讨论裂缝相对简单的常规多段压裂水平井的试井问题。

5.1 多段压裂水平井流动形态

多段压裂水平井的物理模型见图5.1,假设在有效厚度为 h 的油层中有一口水平井,共压开 N 条裂缝,裂缝面垂直于水平井筒;裂缝半长 x_f,裂缝导流系数 $F = K_f w$,裂缝间距各不相等;裂缝高度等于储层厚度;裂缝具有有限导流能力;不考虑水平井筒内压降影响。

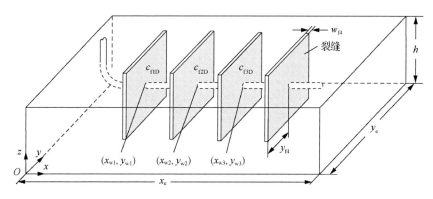

图5.1 多段压裂水平井示意图

在无限大地层中,多段压裂水平井主要呈现4种流态。

(1)裂缝线性流动阶段。

井筒储集阶段结束后,裂缝壁附近流体开始以线性流的方式向裂缝壁流动(图5.2)。

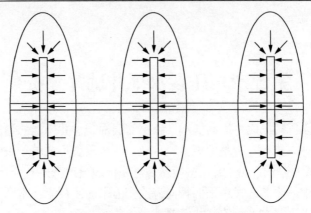

图 5.2　多段压裂水平井线性流示意图

（2）裂缝拟径向流动阶段。

当流动的影响扩大到裂缝范围之外，且裂缝之间的距离较大时，裂缝壁附近流体以径向性流的方式向裂缝内流动（图 5.3）。

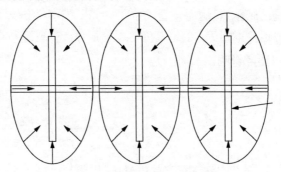

图 5.3　裂缝径向流示意图

（3）系统线性流。

随着流体流动区域的进一步扩展，在扩展到裂缝区域外以后，裂缝区域外的流体开始以线性流动方式向裂缝区域流动，此时裂缝壁周围流体流动互相影响，流动主要反映为平行于裂缝面的线性流动，其流动方式如图 5.4 所示。

（4）系统拟径向流阶段。

随着流动区域波及到广阔的地层空间后，多段压裂水平井区域相对于广阔的油层只不过是一个“点”。在油层的各个水平面上，流体从四面八方流向水平井“点”，“压降漏斗”沿着油层的水平面近似径向地不断向外扩大，类似直井的径向流动（图 5.5），这一阶段称为“系统拟径向流动阶段”或“后期拟径向流动阶段”。

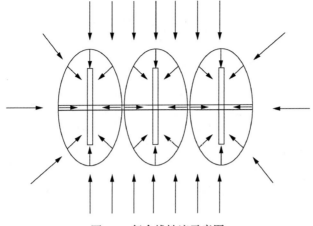

图 5.4　复合线性流示意图

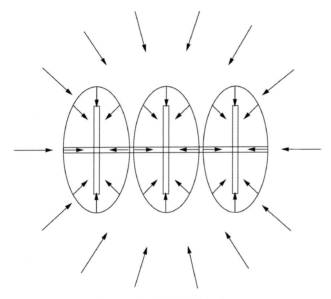

图 5.5　系统拟径向流示意图

5.2　多段压裂水平井试井分析

对于多段压裂水平井，采用叠加原理解决多裂缝间相互干扰问题，即在无限导流垂直裂缝模型上叠加导流能力影响函数并辅以聚流表皮系数，最后分析导流能力影响函数的解析解。

5.2.1 多段压裂水平井试井模型及压力解

1. 单一有限导流垂直裂缝压力分布

在长为 x_e、宽为 y_e、高为 h(油层厚度)的箱形封闭均质地层中有一多段压裂水平井(图 5.1)。首先考虑在某位置处产生一条板状横切垂直裂缝情形(图 5.1 中第一条裂缝),裂缝的高度等于储层厚度,裂缝产出液体流量为 q_f。将裂缝中的流动分解为线性流动和径向流动两个部分,其导流影响可以用普通垂直裂缝井模型再附加聚流表皮系数来表征。

定义无量纲压力、无量纲时间、无量纲导流系数和无量纲裂缝流量为

无量纲压力:

$$p_D = \frac{Kh(p_i - p)}{1.842 \times 10^{-3} q_f \mu B} \tag{5.1}$$

无量纲时间:

$$t_D = \frac{3.6Kt}{\phi \mu C_t L_f^2} \tag{5.2}$$

无量纲导流系数:

$$F_{CDj} = \frac{K_{fj} w_j}{K x_{fj}} \tag{5.3}$$

无量纲裂缝流量:

$$q_{Dj} = \frac{1.842 \times 10^{-3} q_{fj}(t) \mu B}{Kh(p_i - p_w)} \tag{5.4}$$

其他无量纲量为

$$x_{fDj} = \frac{x_{fj}}{L_f}, \quad y_D = \frac{y}{L_f}, \quad y_{wDj} = \frac{y_{wj}}{L_f}, \quad y_{eD} = \frac{y_e}{L_f}, \quad x_D = \frac{x}{L_f}, \quad x_{wDj} = \frac{x_{wj}}{L_f}, \quad x_{eD} = \frac{x_e}{L_f} \tag{5.5}$$

式(5.1)～式(5.5)中,L_f 为参考长度,m;x_{fj} 为第 j 条裂缝半长,m;x_{fDj} 为第 j 条裂缝无量纲长度;x_e 为储层横向边界位置,m;y_e 为储层纵向边界位置,m;p 为压力,MPa;x_{wj} 为第 j 条裂缝的横坐标,m;y_{wj} 为第 j 条裂缝的纵坐标,m。

对于单一无限导流垂直裂缝情形，通过 Green 函数求解和 Laplace 变换，其压力分布(Ozkan,1991)为

$$u\bar{p}_{\mathrm{inf\,D}}(x_{\mathrm{D}},y_{\mathrm{D}}) = \frac{\pi}{y_{\mathrm{eD}}}\tilde{G}_0 + \frac{2}{y_{\mathrm{eD}}}\sum_{n=1}^{\infty}\frac{1}{n}\tilde{G}_n\cos\frac{n\pi y_{\mathrm{wD1}}}{y_{\mathrm{eD}}}\cos\frac{n\pi y_{\mathrm{D}}}{y_{\mathrm{eD}}}\sin\frac{n\pi x_{\mathrm{fD}}}{y_{\mathrm{eD}}} \quad (5.6)$$

式中，$\tilde{G}_n = \dfrac{\cos(x_{\mathrm{eD}}-|x_{\mathrm{D}}+x_{\mathrm{w1D}}|)\varepsilon_n + \cos(x_{\mathrm{eD}}-|x_{\mathrm{D}}-x_{\mathrm{w1D}}|)\varepsilon_n}{\varepsilon_n\sin\varepsilon_n x_{\mathrm{eD}}}$ ； $\varepsilon_n = \sqrt{u+n^2\pi^2/y_{\mathrm{eD}}^2}$ ，

$n = 0,1,\cdots,\infty$ ； p_{infD} 为单一裂缝无量纲压力分布； u 为 Laplace 空间变量。

对于单一有限导流垂直裂缝情形，压力分布可以写为

$$u\bar{p}_{\mathrm{D}}(x_{\mathrm{D}},y_{\mathrm{D}}) = u\bar{p}_{\mathrm{infD}}(x_{\mathrm{D}},y_{\mathrm{D}}) + u\tilde{f}_{\mathrm{D}}(F_{\mathrm{CD}j}) \quad (5.7)$$

基于 Rily 等(1991)的结果，王晓冬等(2014)提出的导流系数影响函数 $\tilde{f}_{\mathrm{D}}(F_{\mathrm{CD}j})$ 为

$$\bar{f}_{\mathrm{D}}(F_{\mathrm{CD}j}) = 2\pi\sum_{n=1}^{\infty}\frac{1}{n^2\pi^2 F_{\mathrm{CD}}+2\sqrt{n^2\pi^2+u}} + \frac{0.4063\pi}{\pi(F_{\mathrm{CD}}+0.8997)+1.6252u} \quad (5.8)$$

利用式(5.7)计算多段压裂水平井的横切裂缝问题还需要加入聚流表皮系数 S_{c}：

$$S_{\mathrm{c}} = \frac{Kh}{K_{\mathrm{f}}w}\left(\ln\frac{h}{2r_{\mathrm{w}}}-\frac{\pi}{2}\right) \quad (5.9)$$

由式(5.9)可见，对于给定的储集层，聚流表皮系数的影响与裂缝导流系数 ($K_{\mathrm{f}}w$)成反比关系。对于给定的裂缝，聚流表皮系数是常数，它只产生附加压降，不影响流动阶段表现特征。

2. 多段压裂水平井试井模型及压力解

若多段压裂水平井产生 N 条裂缝，当 N 条裂缝同时工作，在储层任意位置处产生的无量纲压降等于单个裂缝独自工作产生的无量纲压降之代数和。由于每条裂缝的总流量是时间的函数，根据 Duhamel 褶积，在 Laplace 变换域中有

$$\tilde{p}_{\mathrm{D}}(x_{\mathrm{D}},y_{\mathrm{D}}) = \sum_{j=1}^{N}\tilde{p}_{j\mathrm{D}}(\beta_{\mathrm{D}},\beta_{\mathrm{wD}j}) = \sum_{j=1}^{N}\tilde{q}_{\mathrm{fD}j}(s)\tilde{E}_{\mathrm{D}j}(\beta_{\mathrm{D}},\beta_{\mathrm{wD}j}) \quad (5.10)$$

式中，$\beta_{\mathrm{D}} = (x_{\mathrm{D}},y_{\mathrm{D}})$； $\beta_{\mathrm{wD}j} = \left(x_{\mathrm{wD}j},y_{\mathrm{wD}j}\right)$。

$$\tilde{E}_{\mathrm{D}j}(\beta_{\mathrm{D}},\beta_{\mathrm{wD}j}) = \frac{\pi}{y_{\mathrm{eD}}}H_0 + \frac{2}{x_{\mathrm{fD}j}}\sum_{n=1}^{\infty}\frac{1}{n}\tilde{H}_n\sin\frac{n\pi x_{\mathrm{fD}j}}{y_{\mathrm{eD}}}\cos\frac{n\pi x_{\mathrm{fD}j}}{y_{\mathrm{eD}}}\cos\frac{n\pi y_{\mathrm{D}}}{y_{\mathrm{eD}}} + \delta_j u\overline{f}(F_{\mathrm{cD}j})$$

$$(5.11)$$

$$\tilde{H}_n = \frac{\cos\varepsilon_n(x_{\mathrm{eD}}-\left|x_{\mathrm{D}}+x_{\mathrm{wD}j}\right|)+\cos\varepsilon_n(x_{\mathrm{eD}}-\left|x_{\mathrm{D}}-x_{\mathrm{wD}1}\right|)}{\varepsilon_n\sin\varepsilon_n x_{\mathrm{eD}}}, \qquad n=0,1,\cdots,\infty$$

$$(5.12)$$

$$\delta_j = \begin{cases} 1, & \beta_{\mathrm{D}} = \beta_{\mathrm{wD}j} \\ 0, & \beta_{\mathrm{D}} \neq \beta_{\mathrm{wD}j} \end{cases}$$

$$(5.13)$$

若井定产量生产，忽略沿水平井筒压力损失，每条裂缝的流压近似相同，且等于井底流压，则有如下线性方程组：

$$\begin{bmatrix} \tilde{E}_{\mathrm{D}1}(\beta_{\mathrm{wD}1},\beta_{\mathrm{wD}1}) & \tilde{E}_{\mathrm{D}2}(\beta_{\mathrm{wD}1},\beta_{\mathrm{wD}2}) & \cdots & \tilde{E}_{\mathrm{D}N}(\beta_{\mathrm{wD}1},\beta_{\mathrm{wD}N}) & -1 \\ \tilde{E}_{\mathrm{D}1}(\beta_{\mathrm{wD}2},\beta_{\mathrm{wD}1}) & \tilde{E}_{\mathrm{D}2}(\beta_{\mathrm{wD}2},\beta_{\mathrm{wD}2}) & \cdots & \tilde{E}_{\mathrm{D}N}(\beta_{\mathrm{wD}2},\beta_{\mathrm{wD}N}) & -1 \\ \vdots & \vdots & \vdots & \vdots & \vdots \\ \tilde{E}_{\mathrm{D}1}(\beta_{\mathrm{wD}N},\beta_{\mathrm{wD}1}) & \tilde{E}_{\mathrm{D}2}(\beta_{\mathrm{wD}N},\beta_{\mathrm{wD}2}) & \cdots & \tilde{E}_{\mathrm{D}N}(\beta_{\mathrm{wD}N},\beta_{\mathrm{wD}N}) & -1 \\ 1 & 1 & \cdots & 1 & 0 \end{bmatrix}\begin{bmatrix} u\tilde{q}_{\mathrm{D}1}(u) \\ u\tilde{q}_{\mathrm{D}2}(u) \\ \vdots \\ u\tilde{q}_{\mathrm{D}n}(u) \\ u\tilde{p}_{\mathrm{wD}}(u) \end{bmatrix} = \begin{bmatrix} 0 \\ 0 \\ 0 \\ 0 \\ 1 \end{bmatrix}$$

$$(5.14)$$

求解式(5.14)，得到井底定流量生产情形下每条裂缝瞬时流量和压力。

5.2.2 典型曲线特征

多段压裂水平井试井典型曲线如图5.6所示，其流动分成6个阶段。

(1)阶段Ⅰ为续流阶段，与常规模型相同。

(2)阶段Ⅱ为裂缝线性流阶段，但由于裂缝径向流的影响，压力导数呈上升的趋势，斜率小于1/2。

(3)阶段Ⅲ为裂缝拟径向流阶段，当裂缝间距足够大时裂缝之间还没有产生干扰，裂缝周围的压力波及范围近似为球形，压力导数为一与裂缝条数有关的0.5/N的水平线。

(4)阶段Ⅳ为地层线性流阶段，裂缝间流体以线性流方式流入裂缝，压力和压力导数出现斜率为1/2的直线段。

(5)阶段Ⅴ为系统拟径向流阶段，压力导数出现0.5的水平线。

(6)阶段Ⅵ为边界晚期流动阶段，压力降到达油藏边界，导致导数上升。

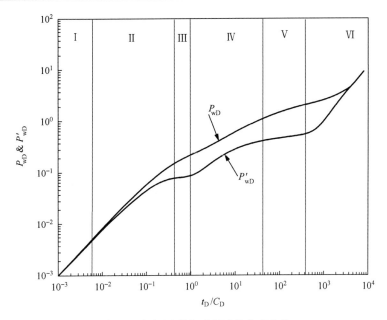

图 5.6　多段压裂水平井试井典型曲线

5.2.3　敏感性参数分析

多段压裂水平井典型曲线的影响参数比较多，主要有压裂裂缝条数、压裂裂缝半长、压裂裂缝渗透率、压裂裂缝间距等参数。本节主要分析压裂裂缝条数、裂缝半长、裂缝导流系数的敏感性。

1. 裂缝条数

分别计算裂缝条数 $N = 6$、8 和 10 时压裂水平井的压力及压力导数，绘制的典型曲线如图 5.7 所示。裂缝条数主要影响早期裂缝周围的线性流和径向流动，裂缝条数越多，水平井的压力及压力导数值越小，裂缝周围径向流阶段压力导数为常数 $0.5/N$，因此根据第一径向流压力导数值可以判断人工裂缝的条数，也就是实际压裂后裂缝内发生流动的条数，这为判别裂缝效果提供重要依据。

2. 裂缝半长

为了研究裂缝半长对压裂水平井压力的影响，分别计算无量纲裂缝半长为 0.05、0.075 和 0.1 时压裂水平井的压力，典型曲线如图 5.8 所示，裂缝半长主要影响早期的裂缝线性流阶段，裂缝半长越长，裂缝周围的径向流动越难形成，到达裂缝径向流动的时间越晚。

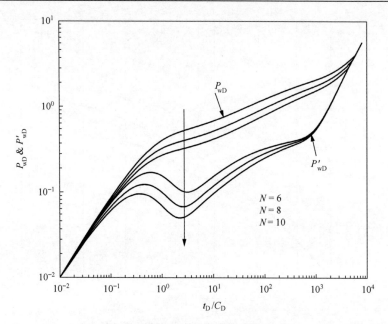

图 5.7　裂缝条数对典型曲线的影响

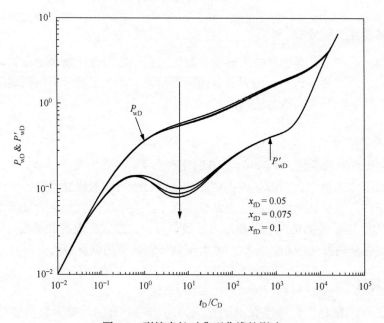

图 5.8　裂缝半长对典型曲线的影响

3. 裂缝导流系数

为了分析不同裂缝导流系数对压裂水平井典型曲线的影响，分别绘制无量纲裂缝导流系数为 0.01、0.1 和 1 的典型曲线(图 5.9)。在其他参数一定时,随着裂缝导流系数增大,井筒储存效应的影响越来越不明显,裂缝径向流和线性流出现时间越早,持续时间也越长;当裂缝导流系数很小时,观察不到裂缝径向流和线性流,直接过渡到地层线性流。

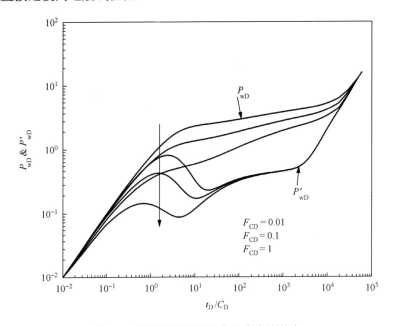

图 5.9　裂缝导流系数对典型曲线的影响

需要指出的是,如果井筒储集效应不严重,多段压裂水平井试井曲线特征是裂缝和近井地层的早期双线性流动、近井地层的早期线性流、地层中期径向流、远井地层的中期线性流、封闭边界的晚期拟稳态流。受裂缝导流能力和相对位置的影响,某些情况下一些流动特征可能不明显。

5.3　多段压裂水平井不规则产油试井分析

虽然目前关于多段压裂水平井试井分析方法已取得一定的成果,但由于压裂裂缝的复杂性,压裂水平井的试井分析方法还不够完善。下面针对多段压裂水平井有效产油裂缝及井筒产油段不均匀性现象,研究试井识别方法。

5.3.1　多段压裂水平井分段产油现象

目前多段压裂水平井试井模型中假设每条压裂裂缝均产油,且产油量相等。然而,笔者早在 10 年前就认识到压裂规模的差异性、含油饱和度非均质性和储层污染等原因会导致压裂缝流量不相等，个别裂缝甚至不产油。Al-Shamma 等（2014）根据 Babbage 油田 3 口水平井压裂后的实测数据评价了 3 口井的压裂效果（图5.10）。虽然 3 口井压裂设计时各级压裂规模是一致的，但压裂结果表明，各条裂缝半长、裂缝高度、裂缝内支撑剂量、压裂液滤失速度等都是不同的（表 5.1），这主要是由于复杂的地质条件所致。

表 5.1　井 A、井 B、井 C 的压裂结果（Al-Shamma et al., 2014）

井名	压裂区域（条数）	深度/m	裂缝半长/m	裂缝高度/m	泵入液量/m³	支撑剂覆盖率/(kg/m²)	压裂液滤失速度/(m/min^{1/2})
井 A	1	4191			141.953		
	2	4167	61.0	18.3	476.962	0.072	0.002134
	3	3900			28.769		
	4	3900			18.927		
	5	3729	45.7	33.5	571.597	0.021	0.001524
	6	3670	79.2	36.6	810.078	0.126	0.003048
	7	3580	97.5	48.8	545.099	0.042	0.001829
	8	3479	79.2	42.7	605.666	0.105	0.002134
井 B	1	4119	53.3	22.9	401.253	0.059	0.001219
	2	4082	64.0	76.2	389.897	0.034	0.001067
	3	3988			51.860		
	4	3932	106.7	45.7	681.374	0.211	0.000914
	5	3825	67.1	70.1	632.163	0.190	0.000762
	6	3581	45.7	67.1	556.455	0.169	0.001829
井 C	1	4428	67.1	70.1	605.666	0.169	0.000762
	2	4310	61.0	67.1	726.799	0.211	0.001524
	3	4151	61.0	36.6	537.528	0.105	0.002134
	4	4046	76.2	54.9	617.022	0.147	0.002438
	5	3909	61.0	73.2	931.211	0.232	0.001676

　　由图 5.10 和表 5.1 可知，C 井的压裂效果最佳，其次是 B 井和 A 井。这种差异性也会影响井的产量，C 井初期的产量大于 A 井和 B 井初期产量之和。由于压裂效果的差异，导致沿水平井筒各条裂缝的产油量不相等，个别裂缝甚至不产油。

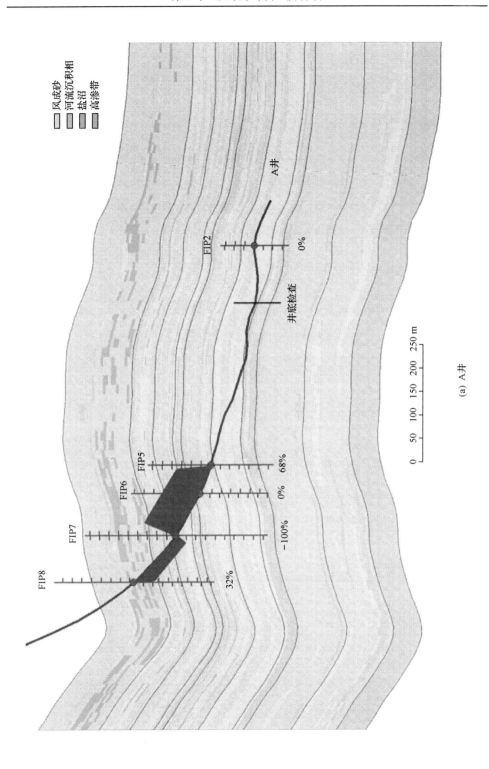

(a) A井

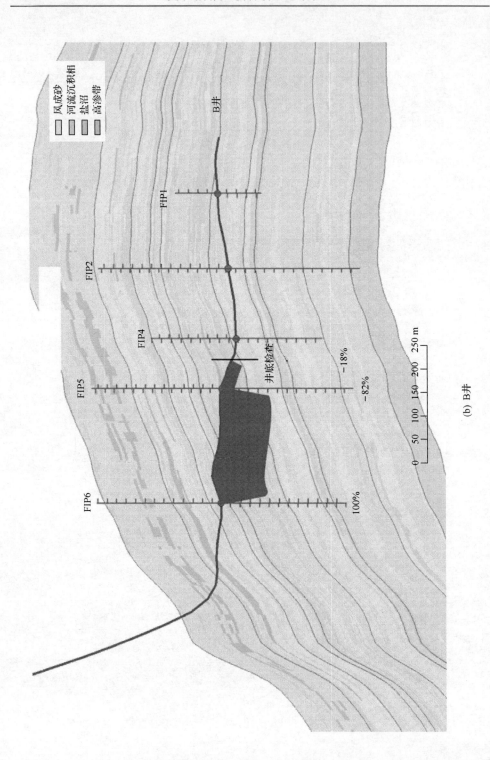

(b) B井

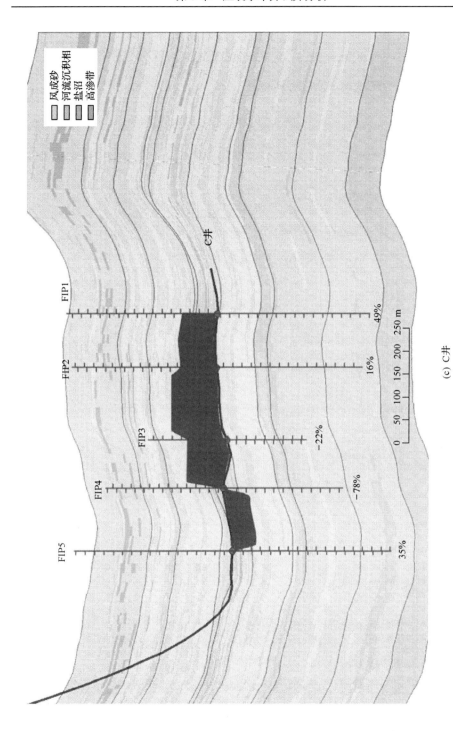

图5.10　根据生产测井资料得到的沿水平简的产量分布 (Al-Shamma et al., 2014)

(c) C井

因此，各条裂缝导流能力和产油量不相等，针对该问题，笔者研究团队 He 等(2017)建立了考虑多段压裂水平井裂缝和井筒产油不规则的试井模型。

5.3.2　压裂水平井不规则产油试井模型

1. 物理模型

均质无限大油藏中存在着一口多段压裂水平井(图 5.11)，水平井筒长为 L，基本假设条件如下。

(1)油藏顶、底封闭，水平方向上无穷大。

(2)油藏各向异性，且水平方向渗透率为 K_h，垂向渗透率为 K_v。

(3)裂缝沿水平井井筒均匀分布，且贯穿整个油藏，裂缝高度等于油藏厚度 h。

(4)水平井筒全段射开，考虑基质向井筒的流动。

(5)沿裂缝和井筒流入流量均匀分布。

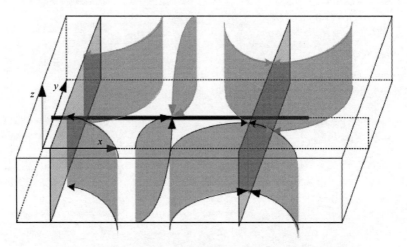

图 5.11　考虑井筒不均匀产油条件下多段压裂水平井物理模型

2. 数学模型

油藏顶、底封闭，压裂缝垂直且贯穿整个储层，由镜像原理，宽为 $2x_f$ 的裂缝可看作是无限大空间条带源；对于水平井段产油，若假设裂缝之间的水平段是产油段，则可把水平段分为 $N-1$ 份，其每一段可看作是顶、底封闭，水平方向上无限大的线源解，对于任意一个线源解，由 Green 函数和 Newman 乘积得到其解形式如下：

$$\Delta p(x,y,z,t) = p_i - p(x,y,z,t)$$

$$= \frac{1}{\phi C_t} \frac{q}{L} \left\{ \operatorname{erf}\left[\frac{L/2+(x-x_{\mathrm{w}})}{\sqrt{4\eta(t-\tau)}}\right] + \operatorname{erf}\left[\frac{L/2-(x-x_{\mathrm{w}})}{\sqrt{4\eta(t-\tau)}}\right] \right\}$$

$$\frac{1}{\sqrt{4\eta(t-\tau)}} \exp\left[-\frac{(y-y_{\mathrm{w}})^2}{4\eta(t-\tau)}\right]$$

$$\frac{1}{h^*} \left\{ 1 + 2\sum_{n=1}^{\infty} \exp\left[-\frac{n^2\pi^2\eta_{\mathrm{v}}(t-\tau)}{h^{*2}}\right] \cos\frac{n\pi z_{\mathrm{w}}}{h} \cos\frac{n\pi z}{h} \right\} \qquad (5.15)$$

式中，$h^* = h\sqrt{K_{\mathrm{h}}/K_{\mathrm{v}}}$。

定义如下的无量纲量：

$$h_{\mathrm{D}}^* = h^*/L \qquad (5.16)$$

$$\eta_{\mathrm{v}} = \frac{K_{\mathrm{v}}}{K_{\mathrm{h}}}\eta = \beta^2\eta \qquad (5.17)$$

$$L_{\mathrm{D}} = \frac{L}{h^*} \qquad (5.18)$$

$$x_{\mathrm{D}} = \frac{x}{L}, \quad y_{\mathrm{D}} = \frac{y}{L}, \quad z_{\mathrm{D}} = \frac{z}{L}, \quad x_{\mathrm{wD}} = \frac{x_{\mathrm{w}}}{L}, \quad y_{\mathrm{wD}} = \frac{y_{\mathrm{w}}}{L}, \quad z_{\mathrm{wD}} = \frac{z_{\mathrm{w}}}{L} \qquad (5.19)$$

其他无量纲定义见 5.1 节。可得到无量纲形式下线源解：

$$p_{\mathrm{D}}(x_{\mathrm{D}}, y_{\mathrm{D}}, z_{\mathrm{D}}, t_{\mathrm{D}}) = \frac{\sqrt{\pi}}{2} \int_0^{t_{\mathrm{D}}} \frac{1}{\sqrt{t}} \exp\left[-\frac{(y_{\mathrm{D}}-y_{\mathrm{wD}})^2}{4t}\right]$$

$$\left\{ \operatorname{erf}\left[\frac{1/2+(x_{\mathrm{D}}-x_{\mathrm{wD}})}{\sqrt{4t}}\right] + \operatorname{erf}\left[\frac{1/2-(x_{\mathrm{D}}-x_{\mathrm{wD}})}{\sqrt{4t}}\right] \right\}$$

$$\left[1 + 2\sum_{n=1}^{\infty} \exp\left(-\frac{n^2\pi^2\beta^2 t}{h_{\mathrm{D}}^{*2}}\right) \cos n\pi z_{\mathrm{wD}} \cos n\pi z_{\mathrm{D}} \right] \mathrm{d}t$$

$$(5.20)$$

第 k 个产油水平段中点坐标为 $l_k = kd$，第 k 个产油水平段 $L_k = d$，假设第 k 个产油段无量纲产油量为 $q_{\mathrm{D}k} = q_k/q$。则可知道 $n-1$ 条水平段生产时，在地层中任意一点产生压降为

$$p_{LD}(x_D, y_D, z_D, t_D) = \frac{\sqrt{\pi}}{2} \sum_{k=1}^{N-1} \int_0^{t_D} \frac{q_{Dk}}{L_{Dk}} \frac{1}{\sqrt{t}} \exp\left[-\frac{(y_D - y_{wDk})^2}{4t} \right]$$

$$\left\{ \operatorname{erf}\left[\frac{L_{Dk}/2 + (x_D - x_{wDk})}{\sqrt{4t}} \right] + \operatorname{erf}\left[\frac{L_{Dk}/2 - (x_D - x_{wDk})}{\sqrt{4t}} \right] \right\}$$

$$\left[1 + 2\sum_{n=1}^{\infty} \exp\left(-\frac{n^2\pi^2\beta^2 t}{h_D^{*2}} \right) \cos n\pi z_{wDk} \cos n\pi z_D \right] dt$$

$$(5.21)$$

式 (5.21) 是未考虑井筒条件的压力解，假设第 k 个生产水平段表皮系数为 S_k，则 $n-1$ 个生产段在地层中产生的压降为

$$p_{LSD}(x_D, y_D, z_D, t_D) = p_{LD}(x_D, y_D, z_D, t_D) + \sum_{k=1}^{k=N-1} \frac{q_{Dk} h_{Dk}}{L_{Dk}} S_k \qquad (5.22)$$

裂缝在水平井筒上均匀分布，在考虑裂缝无限导流能力条件下，N 条裂缝对地层任意一点产生的压降为

$$p_{fD}(x_D, y_D, t_D) = \sum_{i=1}^{N} \frac{\sqrt{\pi} q_{fDi}}{2x_{fD}} \int_0^{t_D} \frac{\exp\left[-\dfrac{(x_D - x_{wDi})^2}{4\tau_D} \right]}{\sqrt{4\tau_D}}$$

$$\left\{ \operatorname{erf}\left[\frac{x_{fD} + y_D}{\sqrt{4\tau_D}} \right] + \operatorname{erf}\left[\frac{x_{fD} - y_D}{\sqrt{4\tau_D}} \right] \right\} d\tau_D$$

$$(5.23)$$

式中，假设第 i 条裂缝无量纲产油量为 $q_{fDi} = q_{fi}/q$。

在考虑裂缝有限导流过程中，认为裂缝内流动为变质量稳态流动，即裂缝内流动分为远离井筒的变质量线性流和靠近井筒的以 $h/2$ 为半径的径向流，且认为符合达西流动，流体在裂缝内的压降为线性流动压降与径向流动压降之和。

$$p_{fD}(x_D, y_D, z_D, t_D) = \sum_{i=1}^{N} \left[\frac{\pi}{2} \frac{q_{Di}}{F_{CD}} \frac{(x_{fD} - h_D/2)^2}{x_{fD}} + \frac{q_{Di} h_D}{F_{CD}} \ln \frac{h_D}{2r_{wD}} \right] \qquad (5.24)$$

式中，无量纲导流系数 $F_{CD} = K_f w / K_h L$。

假设第 i 条裂缝的表皮为 S_i，水平井筒内无压力损失，则得地层任意一点的无量纲压力为

$$p_{\mathrm{wfD}}(x_{\mathrm{D}}, y_{\mathrm{D}}, z_{\mathrm{D}}, t_{\mathrm{D}}) = p_{\mathrm{LSD}}(x_{\mathrm{D}}, y_{\mathrm{D}}, z_{\mathrm{D}}, t_{\mathrm{D}}) + p_{\mathrm{fD}}(x_{\mathrm{D}}, y_{\mathrm{D}}, t_{\mathrm{D}}) + p_{\mathrm{FD}}(x_{\mathrm{D}}, y_{\mathrm{D}}, z_{\mathrm{D}}, t_{\mathrm{D}}) + \sum_{j=1}^{N} q_{j\mathrm{D}} S_j$$

$$(5.25)$$

在 Laplace 空间下，圆形封闭边界对井底压力的影响可以表示为

$$\overline{p}_{\mathrm{D}(\text{边界影响})} = \frac{1}{u} \frac{1}{\sqrt{u}} \frac{K_1\left(\sqrt{u}\, r_{\mathrm{eD}}\right)}{I_1\left(\sqrt{u}\, r_{\mathrm{eD}}\right)} \int_0^{\sqrt{u}} I_0(z) \,\mathrm{d}z \qquad (5.26)$$

式中，$r_{\mathrm{eD}} = r_{\mathrm{e}}/x_{\mathrm{f}}$。因此，圆形封闭边界中考虑多段压裂水平井井底压力解为

$$\overline{p}_{\mathrm{wD}} = \overline{p}_{\mathrm{wfD}} + \overline{p}_{\mathrm{D}(\text{边界影响})} \qquad (5.27)$$

式(5.28)进行 Stehfest 反演，即可计算出多段压裂水平井考虑流体由基质向水平井筒流入时的井底流压在实空间的解 p_{wD}。

5.3.3　不规则产油试井模型典型曲线

由于在模型中假设水平井筒无沿程压力损失，可认为水平井筒上各处压力相等，因此在计算 p_{wD} 时，可取井筒上任意一点，这里取第一条裂缝与井筒连接处的压力当做井底流压。取裂缝条数 $N = 3$，裂缝之间水平段产油，且裂缝产油与每个水平段产油量相等，即每个产油位置的无量纲产油量为 1/3，试井典型曲线如图 5.12 所示。

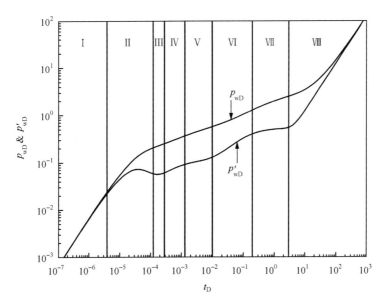

图 5.12　多段压裂水平井不规则产油试井典型曲线图版

由图 5.12 看出，多段压裂水平井不规则产油试井典型曲线分为 7 个阶段。

(1) Ⅰ 为纯井储阶段，与均质模型相同。

(2) Ⅱ 为过渡阶段，与均质模型相同。

(3) Ⅲ 为第一径向流段(垂直径向流)，由于井筒参与流动，井筒附近流体以径向流动方式流入井筒。

(4) Ⅳ 为双线性流阶段，随着压力波的扩散，距离井筒略远处流体以线性流动方式流入井筒，另一方面，流体沿垂直裂缝壁方向流动，在压力导数上典型曲线表现为 1/4 斜率的直线段。此阶段压力表达式为

$$\lg\left(p'_{\mathrm{wD}}t_{\mathrm{D}}\right)=0.25\lg(t_{\mathrm{D}})+\lg\left[\frac{1.10979}{N\sqrt{\overline{F}_{\mathrm{CD}}}}\left(\frac{k_x}{k}\right)^{0.25}\right] \tag{5.28}$$

$$\overline{F}_{\mathrm{CD}}=\frac{\overline{k}_{\mathrm{f}}w}{k\overline{x}_{\mathrm{f}}}=\frac{1}{N^2}\left(\sum_{i=1}^{N}\sqrt{\frac{x_{\mathrm{f}i}}{\overline{x}_{\mathrm{f}}}}F_{\mathrm{CD}i}\right)^2 \tag{5.29}$$

$$\overline{x}_{\mathrm{f}}=\frac{1}{N}\left(\sum_{i=1}^{N}x_{\mathrm{f}i}\right) \tag{5.30}$$

式中，$\overline{F}_{\mathrm{CD}}$ 为平均无量纲裂缝导流系数；$\overline{x}_{\mathrm{f}}$ 为裂缝平均半长，m。

(5) Ⅴ 为早期径向流段(缝端径向流)。随着压力波的进一步扩散，裂缝附近流体开始以径向流动方式流入裂缝，且裂缝之间存在相互干扰，在压力导数曲线上表现为 0.5/N^*(当每段都产油时，$N^*=N$，当部分产油时，$N^*\approx N$ 产油段数<N)的水平段。此阶段压力表达式为

$$\lg\left(p'_{\mathrm{wD}}t_{\mathrm{D}}\right)=\lg\left(0.5/N^*\right) \tag{5.31}$$

(6) Ⅵ 为线性流(也称作 Bi-radial flow)动阶段。流体开始以线性流动的方式向整个裂缝区域流动，在压力导数曲线上表现为 0.36 斜率直线段。其压力表达式为

$$\lg\left(p'_{\mathrm{wD}}t_{\mathrm{D}}\right)=0.36\lg(t_{\mathrm{D}})+\lg\left[0.45\left(\frac{k_y}{k}\right)^{0.36}\left(\frac{2\overline{x}_{\mathrm{f}}}{D}\right)^{0.72}\right] \tag{5.32}$$

$$D=\sqrt{\frac{9.9815k_y}{\phi\mu C_{\mathrm{t}}}}\left[\frac{q\mu B}{\mathrm{t}\left(\Delta p'_{\mathrm{w}}\right)_{\mathrm{BR1}}kh}\right]^{2.77} \tag{5.33}$$

式中，D 为两端(跟端和趾端)裂缝距离，m；下标 BR1 表示第一径向流。

(7) Ⅶ为系统径向流阶段。更远处的流体以拟径向流的方式向压裂水平井流动，在压力导数曲线上表现为 0.5 的水平直线段。

(8)阶段Ⅵ为晚期边界流动阶段，压力降到达油藏边界，导致压力导数曲线上升。

5.3.4　敏感性参数分析

与多段压裂水平井相比，考虑压裂水平井不规则产油后典型曲线的特征段更加复杂，影响参数也更多，如产油段长度、产油段位置、产油段的产油量等。另外，裂缝间距、裂缝半长、裂缝条数、裂缝产油量和裂缝形式、井筒储集系数等也影响典型曲线形态。下面主要针对裂缝条数、裂缝半长、井筒产油段数、井筒产油段长度、产油量这些参数进行敏感性分析。

1. 裂缝条数 N

假设水平段长度一定，裂缝在水平井上均匀分布，且裂缝与井筒产油段流量相等，均为 $1/(2N-1)$，分析过程中取裂缝条数分别为 $N=2,3,6,10$，得到不同压裂段数的压裂水平井试井典型曲线如图 5.13 所示。

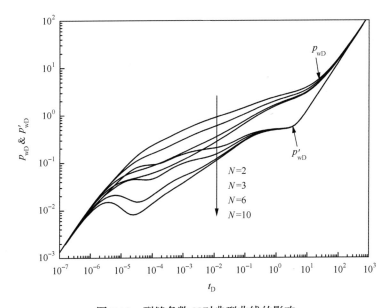

图 5.13　裂缝条数 N 对典型曲线的影响

由图 5.13 可以看出，在其他参数固定情况下，随着裂缝条数的增加，压力和压力导数曲线位置下移。这主要是因为随着裂缝条数的增加，压裂范围越大，水平井井筒附近的渗透率越高，早期压降越小，压力曲线越平缓，在曲线上面表现为压力和压力导数曲线位置越低。

当水平井长度一定时，不同压裂段数下，早期压力响应一致，中晚期出现差异，最终压力导数稳定在 0.5 水平线。裂缝条数越少，$0.5/N^*$ 水平段持续时间越长，这是因为随着裂缝条数的减少，裂缝间距增大，裂缝附近径向流动段持续的时间越长。当考虑流体由基质向水平井筒流入，且水平段长度一定时，压裂段数越多，压力曲线位置越低。由于裂缝条数增多，裂缝间距减小，裂缝附近线性流动持续时间更短，当裂缝条数增加到一定数目时，裂缝附近线性流持续时间过短，在压力导数曲线上看不到斜率为 1/4 的双线性流阶段，而只有水平井筒附近的 1/2 线性流段，裂缝条数继续增加，井筒附近线性流和压裂区域线性流段重合。

当裂缝条数多时，考虑流体由基质向井筒流动和不考虑流体由基质向井筒流动的压裂水平井的试井曲线比较类似，但当裂缝条数少时，考虑井筒产油的试井曲线有明显的双线性流段。

2. 裂缝半长 x_{fD}

以裂缝条数 $N = 3$ 为例，裂缝在水平井筒上均匀分布，且裂缝半长相等，每条裂缝和产油段产量相等，得到不同无量纲裂缝半长 x_{fD} 下，考虑流体由基质向井筒流动的压裂水平井试井典型曲线如图 5.14 所示。

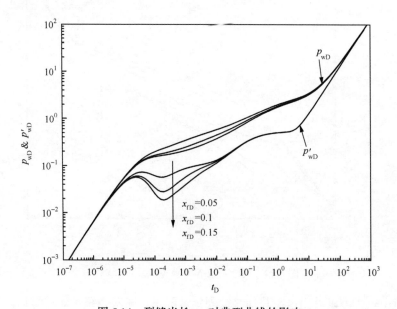

图 5.14　裂缝半长 x_{fD} 对典型曲线的影响

由图 5.14 看出，在其他参数固定情况下，随着裂缝长度的增加，压力和压力导数曲线位置下移。这主要是因为随着裂缝长度的增加，压裂范围越大，水平井井筒附近的渗透率越高，井底流压在早期压降越下，压力曲线越平缓，表现为压力和压力导数曲线位置越低。

在井筒储集及后期径向流阶段，不同 x_{fD} 下所有曲线重合在一起，说明改变裂缝半长 x_{fD} 不影响早期和晚期曲线形状。随着 x_{fD} 增大，双线性流和早期径向流越来越不明显，这是因为随着裂缝长度的增加及井筒分担了一部分流量，裂缝单位面积流量减少，裂缝附近线性流和早期径向流变得不明显；当裂缝半长增加到一定长度时，井筒附近线性流直接和压裂区域线性流连接，之后出现系统径向流动段。

裂缝半长增加到一定数值时，考虑井筒产油和不考虑井筒产油的压裂水平井典型曲线比较类似，但当裂缝半长较小时，出现明显的双线性流段。

3. 水平井筒不同产油段数

在水平井筒产油段长度和生产流量一定条件下，取产油段长度 $L_D = 0.25$，在水平井筒上产油段被分成 $n=2,3,4$ 个对称均匀分布的产油段，其试井曲线如图 5.15 所示。

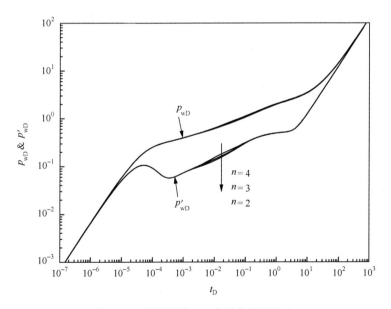

图 5.15　产油段数 n 对典型曲线的影响

由图 5.15 看出，当基质向井筒流入量一定且产油段的总长度一定时，井筒产油段的数目对试井典型曲线影响不大，这是由于产油段增多且分散时，相互之间影响减弱，另一方面裂缝的存在使变化更加不明显。

4. 产油段产油量 q_{1D}

以水平井筒两端产油为例，改变两端产油所占的比重，取产油段产油量分别为 $q_{1D}=0,2/9,2/3$，每个产油段产油量相等，绘制压裂水平井试井曲线（图 5.16）。

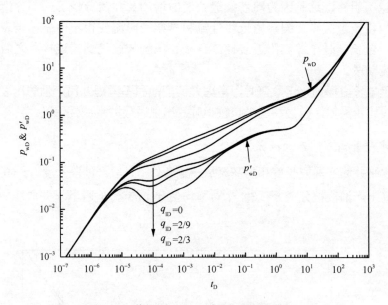

图 5.16　井筒产油量 q_{1D} 对典型曲线的影响

由图 5.16 看出，当水平井筒产油段的位置、长度、段数一定时，改变井筒产油比例主要影响的是第一径向流段，井筒产油量越少，压降曲线位置越偏下。在实际生产中，由于基质向水平井筒流入量所占比重小，在实际试井解释过程中可以不考虑基质向水平井筒流入。

5. 裂缝导流系数 F_{CD}

无量纲裂缝导流系数分别取 0.15，0.30，0.60，绘制不同导流系数下的典型曲线（图 5.17）。在其他参数一定时，随着裂缝导流系数增大，井筒储存效应阶段越来越不明显，裂缝缝端径向流出现时间越早，第一线性流持续时间也越长；当裂缝导流系数较小时，裂缝径向流和第一线性流特征被掩盖。

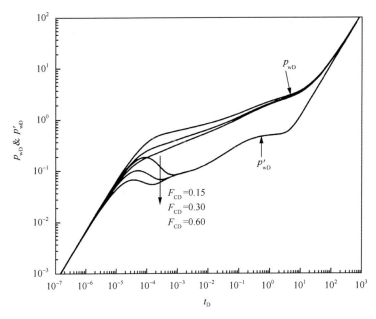

图 5.17　裂缝无量纲导流系数 F_{CD} 对典型曲线的影响

5.3.5　实例应用

（1）A 井概况。

A 为位于鄂尔多斯盆地的一口多段压裂水平井，压裂段数 12 段。该井投产后，含水上升快，目前含水 100%。为弄清 A 井各生产段产液及含水状况，分析出水井段，采用多种方法综合识别和诊断出水段位置，从而为堵水和改造措施的制定提供参考。主要方法包括压力测试、水平井井地电位法找堵水测试和水平井产液剖面测井。A 井的完井数据如表 5.2 所示。

表 5.2　储层及 A 井基本参数

综合压缩系数 /MPa^{-1}	流体黏度 /(mPa·s)	油层有效厚度 /m	稳定生产时间 /h	体积系数	井径/m	地层孔隙度 /%
16×10^{-4}	1.1	20.5	2198	1.34	0.06	10.6

（2）A 井不关井二流量试井解释。

通过不停产二流量压力不稳定恢复测试，了解目前地层压力、流压，求取渗透率、表皮系数等地层参数，认识储层类型，为下一步工艺措施及工作制度的调整提供依据。

　　获取该井的压力资料后，采用多段压裂水平井不规则产液试井模型对实测压力资料进行拟合，解释出储层和井的相关参数。为了降低解释的多解性，将 12 个射孔段组合为 6 段进行解释，A 井实测压力拟合结果如图 5.18 所示。从图 5.18 看出实测压力及压力导数和理论模型曲线总体拟合较好，出现了井储阶段、过渡流阶段、线性流阶段及径向流阶段。

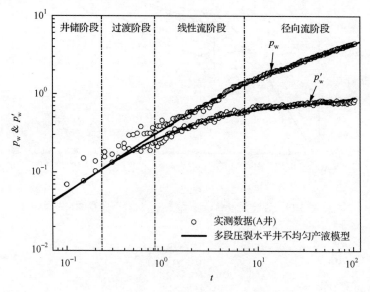

图 5.18　A 井实测压力拟合图

A 井各段产液量解释结果如表 5.3 所示。

表 5.3　A 井各段产液量解释结果

组合段	产液量/(m³/d)
1	7.6
2	3.7
3	1.0
4	0.6
5	1.2
6	1.3

　　常规试井解释无法解释出不同段产液量，而不规则产液模型可解释得到各段产液量。多段压裂水平井不均匀产液试井模型解释结果更符合实际，可以有效诊断压裂水平井各段产液情况。

(3)A 井井地电位法反演计算结果。

井地电位法是一种地球物理探测方法，全称是井-地可控源大地电阻率层析成像方法。在采油工程中，该项技术用于解决水力压裂裂缝几何参数探测、酸化压裂裂缝几何参数探测、注水推进方向和波及范围探测、注水井调剖堵水效果探测、蒸汽驱动态监测、聚合物驱动态监测等问题。在油气勘探中用于解决油气藏边界探测、井周围油气藏探测、剩余油分布探测等问题。

根据 A 井井地电位法测试资料，可以计算得到 A 井电阻率分布图及水驱前缘结果(图 5.19、图 5.20)。

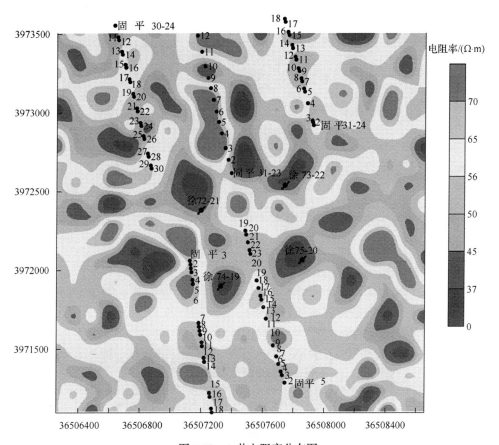

图 5.19　A 井电阻率分布图

测井解释油层电阻率为 $54.1\Omega \cdot m$，根据 A 井井地电位法测试结果，前段 1-2靶点及末段 9-10 靶点主要出水段，即第 1 和 5 段为主要出水段。

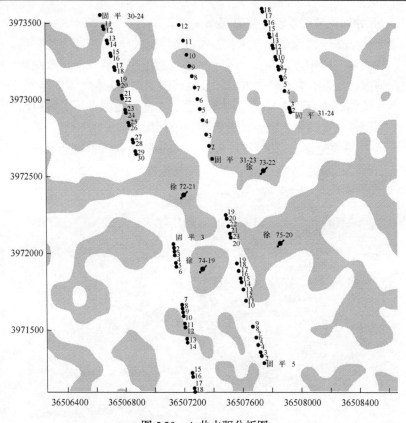

图 5.20 A 井水驱分析图

（4）A 井产液剖面资料解释。

通过涡轮流量分析、阵列持水率分析、温度压力分析、全井段自然伽马曲线等资料综合分析可以得到 A 井产液剖面综合解释图（图 5.21）。

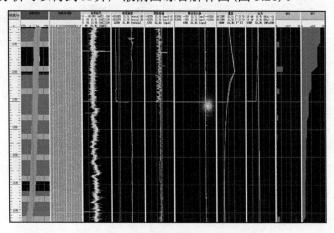

图 5.21 A 井产液剖面解释综合图

　　利用图 5.20 资料，结合 MAPS 阵列测井成像数据辅以全井眼测试数据进行约束，可计算得到各段产液量。根据以上结果进一步细化处理可以得到 A 井水平井产液解释结果(表 5.4)。

表 5.4　A 井产液解释结果

组合段	序号	产液量/(m³/d)	相对产液量/%
1	1	2.64	16.21
	2	5.44	33.39
2	3	2.49	15.29
	4	1.57	9.64
3	5	0.74	4.54
	6	0.41	2.52
4	7	0.39	2.39
	8	0.00	0.00
5 6	9	2.61	16.02
合计		16.29	100

　　根据以上结果，对该井做出的评价如下：①A 井产液剖面测试显示，第 2 组射孔簇的总产液量为 5.44m³/d，但基本上全为水，占总产液量的 33.39%；②第 1 组射孔簇、第 3 组射孔簇、第 4 最射孔簇和第 9 组射孔簇为次产层，基本上全为水，产液量分别占总产液量的 16.21%、15.29%、9.64% 和 16.02%；③第 5 射孔簇有微弱产出，其余段内的射孔簇有极少量产出，但基本全为水；④该井大部分射孔簇产水较多，因此后期建议对出水严重的射孔簇采取堵水调剖的措施。

　　(5)三种解释结果综合对比分析。

　　将产液剖面解释结果、不规则产液试井解释结果、井地电位法解释结果进行对比分析(图 5.22)，可知：①不规则产液试井解释结果表明，第 1 组合段(1、2 段)产液量最大，其次为第 2 组合段(3、4 段)，再者为第 5 组合段(9、10 段)和第 6 组合段(11、12 段)，第 4 组合段产液量最小；②井地电位法解释结果表明，第 1、2、9、10 处为主要出水位置，即第 1 和 5 组合段；③产液剖面解释结果显示，第 2 段总产液量最大，为 5.44m³/d，含水率 100%，占总产液量的 33.39%，其次分别为第 1 段、第 9 段(包括第 5 和 6 组合段)、第 3 段和第 4 段，全产水，产液量分别占总产液量的 16.21%、16.02%、15.29% 和 9.64%。

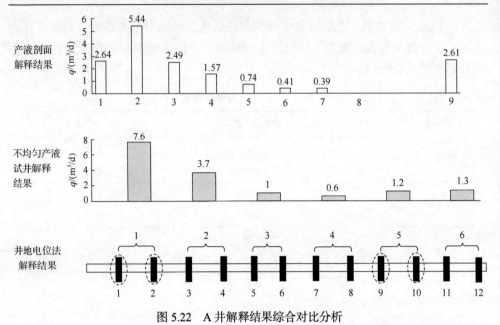

图 5.22　A 井解释结果综合对比分析

　　通过三种解释结果的对比可以发现，不均匀产液试井解释所得结果与产液剖面结果一致，可以诊断出高产液位置和低产液位置。

　　多段压裂水平井产液剖面测试难度、风险和成本均远高于二流量测试和井地电位法，因此可以采用试井方法解释各段产液量，评价多段压裂水平井生产动态情况，采用井地电位法定性诊断出水位置，为多段压裂水平井增产措施制定及堵水位置的确定提供依据。

5.4　小　　结

　　(1) 利用叠加原理，得到压裂水平井有限导流的不稳定压力解。根据储层非均质性和各级裂缝压裂规模的差异性，建立多段压裂水平井不规则产油试井模型，得到井底压力解。

　　(2) 多段压裂水平井试井典型曲线主要呈现 4 种流态：裂缝线性流、裂缝拟径向流、系统线性流、系统拟径向流。裂缝线性流阶段压力导数呈上升趋势，斜率小于 1/2；裂缝拟径向流阶段压力导数为一水平线，地层线性流阶段压力和压力导数出现斜率为 1/2 的直线；系统拟径向流阶段压力导数呈现纵截距为 0.5 的水平线。

　　(3) 压裂裂缝缝长的不均匀性主要影响早期双线性流动和线性流动阶段的转换时期，加快中期径向流动的出现；裂缝分布的不对称性主要影响中期线性流动阶段，不对称性越强，裂缝导流能力的强弱主要影响早期双线性流动和线性流动阶段，导流能力的差异使早期双线性流动持续时间变短而线性流动持续时间相对增加；等长等导流能力均匀分布裂缝条数增加，储层整体压力降落加快，中期径向流阶段持续时间变短，中期线性流阶段延长。裂缝长度相对增加，中期径向流阶段持续时间变短，中期线性流阶段可能不出现。

（4）多段压裂水平井不规则产油时，试井典型曲线分为 5 个阶段：第一径向流段（垂直径向流）；双线性流阶段，在压力导数上典型曲线表现为 1/4 斜率的直线段；早期径向流段（缝端径向流），裂缝附近流体开始以径向流动方式流入到裂缝，且裂缝之间存在相互干扰，在压力导数曲线上表现为 $0.5/N^*$ 的水平段；线性流动段，压力导数曲线上表现为 1/2 斜率直线段；系统径向流阶段，水平井筒产油不均匀性主要影响第一径向流段，井筒产油量越少，压降曲线位置越偏下。多段压裂水平井不规则产油模型可初步诊断产油（液）位置，计算有效产油（液）长度及其他地层参数，为试井评价压裂效果提供重要手段。

（5）受裂缝导流系数和相对位置的影响，很多情况下多段压裂水平井的径向流动阶段可能不出现。

第6章　多分支井试井分析

复杂结构井以水平井为基本特征,包括水平井、多分支井、大位移井、双水平井、U 形井、多功能组合井及连通井等系列井型。对于油(气)井而言,复杂结构井与油(气)储层的接触井段很长,甚至超过非储层井段,因而使得储层目标井段的钻完井设计和控制问题备受关注。近年来,钻井和完井技术水平的提高大大降低了水平井的生产成本,复杂结构井开发技术发展很快,在各类复杂油藏中得到广泛应用。本章以多分支井为例,论述其试井分析方法。此外本章还针对非均匀产油(气)问题提出鱼骨型分支井不均匀产油(液)试井模型。

6.1　多分支井试井分析

多分支水平井是在一个主垂直井下面,向各个不同方向钻出若干个水平分支,各个分支在同一个层位。复杂结构井试井与直井相比困难得多,主要是渗流形态为三维,必须考虑储层的各向异性,广泛采用函数及线源和条带源求解方法。

6.1.1　基本线源解

如图 6.1 所示,考虑 xy 平面的线源 AB,它与 x 轴夹角为 α,长度为 $2L$,中点为 C, $OC = L_W$。对于这样的问题可以作一坐标旋转,即在 $x'y'$ 系中讨论,求出源函数后再作反变换。在 $x'y'$ 系中其瞬时源函数是 x' 方向无限大平面中条带源与 y' 方向无限大平面中直线源的乘积。变回 xy 系中得到 xy 平面上直线段 AB 的瞬时源函数为

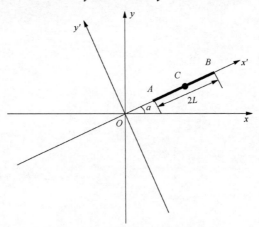

图 6.1　分支水平井坐标示意图

xy 平面的源函数为

$$G_{xy} = G(x,y,t-\tau) = \frac{1}{2}\frac{1}{\sqrt{4\pi\eta(t-\tau)}}\exp\left\{-\frac{[-(x-a)\sin\alpha + y\cos\alpha]^2}{4\eta(t-\tau)}\right\}$$

$$\left\{\operatorname{erf}\frac{L+[(x-a)\cos\alpha + y\sin\alpha - L_\mathrm{w}]}{\sqrt{4\eta(t-\tau)}} + \operatorname{erf}\frac{L-[(x-a)\cos\alpha + y\sin\alpha - L_\mathrm{w}]}{\sqrt{4\eta(t-\tau)}}\right\}$$

$$(6.1)$$

如果有 N 个线段源，其延长线均通过坐标原点，它们与 x 轴夹角分别为 α_1, α_2,···, α_N，其半长度为别为 L_1, L_2,···, L_N，其中点至坐标原点的距离分别为 $L_{\mathrm{w}1}$, $L_{\mathrm{w}2}$,···, $L_{\mathrm{w}N}$，则其源函数为

$$G_{xy} = G(x,y,t-\tau) = \frac{1}{2}\frac{1}{\sqrt{4\pi\eta(t-\tau)}}\sum_{i=1}^{N}\left(\exp\left\{-\frac{[-(x-a)\sin\alpha_i + y\cos\alpha_i]^2}{4\eta(t-\tau)}\right\}\right.$$

$$\left.\left\{\operatorname{erf}\frac{L_i+[(x-a)\cos\alpha_i + y\sin\alpha_i - L_{\mathrm{w}i}]}{\sqrt{4\eta(t-\tau)}} + \operatorname{erf}\frac{L_i-[(x-a)\cos\alpha_i + y\sin\alpha_i - L_{\mathrm{w}i}]}{\sqrt{4\eta(t-\tau)}}\right\}\right)$$

$$(6.2)$$

定义无量纲量:

$$x_\mathrm{D} = \frac{x}{L}, \quad y_\mathrm{D} = \frac{y}{L}, \quad z_\mathrm{D} = \frac{z^*}{h^*} = \frac{z}{h}, \quad z_{\mathrm{w}\mathrm{D}} = \frac{z_\mathrm{w}}{h}, \quad L_\mathrm{D} = \frac{L_\mathrm{w}}{L}$$

$$L_\mathrm{D} = \frac{L}{h^*}, \quad t_\mathrm{D} = \frac{K_\mathrm{h}t}{\phi\mu C_\mathrm{t}L^2}, \quad p_\mathrm{D} = \frac{2\pi K_\mathrm{h}h^*[p_i - p(x,y,z,t)]}{q\mu} \qquad (6.3)$$

对于一般情形的分支水平井，可引进平均半径:

$$L_\mathrm{a} = (L_1 + L_2 + \cdots + L_N)/N, \quad x_\mathrm{D} = x/L_\mathrm{a}, \quad a_\mathrm{D} = a/L_\mathrm{a}$$

$$L_{i\mathrm{D}} = \frac{L_i}{L_\mathrm{a}}, \quad L_{\mathrm{w}\mathrm{D}i} = \frac{L_{\mathrm{w}i}}{L_\mathrm{a}}, \quad t_\mathrm{D} = \frac{K_\mathrm{h}t}{\phi\mu C_\mathrm{t}L_\mathrm{a}^2} \qquad (6.4)$$

得到无量纲化以后的形式:

$$G'_{xy} = 4\sqrt{\pi}L_a G_{xy} = \sum_{i=1}^{N} \frac{1}{\sqrt{\tau}} \exp\left\{ \frac{\left[-(x_D - a_D)\sin\alpha_i + y_D\cos\alpha_i\right]^2}{4\tau} \right\}$$

$$\left\{ \text{erf} \frac{L_{iD} + \left[(x_D - a_D)\cos\alpha_i + y_D\sin\alpha_i - L_{wiD}\right]}{2\sqrt{\tau}} + \text{erf} \frac{L_{iD} - \left[(x_D - a_D)\cos\alpha_i + y_D\sin\alpha_i - L_{wiD}\right]}{2\sqrt{\tau}} \right\}$$

$$\tag{6.5}$$

考虑 z 方向源函数为上下都封闭的情况，其无量纲形式为

$$G'(z_D, t_D - \tau) = 1 + 2\sum_{n=1}^{\infty} \exp(-n^2\pi^2 \overline{K} L_D^2 \tau)\cos n\pi z_{wD} \cos n\pi z_D \tag{6.6}$$

最后得持续源无量纲压力表达式：

$$p_D(x_D, y_D, z_D, t_D) = \frac{\sqrt{\pi}}{4} \int_0^{t_D} G'_{xy} G'_z \mathrm{d}\tau \tag{6.7}$$

这样就得到分支水平井的井底压力表达式。

　　类似于均质油藏水平井不同流动阶段的压力渐近解，分支井也存在垂向径向流、线性流及拟径向流。垂向径向流和拟径向流压力与时间关系也满足半对数直线关系，而在线性流阶段压力与时间的平方根满足直线关系，在此不再赘述。

6.1.2　试井模型及典型曲线

1. 二分支井

取 $\alpha_1 = 0°$，$\alpha_2 = 180°$，代入上式进行计算，得到

$$G'_{xy} = \frac{1}{\sqrt{\tau}}\exp\left(-\frac{y_D^2}{4\tau}\right)\left[\text{erf}\frac{1 + x_D - x_{wD}}{2\sqrt{\tau}} + \text{erf}\frac{1 - x_D + x_{wD}}{2\sqrt{\tau}} + \text{erf}\frac{1 + x_D + x_{wD}}{2\sqrt{\tau}} + \text{erf}\frac{1 - x_D - x_{wD}}{2\sqrt{\tau}}\right]$$

$$\tag{6.8}$$

取 $x_D = (L_{wD} + 0.738)\cos\alpha$，　$y_D = (L_{wD} + 0.738)\sin\alpha$，　$z_D = z_{wD}$。

　　绘制二分支水平井试井典型曲线(图 6.2)。其试井典型曲线可以分为 4 个流动阶段。

　　(1)阶段 I 为早期段，这一阶段主要受井筒储集效应和表皮效应的影响。在试井曲线上表现为开始压力曲线和压力导数曲线重合，为一条斜率为 1 的直线，随

后导数曲线出现驼峰后向下倾斜。驼峰的高低取决于参数 $C_D e^{2S}$ 的大小。其值越大，驼峰越高。

（2）阶段 II 为早期径向流段，压力导数表现为一条水平线。因为井储结束后，油层中的主要流动是在水平井段的垂直截面上的径向流动。

（3）阶段 III 称为线性流段，压力导数表现为一条斜率为 0.5 的直线段。在产层的顶面和底面都影响井的压力变化之后，流动进入线性流动阶段。此时水平井的各个垂直截面上流动是水平的。

（4）阶段 IV 为第二径向流段，压力导数表现为水平线。其流动的影响扩大到油层的广大范围之外，相对于油层，水平井可以看成为一"点"，类似于直井径向流动阶段。

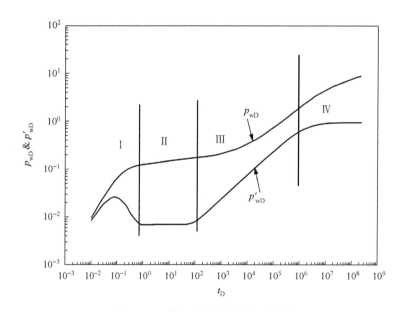

图 6.2　双分支水平井试井典型曲线

对比分析不同井长的二分支水平井典型曲线（图 6.3），发现不同井长主要影响驼峰过渡段和双线性流阶段。当两分支长度不同，其有一支水平井长度较另一支的一半时，其驼峰较低，第一径向流出现的时间较早，双线性流阶段出现的时间也较早。这也正好说明水平井筒长度越短，流体向井底流动所造成的压力损失越缓，第一径向流持续的时间也越长。两井的非对称性也使双线性流动阶段出现时间早。

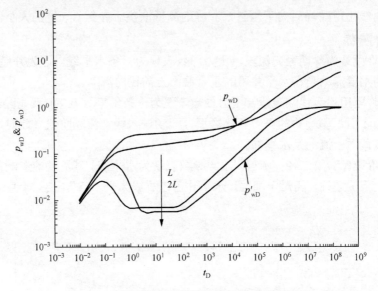

图 6.3　不同井长的二分支水平井典型曲线比较

　　对不同位置双分支井典型曲线(图 6.4)的对比分析表明,非对称的双分支井主要影响试井曲线的驼峰段、第一径向流阶段和双线性流阶段。由于两分支的非对称性,其一支离井底较远,使流体向井底流动的压力损失较缓,其导数曲线驼峰段较低,第一线性流出现时间较早,而第一径向流对应的导数值却较小。当全井都达到径向流动阶段时,相对于无限大地层,井可以看作为一"点",因而其导数曲线都为水平线。

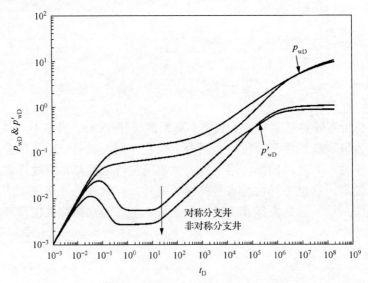

图 6.4　双分支位于不同位置的二分支水平井典型曲线比较

2. 三分支和六分支水平井

取 $\alpha_1 = 0°$，$\alpha_2 = 120°$，$\alpha_3 = 240°$，可以得到三分支水平井压力公式。

$\alpha_1 = 0°$ 时，

$$G'_{xy} = \frac{1}{\sqrt{\tau}} \exp\left(-\frac{y_D^2}{4\tau}\right)\left(\operatorname{erf}\frac{1+x_D-L_{wD}}{2\sqrt{\tau}} + \operatorname{erf}\frac{1-x_D+L_{wD}}{2\sqrt{\tau}}\right) \tag{6.9}$$

$\alpha_2 = 120°$ 时，

$$G'_{xy} = \frac{1}{\sqrt{\tau}} \exp\left[-\frac{\left(\sqrt{3}x_D+y_D\right)^2}{16\tau}\right]\left[\operatorname{erf}\frac{2-\left(x_D-\sqrt{3}y_D+2L_{wD}\right)}{4\sqrt{\tau}} + \operatorname{erf}\frac{2+\left(x_D-\sqrt{3}y_D+2L_{wD}\right)}{4\sqrt{\tau}}\right] \tag{6.10}$$

$\alpha_2 = 240°$ 时，

$$G'_{xy} = \frac{1}{\sqrt{\tau}} \exp\left[-\frac{\left(-\sqrt{3}x_D+y_D\right)^2}{16\tau}\right]\left[\operatorname{erf}\frac{2-\left(x_D+\sqrt{3}y_D+2L_{wD}\right)}{4\sqrt{\tau}} + \operatorname{erf}\frac{2+\left(x_D+\sqrt{3}y_D+2L_{wD}\right)}{4\sqrt{\tau}}\right] \tag{6.11}$$

取 $x_D = (L_{wD}+0.738)\cos\alpha$，$y_D = (L_{wD}+0.738)\sin\alpha$，$z_D = z_{wD}$，绘制三分支水平井试井典型曲线(图6.5)。

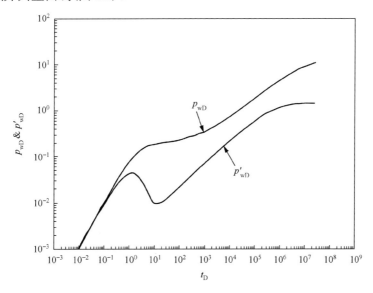

图 6.5　三分支水平井试井曲线

　　曲线特征与二分支水平井相似，只是第一径向流阶段时间短，出现线性流动阶段。原因可能是水平井离顶面很近，初始径向流阶段只经历很短的时间。当井筒储集效应严重时将掩盖这一阶段。

　　下面讨论典型曲线的敏感性参数。

　　1) 渗透率比的影响

　　从图 6.6 可以看出，渗透率比对 K_h/K_v 主要影响早期流动阶段。K_h/K_v 值越小，则压力导数早期水平段值越小，第一径向流持续的时间越短，且驼峰和过渡段越缓。这主要是由渗透率各向异性的含义决定，而在流动晚期，其各分支井和垂直井筒相对于无限大地层可以看成一口直井的平面径向流，渗透率比影响不大。

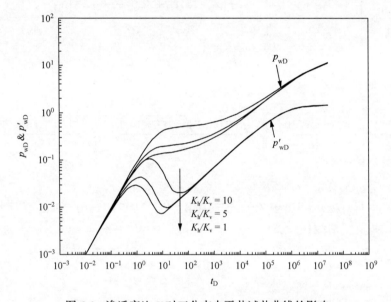

图 6.6　渗透率比 K 对三分支水平井试井曲线的影响

　　2) L_D 的影响

　　从图 6.7 可以看出分支井长度 L_D 对顶、底封闭分支井试井曲线的影响。L_D 主要影响早期流动阶段。L_D 的值越小，则压力导数早期水平段值越小，第一径向流持续的时间越短，且驼峰和过渡段越缓。这主要是因为分支井段越短，流体流动引起的压力差就越小。

　　3) z_{wD} 的影响

　　从图 6.8 可以看出水平井中心位置到油藏底面距离 z_{wD} 对分支井试井曲线的影响。z_{wD} 的值越小，其第一径向流结束的时间也就越早；反之，z_{wD} 值越大，其第一径向流结束的时间也就越晚。这也正好说明水平井距离油藏顶、底面距离越大，其压力波传到顶、底边界所需的时间也就越长。

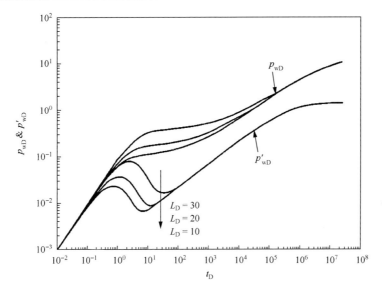

图 6.7 分支井段长度对三分支水平井试井曲线的影响

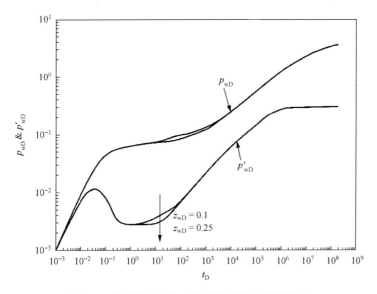

图 6.8 井底距对三分支水平井典型曲线的影响

六分支水平井典型曲线特征与三分支水平井一致。

3. 鱼骨形多分支井

鱼骨形多分支井试井曲线如图 6.9 所示,其基本形态与水平井试井曲线形态相同,都出现 4 个流动阶段,只是鱼骨形分支井的最终压力导数曲线并不是 0.5 线,而与分支井的数目有关。

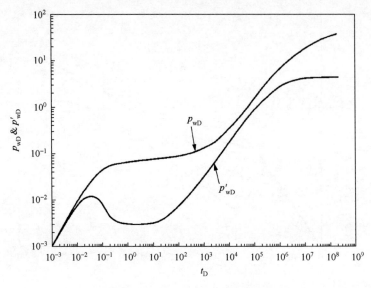

图 6.9　鱼骨形分支井典型曲线

4. 不同边界条件下的分支井

不同边界条件下的分支井的试井曲线形态如图 6.10 所示，其前几个流动阶段与水平无限大顶、底封闭的典型曲线一致，第一径向流之后主要受水平方向边界的影响，对应于定压外边界，压力导数曲线表现为下掉，圆形有界封闭情形压力导数呈斜率为 1 的上升直线。

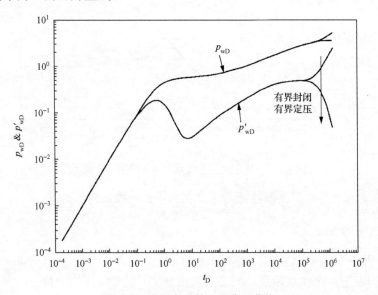

图 6.10　圆形有界外边界典型曲线

6.2　鱼骨形多分支水平井不规则产油试井分析

6.2.1　鱼骨形多分支井不规则产油试井模型

1. 物理模型

考虑顶、底封闭水平方向无限大的油藏中有 N 段分支井的鱼骨形多分支水平井，水平井筒与分支井筒段均垂直于 z 轴方向（图 6.11）。其中第 i 段分支井与水平井筒交点为 $(a_i, 0, z_w)$ 处，长度为 $2L_i$，与主井筒夹角为 α_i，流量为 q_i，表皮系数为 S_i。此外，主井筒长度 $2L$，流量 q_0，表皮系数为 S_0，中心坐标为 (x_{w0}, y_{w0}, z_w)。油藏均质且渗透率各向异性，油藏中任一点的水平渗透率为 $K_h=K_x=K_y$，垂直渗透率为 $K_v=K_z$（图 6.11）。流体同时流向分支井筒段和水平井筒段。其余参数为油藏孔隙度 ϕ、油藏厚度 h、综合压缩系数 C_t、黏度 μ、单相流体，忽略毛管力和重力影响。

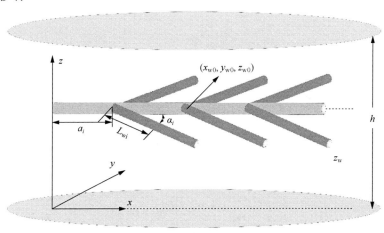

图 6.11　鱼骨型多分支水平井物理模型

2. 数学模型及解

对于鱼骨形多分支水平井水平方向渗透率 K_h 与垂直方向渗透率 K_v 不相等的三维渗流问题，若引入

$$z^* = z\sqrt{K_h / K_v} \tag{6.12}$$

则鱼骨形多分支水平井三维渗流偏微分方程可化为如下标准形式：

$$\frac{\partial^2 p}{\partial x^2} + \frac{\partial^2 p}{\partial y^2} + \frac{\partial^2 p}{\partial z^{*2}} = \frac{1}{\eta}\frac{\partial p}{\partial t} \tag{6.13}$$

式中，

$$\eta = \frac{K_h}{\phi\mu C_t} \tag{6.14}$$

上下边界封闭，水平主井筒段和分支井段均垂直于 z 轴方向，分支井段和水平主井筒产油段均可视为上下边界封闭无限大空间线段源，鱼骨形多分支水平分支井的地层压力可由上、下边界封闭无限大空间线段源叠加得到：

$$p(x,y,z,t) = p_i - \frac{1}{\phi C_t}\sum_{i=1}^N \frac{q_i}{2L_i}\int_0^t G_x G_{yz}\mathrm{d}\tau - \frac{1}{\phi C_t}\frac{q_0}{2L}\int_0^t G_x' G_{yz}'\mathrm{d}\tau \tag{6.15}$$

式中，

$$G_x = \frac{1}{2}\left(\mathrm{erf}\left\{\frac{L_i + [(x-a_i)\cos\alpha_i + y\sin\alpha_i - L_{wi}]}{\sqrt{4\eta\tau}}\right\} + \mathrm{erf}\left\{\frac{L_i - ((x-a_i)\cos\alpha_i + y\sin\alpha_i - L_{wi})}{\sqrt{4\eta\tau}}\right\}\right) \tag{6.16}$$

$$G_{yz} = \frac{1}{\sqrt{4\pi\eta\tau}}\exp\left\{-\frac{[-(x-a_i)\sin\alpha_i + y\cos\alpha_i]^2}{4\eta\tau}\right\}\frac{1}{h^*}\left[1+2\sum_{n=1}^\infty \exp\left(-\frac{n^2\pi^2\eta_v\tau}{h^{*2}}\right)\cos\frac{n\pi z_w}{h}\cos\frac{n\pi z}{h}\right]\mathrm{d}\tau \tag{6.17}$$

$$G'_x = \frac{1}{2}\left\{\mathrm{erf}\left[\frac{L+(x-x_{w0})}{\sqrt{4\eta\tau}}\right] + \mathrm{erf}\left[\frac{L-(x-x_{w0})}{\sqrt{4\eta\tau}}\right]\right\} \tag{6.18}$$

$$G'_{yz} = \frac{1}{\sqrt{4\pi\eta\tau}}\exp\left[-\frac{(y-y_{w0})^2}{4\eta\tau}\right]\frac{1}{h^*}\left[1+2\sum_{n=1}^\infty \exp\left(-\frac{n^2\pi^2\eta_v\tau}{h^{*2}}\right)\cos\frac{n\pi z_w}{h}\cos\frac{n\pi z}{h}\right]\mathrm{d}\tau \tag{6.19}$$

其中，

$$h^* = h\sqrt{K_h/K_v} \tag{6.20}$$

定义如下无量纲：

$$h_D^* = h^*/L, \quad \eta_v = \frac{K_v}{K_h}\eta = k\eta, \quad t_D = \frac{K_h t}{\phi\mu C_t L^2} = \eta\frac{t}{L^2}, \quad p_D = \frac{2\pi K_h h^*[p_i - p(x,y,z,t)]}{q\mu B},$$

$$L_{wiD} = \frac{L_{wi}}{L}, \quad x_D = \frac{x}{L}, \quad y_D = \frac{y}{L}, \quad z_D = \frac{z}{L}, \quad x_{w0D} = \frac{x_w}{L}, \quad y_{w0D} = \frac{y_w}{L}, \quad z_{wD} = \frac{z_w}{L},$$

$$q_{iD} = q_i / (\sum_{i=1}^{N} q_i + q_0), \quad q_{0D} = 1 - \sum_{n=1}^{N} q_{iD}, \quad C_D = \frac{C}{2\pi h^* \phi C_t L^2} \quad (6.21)$$

则可以得到无量纲鱼骨形多分支水平井无量纲井底地层压力分布：

$$p_D(x_D, y_D, z_D, t_D) = \frac{\sqrt{\pi}}{2} \sum_{i=1}^{N} \frac{q_{iD}}{L_{iD}} \int_0^t G_{xD} G_{yzD} d\tau + \frac{\sqrt{\pi} q_{0D}}{2} \int_0^t G'_{xD} G'_{yzD} d\tau \quad (6.22)$$

式中，

$$G_{xD} = \mathrm{erf}\left\{ \frac{L_{iD} + \left[(x_D - a_{iD}) \cos \alpha_i + y_D \sin \alpha_{iD} - L_{wiD} \right]}{\sqrt{4\tau}} \right\}$$
$$+ \mathrm{erf}\left\{ \frac{L_{iD} - \left[(x_D - a_{iD}) \cos \alpha_{iD} + y_D \sin \alpha_i - L_{wiD} \right]}{\sqrt{4\tau}} \right\} \quad (6.23)$$

$$G_{yzD} = \frac{1}{\sqrt{4\tau}} \exp\left\{ -\frac{\left[-(x_D - a_{iD}) \sin \alpha_i + y_D \cos \alpha_i \right]^2}{4\tau} \right\}$$
$$\left[1 + 2\sum_{n=1}^{\infty} \exp\left(-\frac{n^2 \pi^2 k \tau}{h_D^{*2}} \right) \cos n\pi z_{wD} \cos n\pi z_D \right] d\tau \quad (6.24)$$

$$G'_{xD} = \mathrm{erf}\left[\frac{1 + (x_D - x_{w0D})}{\sqrt{4\tau}} \right] + \mathrm{erf}\left[\frac{1 - (x_D - x_{w0D})}{\sqrt{4\tau}} \right] \quad (6.25)$$

$$G'_{yzD} = \frac{1}{\sqrt{4\tau}} \exp\left[-\frac{(y - y_{w0D})^2}{4\tau} \right] \left[1 + 2\sum_{n=1}^{\infty} \exp\left(-\frac{n^2 \pi^2 k \tau}{h_D^{*2}} \right) \cos n\pi z_{wD} \cos n\pi z_D \right] d\tau$$
$$(6.26)$$

考虑各个分支井产油段以及水平井主井筒段不同的表皮 S_i 及主井筒段表皮 S_0 后，鱼骨形多分支水平井无量纲地层压力分布为

$$p_{SD}(x_D, y_D, z_D, t_D) = \frac{\sqrt{\pi}}{2} \sum_{i=1}^{N} \left(\frac{q_{iD}}{L_{iD}} \int_0^t G_{xD} G_{yzD} d\tau + \frac{q_{iD}}{L_{iD}} S_i \right) + \frac{\sqrt{\pi} q_{0D}}{2} \int_0^t G'_{xD} G'_{yzD} d\tau + q_{0D} S_0$$
$$(6.27)$$

式(6.27)是未考虑井筒储集效应水平井无量纲井底压力解。式(6.15)~式(6.27)中，K_h 为水平渗透率，μm^2；K_v 为垂直渗透率，μm^2；ϕ 为孔隙度，小数；μ 为地层油黏度，$mPa \cdot s$；C_t 为综合压缩系数，MPa^{-1}；η 为导压系数，$\mu m^2 \cdot MPa/(mPa \cdot s)$；

q_i 为第 i 个分支井段的流量，m^3/d；q_0 为主井筒段的流量，m^3/d；L 为主井筒段半长，m；L_i 为第 i 个分支井的半长，m；L_{wi} 为第 i 个分支井产油段中心点到分支井与主井筒交点的距离，m；z_w 为鱼骨形多分支水平井距地层底距离，m；G_x，G'_x 为 x 方向上的源函数；G_{yz}，G'_{yz} 为 yz 方向上的源函数；h_D 为无量纲厚度；r_{wD} 为无量纲井半径；α_i 为第 i 段分支井段与主井筒段夹角；$(a_i,\ 0,\ z_w)$ 为第 i 段分支井段与主井筒的交点；(x_D, y_D, z_D) 为空间上某点 (x, y, z) 在 x、y、z 方向上的无量纲距离；$(x_{w0D}, y_{w0D}, z_{wD})$ 为主井筒段中心点 (x_{w0}, y_{w0}, z_w) 在 x、y、z 方向上的无量纲距离；L_{wiD} 第 i 个分支井段中心点到分支井段与主井筒段交点的无量纲距离；q_{iD} 为分支井段无量纲产量；q_{0D} 为主井筒段无量纲产量；S_i 为第 i 个分支井产油段的表皮系数，无量纲；S_0 为主井筒产油段的表皮系数，无量纲。$\bar{p}_{SD}$ 为考虑不同产油段表皮压降但未考虑井储的鱼骨形多分支水平井线源解 p_{SD} 的 Laplace 变换结果；u 为 Laplace 变量。如果考虑这两个因素，可以采用式 (2.112) 反演得到。

6.2.2 敏感性参数分析

下面分别讨论鱼骨形多分支水平井的井底压力响应特征。

计算出鱼骨形多分支水平井在实空间的井底压力 p_{wD}，绘制试井典型曲线图版（图 6.12）。

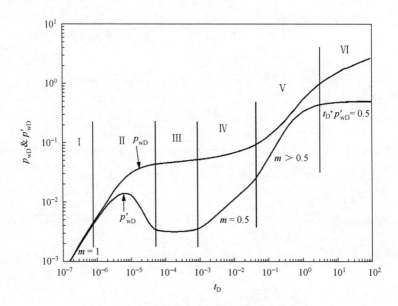

图 6.12 鱼骨形多分支水平井典型试井曲线

从图 6.12 看出，鱼骨形多分支水平井的流动阶段可以分 6 个阶段。

（1）阶段 I 为井筒储集阶段。流动主要受井筒储集效应的影响，在压力和压力导数曲线都呈现斜率为 1 的重合直线段。

（2）阶段 II 为过渡流动段，压力导数曲线呈现明显驼峰段。该流动段主要受表皮系数影响。

（3）阶段 III 为垂直径向流动段。井筒储集和过渡流动段结束后，储层中的主要流动是在水平井段和各分支井段垂直截面上的径向流动，在压力导数曲线上呈现水平段。

（4）阶段 IV 为初期线性流动段。在流体流动波及顶、底边界之后，流动进入线性流动阶段，水平井和各分支井的垂直截面上，流动是水平的，在压力导数曲线上呈现斜率为 0.5 的直线段。

（5）阶段 V 为分支干扰线性流动段。流体水平流入各分支井段和主水平井筒段，各线性流动互相干扰，导致压力导数曲线呈现斜率大于 0.5 的直线段。

（6）阶段 VI 为系统拟径向流动段。此时，相对于无限大地层，整个分支井系统可看成一个"点"，全井系统达到径向流动阶段，在压力导数曲线上呈现为值为 0.5 的水平段。

下面讨论敏感性参数对曲线的影响。

1. 单一分支井段流量

以鱼骨形六分支水平井的第一分支井段为例，展示单一分支井段流量对鱼骨形多分支水平井试井曲线的影响，其中 $q_{1D}=0$ 表示第一段无流量的情况，而 $q_{1D}=0.125$ 表示所有分支及主井筒均匀流量的情况。如图 6.13 所示，随着 q_{1D} 值

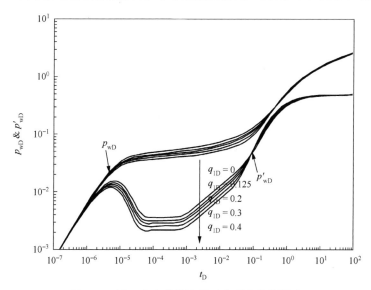

图 6.13　第一分支井段流量对典型曲线的影响

的增大，过渡流动段、垂直径向流动段及线性流动段的压力和压力导数值降低，而表征分支干扰线性流的压力导数直线斜率变大。

图 6.13 中，$N=6$，$a_i=\pi/3$；$K_v/K_h=1/3$，$z_{WD}=0.5$；$C_D=1.5\times10^{-4}$，$L_{iD}=0.5$；$S_i=0.01$，$S_0=0.01$，$h_D=0.059$；$a_D=[0.5,0.5,1,1,1.5,1.5]$。

2. 主井筒段流量

主井筒段长度一定前提下，主井筒段流量对顶、底封闭的鱼骨形多分支水平井试井曲线的影响见图 6.14。q_{0D} 值主要影响过渡流流动段、线性流动段和分支干扰线性流动段，随着 q_{0D} 值的增大，过渡流动段驼峰升高，垂直径向流动段持续时间缩短且表征分支干扰线性流动段的压力导数直线斜率变小，趋近于 0.5。图 6.14 中 $q_{0D}=0.25$ 表示所有分支及主井筒均匀流量的情况，从图 6.14 可以看出当 $q_{0D}=0.55$ 时，也就是主井筒段流量贡献比例很大时，分支干扰线性流动段趋于消失，压力导数曲线形态近似于水平井。

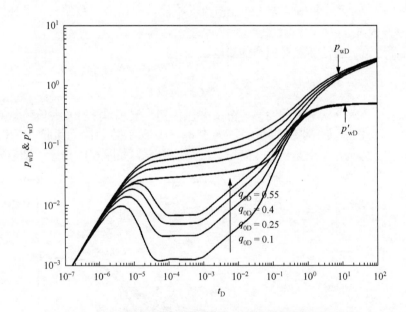

图 6.14 主井筒段流量对鱼骨形多分支水平井试井曲线的影响

图 6.14 中，$N=6$，$a_i=\pi/3$；$K_v/K_h=1/3$，$z_{WD}=0.5$；$C_D=1.5\times10^{-4}$，$L_{iD}=0.5$；$S_i=0.01$，$S_0=0.01$，$h_D=0.059$；$a_D=[0.5,0.5,1,1,1.5,1.5]$。

3. 部分分支井段零流量

以鱼骨形六分支水平井为例，图 6.15 展示了部分分支井段零流量对鱼骨形多分支水平井试井曲线的影响。从图 6.15 可以看出，当 $q_{iD}=0.125$，即所有分支井段及主井筒均匀流量情况下压力最低；随着零流量分支井段数目的增加，过渡流动段驼峰升高，垂直径向流动段持续时间缩短，分支干扰线性流动段出现时间推迟。当所有分支井段均零流量时，相当于单水平井，此时分支干扰线性流阶段完全消失。

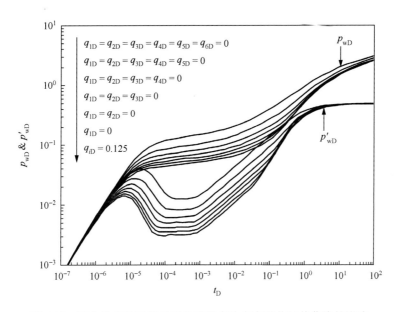

图 6.15　部分分支井无流量对鱼骨型多分支水平井试井曲线的影响

4. 各分支井段及主井筒段不均匀表皮系数

式 (6.27) 中的表皮项与各产油段的流量与长度有关，当 q_{iD}、L_{iD} 及 q_{0D} 值不变，分支井段表皮和主井筒表皮之和一定时，各段表皮分布不同对井底压力响应没有影响。

而当分支井段流量 q_i 呈现两端流量大中间流量小的分布形式时，虽然分支井段的表皮系数之和一定，但由于各分支井段流量分布不均，表皮系数的非均匀分布会对井底压力响应产生影响 (图 6.16)。可以看出，当两端分支井段表皮系数较大时，造成的压降损失最大，而中间分支井段表皮系数较大时，造成的压降损失最小。

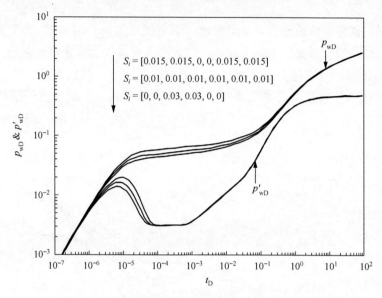

图 6.16　非均匀分布表皮对鱼骨形多分支水平井试井曲线的影响

6.3　小　　结

（1）复杂结构井试井也利用源函数通过压力叠加方法求解压力解。类似于均质油藏水平井，分支井也存在垂向径向流、线性流及拟径向流。垂向径向流和拟径向流压力与时间也满足半对数直线关系，而在线性流阶段压力与时间的平方根满足直线关系。

（2）不同井底的多分支水平井只影响驼峰段和第一径向流阶段。同井底不同分支井长影响试井曲线的驼峰段和第一径向流阶段，而不同位置分支井则影响驼峰段、第一径向流和双线性流阶段。

（3）多分支井不规则产油试井典型曲线主要特征是在出现拟径向流之前，出现分支干扰线性流动段。流体水平流入各分支井段和主水平井筒段，各线性流动互相干扰，压力导数曲线呈现斜率大于 0.5 的直线段。

第7章 非常规气水平井试井分析

非常规气是指用传统技术无法获得自然工业产能、需用新技术改善储集层渗透率才能经济开采、连续或准连续型聚集的天然气资源。非常规天然气也指那些难以用传统石油地质理论解释，在地下赋存状态和聚集方式与常规天然气藏具有明显差异的天然气聚集。目前已进行工业规模开采的非常规天然气主要有三种：①煤层气，是储集在煤层中的自生自储式的天然气，成因主要为热成因，生物成因，其内涵也包括人们常说的煤矿瓦斯气；②致密砂岩气，也称深盆气，指储层为致密砂岩的气藏，具有孔隙度低、渗透率比较低、含气饱和度低、含水饱和度高、天然气在砂岩层中流动速度较为缓慢的特点；③页岩气，主体上以吸附和游离状态同时赋存于暗色泥/页岩、高碳泥/页岩及其间夹层状发育的粉砂质泥岩、泥质粉砂岩、粉砂岩甚至砂岩中，以自生自储为成藏特点的天然气聚集。除上述三种已进行工业规模开采的天然气外，非常规天然气还包括天然气水合物。

近年来，非常规天然气的开发技术日益成熟，本章将针对煤层气和页岩气，介绍其试井分析理论与方法。

7.1 煤层气水平井试井

煤层气是一种非常规的天然气，在成藏、储集和运移方面都与常规的石油天然气不同，煤层气储集层具有一些独特之处：①煤层气储层是煤、气、水三相共存；②煤层气储层是由微孔隙(基质)和天然裂缝(割理)组成的双重孔隙系统，与常规油(气)藏的双孔系统不同，且基质系统发育非常充分，内表面极大，具有很强的吸附能力；③煤层气储层敏感易碎，具有很强的应力敏感性，容易被破环。

煤层气测试方法有很多，目前国内外常用的煤层气试井测试方法主要有 DST 测试、段塞测试、注入/压降测试、水罐测试、干扰试井和变流量试井等(表 7.1)。

DST 测试的目的是为了获取煤层的储层压力、水的能量、割理的渗透性，判断是否存在原始游离气，为下一步改造措施提供依据。

段塞流测试利用段塞流原理向煤层中注水，当井口达到一定压力时关井，然后测定压力恢复过程，直至液柱产生的压力与地层压力达到平衡。由此可获取表皮系数、井筒储集系数和地层的渗透率等参数。段塞流测试适用于储层压力比较低、渗透性比较好的地层，常用于评价饱和水特征。

注入/压降试井包含两个过程：注入过程和关井压降过程。注入过程是以稳定的排量向井中注一段时间的水，使井筒周围形成一个高于原始地层压力分布的区域，然后再关井，使注入压力与原始储层压力逐步趋于平衡。在注入和关井阶段记录井底压力随时间的变化情况。注入和关井阶段的数据都可用于分析求取地层参数，但因为注入阶段的压力波动比较大，且煤层具有应力敏感性，所以关井阶段的数据更具有代表性。关井试井适用于各种情况下的地层，对于低压储层需采用井底关井；对于低渗透地层则需要延长测试时间。

表 7.1　煤层气各类测试方法汇总

测试类型	优点	缺点	所需主要设备	适用范围
DST 测试	能评价地层潜力；费用比较少；施工简便	探测半径比较小；生产时间短且不稳定；容易出现两相流；开关井的时间分配比较困难	压力计；管柱设备；钻杆地层测试器	储层压力高、渗透性好的地层，且储层压力与临界解吸压力的压差较大
段塞测试	费用少；设计简单，易于实施；数据容易解释	测试时间长；探测半径有限；不适用于两相流；必须是低压储层；很难解释储层非均质性	井下压力传感器；抽汲或注入一段水柱的设备；地面压力记录仪	储层压力较低、渗透性比较好的地层
注入/压降测试	施工相对较快；测试成功率高；探测半径比较大；可用于压后的分析	稳定注入量的控制比较困难；费用相对较高；	注水泵；管柱设备；井底关井工具；压力计和流量计	各种地层；对于低压储层需采用井底关井；对于低渗层需延长测试时间
水罐测试	测试成功率高；方法简单，费用低；有效渗透率比较可靠；	测试时间相对较长；不能用于高压储层；低渗透率地层施工较困难	水罐及供水系统；井下压力传感器；地面压力记录仪	适用于低压、渗透性较好的地层；要求储层的污染程度小
变流量试井	测试时间短；工艺简单；测试结果可靠；不影响产量	噪声大	永久井下压力计；地面压力记录仪	各种地层

　　水罐测试的测试原理是当目的层压力小于静水柱压力时，依靠罐内液面所产生的重力差，通过静水柱压力作用把水注进煤层内，使之在井筒周围形成一种水饱和状态，造成向煤层注入水的单相流体流动。

　　变流量试井是一种连续监测手段，无需关井，在测试过程记录水和气的产量变化，同时监测井底压力的变化。变流量试井技术具有很强的应用价值，在试井过程中几乎不影响产量，且测试时间短、工艺简单、操作方便。

　　对于渗透率比较好、储层压力高、流体能够产出到地面的煤层，可选择工艺简单的 DST 测试方法。如果地层流体不能产出到地面，则选择注入/压降测试方法。对于渗透性好、污染程度较小的低压煤储层，可选择操作简单、费用较少的水罐测试方法。对于低渗低压煤层，注入/压降测试方法的测试成功率较高，所获得的储层参数也更加可靠。

与常规天然气藏不同，煤层气的产出过程涉及解吸和渗流两种机制，前者遵循 Fick 扩散定律，后者遵循达西定律。煤层气的吸附量与压力的关系通常由 Langmuir 等温吸附公式描述。煤成气的渗流过程复杂，使得描述煤层气渗流的数学模型更加复杂。

我国煤层气藏存在低压、低饱和、低渗透的特征，绝大多数情况都是采用压裂井和水平井方式排采。

7.1.1　煤层气直井试井分析

1. 物理模型

物理模型基本假设如下。

(1) 煤层气储层的上下边界均为封闭边界。

(2) 割理中只存在径向流动。

(3) 割理中的气体流动为层状流动，且遵循达西渗流定律。

(4) 忽略重力影响。

(5) 储层中的水全部排出，整个过程只有气产出。

(6) 煤层气采用 Langmuir 等温吸附模型，假设初始状态均位于等温吸附线上。

2. 非稳态扩散模型及试井解

1) 定解方程及边界条件

对于裂缝系统，由质量守恒定律得到割理中真实气体的流动方程：

$$\frac{1}{r_a}\frac{\partial}{\partial r_a}\left(r_a\frac{p}{\mu z}\frac{\partial p}{\partial r_a}\right)=\frac{\phi c_g p}{Kz}\frac{\partial p}{\partial t}+\frac{p_{sc}T}{KT_{sc}}\frac{\partial V}{\partial t} \tag{7.1}$$

因为煤层储层压力非常低，乘积项 μz 可以看成常数。则式 (7.1) 可化为

$$\frac{1}{r_a}\frac{\partial}{\partial r_a}\left(r_a p\frac{\partial p}{\partial r_a}\right)=\frac{\phi\mu c_g p}{K}\frac{\partial p}{\partial t}+\frac{p_{sc}T\mu z}{KT_{sc}}\frac{\partial V}{\partial t} \tag{7.2}$$

初始压力满足：

$$p(r_a,0)=p_{ic}^{\cdot} \tag{7.3}$$

内边界压力满足：

$$p(r_w,t)=p_{wf} \tag{7.4}$$

如果井筒产量恒定，内边界满足：

$$r_a \frac{\partial p^2}{\partial r_a}(r_w, t) = \frac{T\mu z}{Kh} q_{sc} \tag{7.5}$$

对于无限大储层，外边界条件为

$$p(r_a \to \infty, t) = p_{ic} \tag{7.6}$$

对于有限大储层，定压外边界条件为

$$p(r_e, t) = p_{ic} \tag{7.7}$$

对于有限大储层，封闭外边界条件为

$$\frac{\partial p^2}{\partial r_a}(r_e, t) = 0 \tag{7.8}$$

式(7.1)~式(7.8)中，p_{wf} 为井底流压，MPa；r_w 为井半径；r_e 为有限大储层供给半径，m；下标 ic 表示初始状态；下标 sc 为标准状况。

对于基质系统，假设煤层基质的几何形状是半径为 R 的球形，基质中气体浓度和裂缝中气体浓度的关系方程为

$$\frac{\partial V}{\partial t} = \frac{3D}{R} \frac{\partial V_i}{\partial r_i}\bigg|_{r_i = R} \tag{7.9}$$

式中，V_i 为裂缝中的气体浓度，m³/m³；V 为基质中的气体浓度，m³/m³；D 为扩散系数，m²/d；i 为基质的微观扩散系统。

煤层气在球形煤基质中传递时，浓度平衡符合 Fick 扩散定律，所以基质中的扩散方程为

$$\frac{1}{r_i^2} \frac{\partial}{\partial r_i}\left(r_i^2 D \frac{\partial V_i}{\partial r_i}\right) = \frac{\partial V_i}{\partial t} \tag{7.10}$$

考虑初始时刻基质系统中煤层气浓度均匀分布，初始条件则为

$$V_i(r_i, 0) = V_{ic} \tag{7.11}$$

由对称性条件可知，封闭边界内的中心浓度为

$$\frac{\partial V_i}{\partial r_i}(0, t) = 0 \tag{7.12}$$

基质外边界煤层气浓度可看作割理中的气体浓度为

$$V_i\left(R,t\right)=V_a\big|_{p\left(r_a,t\right)} \tag{7.13}$$

2) 数学模型的无量纲化

定义以下无量纲量。

拟压力：

$$m=\frac{\mu_i z_i}{p_i}\int\frac{p}{\mu Z}\mathrm{d}p \tag{7.14}$$

无量纲拟压力：

$$m_D=\frac{2\pi Kh\left(m_i-m\right)}{q_{sc}\mu_i} \tag{7.15}$$

无量纲半径：

$$r_D=\frac{r_a}{r_w}\ ,\quad r_{Di}=\frac{r_i}{R} \tag{7.16}$$

无量纲时间：

$$t_D=\frac{Kt}{\varLambda r_w^2} \tag{7.17}$$

无量纲窜流系数：

$$\lambda=\frac{K\tau}{\varLambda r_w^2} \tag{7.18}$$

无量纲解析时间：

$$\tau=\frac{R^2}{D} \tag{7.19}$$

无量纲储容比：

$$\omega=\frac{\phi\mu c_g}{\varLambda} \tag{7.20}$$

综合储容系数：

$$\varLambda=\phi\mu c_g+\frac{2\pi K_i h}{q_{sc}}\frac{p_{sc}T}{T_{sc}}\frac{z_i}{p_i} \tag{7.21}$$

式 (7.14)~式 (7.21) 中，z 为气体压缩因子；c_g 为气体压缩因子，MPa^{-1}；下标 a 为裂缝的宏观渗流系统。

对定解条件无量纲化，将式 (7.9) 代入式 (7.1)，利用 $p\partial p = \dfrac{1}{2}\partial p^2$，可得

$$\frac{1}{r_a}\frac{\partial}{\partial r_a}\left(r_a\frac{\partial p}{\partial r_a}\right) = \frac{\phi\mu c_g}{K}\frac{\partial p}{\partial t} + \frac{p_{sc}T\mu z D}{KT_{sc}R}\frac{\partial V_i}{\partial r_{Di}}\bigg|_{r_{Di}=R} \tag{7.22}$$

将定义的无量纲量代入上式得

$$\frac{1}{r_D}\frac{\partial}{\partial r_D}\left(r_D\frac{\partial m_D}{\partial r_D}\right) = \omega\frac{\partial m_D}{\partial t_D} - \frac{(1-\omega)}{\lambda}\frac{\partial V_{Di}}{\partial r_{Di}}\bigg|_{r_{Di}=1} \tag{7.23}$$

无量纲初始条件：

$$m_D\left(r_D, 0\right) = 0 \tag{7.24}$$

无量纲定压内边界：

$$m_D\left(r_D = 1, t_D\right) = 1 \tag{7.25}$$

无量纲定产内边界：

$$\frac{\partial m_D}{\partial r_D}\left(r_D = 1, t_D\right) = -1 \tag{7.26}$$

无限大无量纲外边界：

$$m_D\left(r_D \to \infty, t_D\right) = 0 \tag{7.27}$$

有限大无量纲定压外边界：

$$m_D\left(r_{eD}, t_D\right) = 0 \tag{7.28}$$

有限大无量纲封闭外边界：

$$\frac{\partial m_D}{\partial r_D}\left(r_{eD}, t_D\right) = 0 \tag{7.29}$$

基质系统：

$$\frac{1}{r_{Di}^2}\frac{\partial}{\partial r_{Di}}\left(r_{Di}^2 D\frac{\partial V_{Di}}{\partial r_{Di}}\right) = \lambda\frac{\partial V_{Di}}{\partial t_D} \tag{7.30}$$

式中，D 为扩散系数，m^2/d。

无量纲初始条件：

$$V_{Di}(r_{Di}, 0) = 0 \qquad (7.31)$$

无量纲内边界条件：

$$\frac{\partial V_{Di}}{\partial r_{Di}}(r_{Di} = 0, t_D) = 0 \qquad (7.32)$$

无量纲外边界条件：

$$V_{Di}(r_{Di} = 1, t_D) = V_D\big|_{m_D(r_D, t_D)} \qquad (7.33)$$

令

$$r_{Di} V_{Di} = M \qquad (7.34)$$

式(7.30)可化为

$$\frac{\partial^2 M}{\partial r_{Di}^2} = \lambda \frac{\partial M}{\partial t_D} \qquad (7.35)$$

3）Laplace 变换求解

对式(7.30)和式(7.34)进行 Laplace 变换，得

$$\frac{\partial^2 \bar{m}_D}{\partial r_D^2} + \frac{1}{r_{Da}}\frac{\partial^2 \bar{m}_D}{\partial r_D} = \omega u \bar{m}_D - \frac{(1-\omega)}{\lambda}\frac{\partial \bar{V}_{Di}}{\partial r_{Di}}\bigg|_{r_{Di}=1} \qquad (7.36)$$

$$\frac{\partial^2 \bar{M}}{\partial r_{Di}^2} = \lambda u \bar{M} \qquad (7.37)$$

解式(7.36)可以得到

$$\bar{M} = A\sin(\sqrt{\lambda u}\, r_{Di}) + B\cos(\sqrt{\lambda u}\, r_{Di}) \qquad (7.38)$$

代入基质方程的边界条件式(7.32)和式(7.33)，由式(7.38)可推出 $B = 0$，在 $r_{Di} = 1$ 时，由 $\bar{M}_a = A\sin(\sqrt{\lambda u})$ 得到

$$A = \frac{\bar{M}_a}{\sin(\sqrt{\lambda u})} \qquad (7.39)$$

代入式(7.38)可得

$$\bar{M} = \bar{M}_a \frac{\sin(\sqrt{\lambda u} r_{Di})}{\sin(\sqrt{\lambda u})} \tag{7.40}$$

因为 $\bar{M} = r_{Di}\bar{V}_{Di}$ $\bar{M}_a = \left(r_D \bar{V}_D\right)_{r_D=1} = \bar{V}_{ED}$ ，所以

$$\frac{\partial \bar{M}}{\partial r_{Di}} = \left(\bar{V}_{Di} + r_{Di}\frac{\partial \bar{V}_{Di}}{\partial r_{Di}}\right)\bigg|_{r_{Di}=1} = \frac{\bar{M}_a}{\sin\left(\sqrt{\lambda u}\right)}\sqrt{\lambda u}\cot\left(\sqrt{\lambda u}r_{Di}\right)\bigg|_{r_{Di}=1} \tag{7.41}$$

$$\frac{\partial \bar{V}_{Di}}{\partial r_{Di}}\bigg|_{r_{Di}=1} = V_{ED}\left(\sqrt{\lambda u}\cot\sqrt{\lambda u} - 1\right) \tag{7.42}$$

在拟压力条件下，煤层气吸附方程可写成

$$V_E = \frac{V_L m}{m_L + m}, \quad V_{ic} = \frac{V_L m_{ic}}{m_L + m_{ic}}$$

则有

$$V_{ED} = V_E - V_{ic} = \frac{V_L m_L (m - m_{ic})}{(m_L + m)(m_L + m_{ic})} \tag{7.43}$$

式中，m_L、m_{ic} 分别为压力 p_L、p_{ic} 下的拟压力。

则式(7.43)可改写为

$$\frac{\partial \bar{V}_{Di}}{\partial r_{Di}}\bigg|_{r_{Di}=1} = L\left[\frac{V_L m}{(m_L + m)} - \frac{V_L m_{ic}}{(m_L + m_{ic})}\right]\left(\sqrt{\lambda u}\cot\sqrt{\lambda u} - 1\right) \tag{7.44}$$

假定

$$\alpha = \frac{q_{sc}\mu_i}{2\pi K_i h}\frac{V_L m_L}{(m_L + m)(m_L + m_{ic})} \tag{7.45}$$

则

$$V_{ED} = -\alpha m_D \tag{7.46}$$

则推出

$$\frac{\partial \bar{V}_{Di}}{\partial r_{Di}}\bigg|_{r_{Di}=1} = -\alpha \bar{m}_D\left(\sqrt{\lambda u}\cot\sqrt{\lambda u} - 1\right) \tag{7.47}$$

所以连续方程变为

$$\frac{\partial^2 \overline{m}_D}{\partial r_D^2} + \frac{1}{r_D}\frac{\partial \overline{m}_D}{\partial r_D} = \Gamma \overline{m}_D \tag{7.48}$$

式中，

$$\Gamma = \omega u + \frac{(1-\omega)}{\lambda}\alpha\left(\sqrt{\lambda u}\cot\sqrt{\lambda u} - 1\right) \tag{7.49}$$

通解为

$$\overline{m}_D = A\text{K}_0\left(r_D\sqrt{\Gamma}\right) + B\text{I}_0\left(r_D\sqrt{\Gamma}\right) \tag{7.50}$$

式中，$\text{K}_0\left(r_D\sqrt{\Gamma}\right)$、$\text{I}_0\left(r_D\sqrt{\Gamma}\right)$分别为第一类、第二类 0 阶虚宗量贝塞尔函数。

3. 拟稳态扩散模型及压力解

1) 定解方程及边界条件

拟稳态裂缝系统的运动方程和定解条件与非稳态相同。拟稳态球形煤基质的扩散量为

$$\frac{\partial V}{\partial t} = \frac{6\pi^2 D}{R^2}(V_E - V) \tag{7.51}$$

式中，V 为裂缝中的气体浓度，m^3/m^3；V_E 为平衡状态下气体的浓度 m^3/m^3。

拟稳态基质系统的初始条件和边界条件与非稳态相同。

2) 解析法求解

通过无量纲化，得到拟稳态的无量纲运动方程：

$$\frac{1}{r_D}\frac{\partial}{\partial r_D}\left(r_D\frac{\partial m_D}{\partial r_D}\right) = \omega\frac{\partial m_D}{\partial t_D} - (1-\omega)\frac{\partial V_D}{\partial r_D} \tag{7.52}$$

$$\frac{\partial V_D}{\partial t_D} = \frac{1}{\lambda}(V_{ED} - V_D) \tag{7.53}$$

对式 (7.52) 和式 (7.53) 进行 Laplace 变换得

$$\frac{\partial^2 \overline{m}_D}{\partial r_D^2} + \frac{1}{r_D}\frac{\partial^2 \overline{m}_D}{\partial r_D} = \omega u\overline{m}_D - (1-\omega)u\overline{V}_D \tag{7.54}$$

$$u\bar{V}_{\mathrm{D}} = \frac{1}{\lambda}\left(\bar{V}_{\mathrm{ED}} - \bar{V}_{\mathrm{D}}\right) \tag{7.55}$$

假定

$$\alpha = \frac{q_{\mathrm{sc}}\mu_{\mathrm{i}}}{2\pi K_{\mathrm{i}}h}\frac{V_{\mathrm{L}}m_{\mathrm{L}}}{(m_{\mathrm{L}}+m)(m_{\mathrm{L}}+m_{\mathrm{ic}})} \tag{7.56}$$

则

$$u\bar{V}_{\mathrm{D}} = \frac{1}{\lambda}\left(-\alpha\bar{m}_{\mathrm{D}} - \bar{V}_{\mathrm{D}}\right) \tag{7.57}$$

$$\bar{V}_{\mathrm{D}} = -\frac{\alpha\bar{m}_{\mathrm{D}}}{u\lambda+1} \tag{7.58}$$

所以连续方程变为

$$\frac{\partial^2\bar{m}_{\mathrm{D}}}{\partial r_{\mathrm{D}}^2} + \frac{1}{r_{\mathrm{D}}}\frac{\partial^2\bar{m}_{\mathrm{D}}}{\partial r_{\mathrm{D}}} = f(u)\bar{m}_{\mathrm{D}} \tag{7.59}$$

式中,

$$f(u) = \left[\omega + \frac{\alpha(1-\omega)}{u\lambda+1}\right]u \tag{7.60}$$

拟稳态的通解为

$$\bar{m}_{\mathrm{D}} = A\mathrm{K}_0\left[r_{\mathrm{D}}\sqrt{f(u)}\right] + B\mathrm{I}_0\left[r_{\mathrm{D}}\sqrt{f(u)}\right] \tag{7.61}$$

无论是拟稳态还是不稳态,在 Laplace 空间上扩散方程具有通式,只是 $\varGamma$ 的表达形式不同。对于非稳态有

$$f(u) = \omega u + \frac{(1-\omega)}{\lambda}\alpha\left(\sqrt{\lambda u}\cot\sqrt{\lambda u} - 1\right) \tag{7.62}$$

4. 考虑井筒储集和表皮效应的压力解

为了使模型具有实际应用价值,在模型中引入表皮系数 S 和井筒储集系数 C_{D},圆形有界定压、封闭及无限大地层,Laplace 空间上的内边界定流量条件为

$$\bar{m}_{\mathrm{wD}} = \left[\bar{m}_{\mathrm{D}} - S\left(\frac{\partial\bar{m}_{\mathrm{D}}}{\partial r_{\mathrm{D}}}\right)\right]\bigg|_{r_{\mathrm{D}}=1} \tag{7.63}$$

$$C_D u \bar{m}_{wD} - \left(r_D \frac{\partial \bar{m}_D}{\partial r_D} \right)\Bigg|_{r_D=1} = \frac{1}{u} \tag{7.64}$$

由式(7.63)和式(7.64)可知，在无限大外边界条件下的压力解为

$$\bar{m}_D(r_D, u) = \frac{1}{u} \frac{K_0\left[\sqrt{f(u)}r_D\right] + MI_0\left[\sqrt{f(u)}r_D\right]}{C_D u\left\{K_0\left[\sqrt{f(u)}\right] + MI_0\left[\sqrt{f(u)}\right]\right\} + (C_D u + 1)\left\{K_0\left[\sqrt{f(u)}\right] - MI_0\left[\sqrt{f(u)}\right]\right\}\sqrt{f(u)}}$$

$$\tag{7.65}$$

对式(7.65)进行 Stehfest 数值反演，即可计算出实空间的井底压力，绘制出拟稳态模型的典型曲线(图 7.1)。

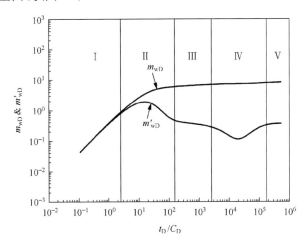

图 7.1　拟稳态扩散典型曲线图版

从双对数典型曲线图中可以看出，煤层气试井大致分为 5 个流动阶段。

(1)阶段 I 为早期纯井储阶段，与均质模型相同。

(2)阶段 II 为驼峰阶段，与均质模型相同。

(3)阶段III为早期径向流动阶段，压力导数曲线出现第一水平段，该段反映了早期井筒附近的径向流动。

(4)阶段IV为拟稳态扩散阶段，随着地层压力的进一步降低，吸附于基质中煤层气扩散出来，相当于双重介质的窜流阶段。在压力导数图中，表现为"V"形曲线。

(5)阶段 V 为后期径向流阶段，当压降进一步向外传播，压力导数出现第二个水平段。

与拟稳态相同，非稳态典型曲线(图 7.2)也分为 5 个流动阶段。

(1)早期纯井储阶段，在压力和压力导数双对数曲线上表现为斜率为 1 的直线段。

(2)驼峰阶段。

(3)早期径向流动阶段,在压力和压力导数双对数曲线上压力导数曲线出现第一水平段,该段反映了早期井筒附近的径向流动。

(4)非稳态扩散阶段与拟稳态不同,非稳态的窜流程度没有那么大,在压力导数图中,并不呈明显"V"形曲线。

(5)后期径向流阶段,当压降进一步向外传播,压力导数会出现第二个水平段。

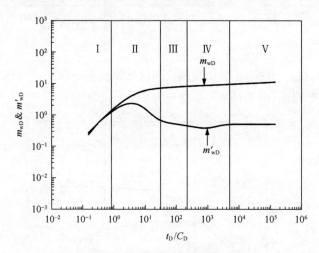

图 7.2　非稳态扩散典型曲线图版

下面分析煤层气试井敏感性参数。

从图 7.3 可以看出,α 值主要影响导数曲线偏离直线段的时间,α 值越大,导数曲线越早偏离直线段,且偏离的程度也越大。

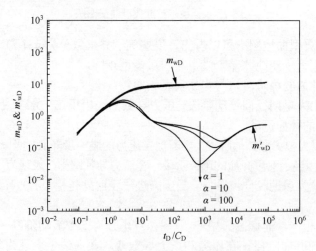

图 7.3　拟稳态不同吸附因子的典型曲线图版

$C_D=1$；$S=0$；$\lambda=10000$；$\omega=0.5$；$\alpha=1,\ 10,\ 100$

从图 7.4 看出，随着 ω 的增大，窜流发生的程度减弱。对于拟稳态流，ω 主要影响 "V" 形曲线的深度，ω 值越小，曲线越深；对于不稳态流，ω 值越小，导数曲线下凹越低。

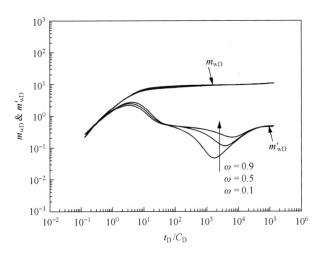

图 7.4　拟稳态不同储容比的典型曲线

$C_D=1$；$S=0$；$\alpha=10$；$\lambda=10000$；$\omega=0.1,\ 0.5,\ 0.9$

从图 7.5 看出，λ 值主要影响导数曲线偏离或趋近于直线段的时间。对于拟稳态流，λ 值越大，窜流发生的时间越晚，即 "V" 形曲线出现的时间越晚；对于不稳态流，λ 值越大，导数趋近直线段的时间越晚。

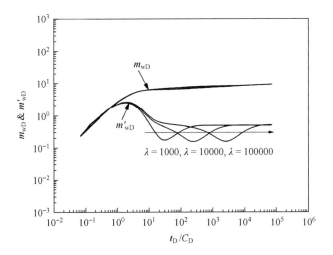

图 7.5　拟稳态不同窜流系数的典型曲线

$C_D=1$；$S=0$；$\omega=0.5$；$\alpha=10$；$\lambda=1000,\ 10000,\ 100000$

7.1.2　煤层气水平井试井

1. 物理模型

假定水平方向无限延伸的等厚煤层气藏，它的底部和顶部封闭，水平井埋深在气藏的 z_w 处，沿水平 x 方向长为 $2L$，水平井流量沿井长 $2L$ 均匀分布(图 7.6)。假设煤层为均匀分布的双重介质，基质块为球形，裂缝中的流动遵从达西定律，煤层气的产出完全来源于吸附气。

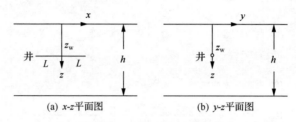

(a) x-z 平面图　　　　　　　　(b) y-z 平面图

图 7.6　水平井示意图

2. 试井数学模型

根据质量守恒定律和真实气体的状态方程，得到考虑拟稳态解吸的数学模型为

$$\frac{\partial^2 m_D}{\partial x_D^2} + \frac{\partial^2 m_D}{\partial y_D^2} + L_D^2 \frac{\partial^2 m_D}{\partial z_D^2} - \beta\left(\frac{\partial m_D}{\partial x_D}\right)^2 - \beta\left(\frac{\partial m_D}{\partial y_D}\right)^2 - L_D^2 \beta\left(\frac{\partial m_D}{\partial z_D}\right)^2$$

$$= e^{\beta m_D}\left[\omega \frac{\partial m_D}{\partial t_D} - (1-\omega)\frac{\partial V_D}{\partial t_D}\right] \tag{7.66}$$

$$\frac{\partial V_D}{\partial t_D} = \frac{1}{\lambda}\left(V_{ED} - V_D\right) \tag{7.67}$$

初始条件：

$$m_D\left(x_D, y_D, z_D, 0\right) = 0 \tag{7.68}$$

地层沿 y_D 方向无穷远条件：

$$m_D\left(x_D, \infty, z_D, t_D\right) = 0 \tag{7.69}$$

地层沿 x_D 方向无穷远条件：

$$\frac{\partial m_D\left(\infty, y_D, z_D, t_D\right)}{\partial x_D} = 0 \tag{7.70}$$

水平井沿 x_D 方向对称条件：

$$\frac{\partial m_D\left(0, y_D, z_D, t_D\right)}{\partial x_D} = 0 \tag{7.71}$$

内边界定产条件：

$$\left. e^{-\beta m_D} \frac{\partial m_D}{\partial y_D} \right|_{y_D=0} = \begin{cases} 0, & 0 \leqslant z_D \leqslant z_{1D} \\ -\dfrac{\pi}{2}\dfrac{1}{z_{2D} - z_{1D}}, & z_{1D} < z_D \leqslant z_{2D},\ 0 < x_D \leqslant 1 \\ 0, & z_{2D} < z_D \leqslant 1 \\ 0, & 1 < x_D \leqslant \infty \end{cases} \tag{7.72}$$

地层顶部封闭条件：

$$\frac{\partial m_D\left(x_D, y_D, 0, t_D\right)}{\partial z_D} = 0 \tag{7.73}$$

地层底部封闭条件：

$$\frac{\partial m_D\left(x_D, y_D, 1, t_D\right)}{\partial z_D} = 0 \tag{7.74}$$

有关的无量纲定义如下：

$$m_D = \frac{2\pi K_{hi} h\left(m_i - m\right)}{q_{sc}\mu_i}\ ,\quad t_D = \frac{K_{hi} t}{\chi L^2}\ ,\quad x_D = \frac{x}{L}, y_D = \frac{y}{L}, z_D = \frac{z}{h} \tag{7.75}$$

$$L_D = \frac{L}{h}\sqrt{\frac{K_v}{K_{hi}}}\ ,\quad z_{1D} = z_{wD} - r_{wD},\ z_{2D} = z_{wD} + r_{wD},\ z_{wD} = \frac{z_w}{h} \tag{7.76}$$

$$\beta = \frac{q_{sc}\mu_i}{2\pi K_{hi} h}\gamma\ ,\quad \omega = \frac{\varphi\mu_C}{\chi}\ ,\quad \lambda = \frac{K_{hi}\tau}{\chi L^2}\ ,\quad \tau = \frac{R^2}{6\pi^2 D}\ ,\quad \gamma = \frac{1}{K}\frac{\partial K}{\partial m}\ ,\quad r_{wD} = \frac{r_w}{h} \tag{7.77}$$

式 (7.66)～式 (7.77) 中，L 为水平井长度，m；h 为煤层厚度，m；K 为渗透率，$10^{-3}\mu m^2$；t 为时间，d；χ 为综合储容系数，1/d；m 为拟压力，$MPa^2/(mPa \cdot s)$；q 为气井产量，m^3/d；μ 为气体黏度，$mPa \cdot s$；γ 为渗透率模数，$mPa \cdot s/MPa^2$；ω 为储容比；ϕ 为孔隙度，c 为压缩系数，1/MPa；λ 为窜流系数；τ 为煤层气的吸附时间，d；z_w 井筒垂向位置，m；r_w 为井筒半径，m；R 为煤体的外半径，m；D 为煤体中气体的扩散系数，m^2/d；Z 为气体偏差因子；p 为压力，MPa；T 为温度，K；V 为煤层裂缝气流中的浓度，m^3/m^3；V_E 为平衡状态下气体的浓度，m^3/m^3；下标 sc 为标准状况；i 为初始状态；h 为水平方向；v 为垂直方向。

3. Laplace 空间的井底压力解

在方程(7.66)中作变换：

$$m_{\rm D} = -\frac{1}{\beta}\ln(1-\beta\eta) \tag{7.78}$$

采用摄动方法处理非线性方程(7.66)，定义关于 β 的摄动级数为

$$\eta = \eta_0 + \beta\eta_1 + \beta^2\eta_2 + \cdots \tag{7.79}$$

若 $\beta\eta = 1$，可仅取其零阶解，得到 η_0 的数学模型(何应付等，2007)，再对数学模型，采用积分变换方法和分离变量方法求解，取 Laplace 变换得到

$$\frac{\partial^2\eta_0}{\partial x_{\rm D}^2} + \frac{\partial^2\eta_0}{\partial y_{\rm D}^2} + L_{\rm D}^2\frac{\partial^2\eta_0}{\partial z_{\rm D}^2} = f(u)u\eta_0 \tag{7.80}$$

$$\eta_0\left(x_{\rm D},\infty,z_{\rm D},u\right) = 0 \tag{7.81}$$

$$\frac{\partial\eta_0\left(\infty,y_{\rm D},z_{\rm D},u\right)}{\partial x_{\rm D}} = 0 \tag{7.82}$$

$$\frac{\partial\eta_0\left(0,y_{\rm D},z_{\rm D},u\right)}{\partial x_{\rm D}} = 0 \tag{7.83}$$

$$\frac{\partial\eta_0}{\partial y_{\rm D}}\bigg|_{y_{\rm D}=0} = \begin{cases} 0, & 0 \leqslant z_{\rm D} \leqslant z_{\rm 1D} \\ -\dfrac{\pi}{2}\dfrac{1}{u}\dfrac{1}{z_{\rm 2D}-z_{\rm 1D}}, & z_{\rm 1D} < z_{\rm D} \leqslant z_{\rm 2D}, 0 < x_{\rm D} \leqslant 1 \\ 0, & z_{\rm 2D} \leqslant z_{\rm D} \leqslant 1 \\ 0, & 1 < x_{\rm D} < \infty \end{cases} \tag{7.84}$$

$$\frac{\partial\eta_0\left(x_{\rm D},y_{\rm D},0,u\right)}{\partial z_{\rm D}} = 0 \tag{7.85}$$

$$\frac{\partial\eta_0\left(x_{\rm D},y_{\rm D},1,u\right)}{\partial z_{\rm D}} = 0 \tag{7.86}$$

式中，$f(u) = \omega + \dfrac{\alpha(1-\omega)}{1+\lambda u}$；$u$ 为 Laplace 空间变量。下面进一步采用无限余弦变换求解上述模型。沿 $x_{\rm D}$ 方向对微分方程式(7.80)作无限余弦变换，考虑式(7.82)和式(7.83)的存在，则有

$$\frac{\partial^2 G}{\partial y_{\rm D}^2} + L_{\rm D}^2\frac{\partial^2 G}{\partial z_{\rm D}^2} = \left[uf(u)+\xi^2\right]G \tag{7.87}$$

式中，

$$G\left(\xi,y_\mathrm{D},z_\mathrm{D},u\right)=\sqrt{\frac{2}{\pi}}\int_0^\infty m_\mathrm{D}\cos\left(\xi x_\mathrm{D}\right)\mathrm{d}x_\mathrm{D} \tag{7.88}$$

$$\eta_0\left(x_\mathrm{D},y_\mathrm{D},z_\mathrm{D},u\right)=\sqrt{\frac{2}{\pi}}\int_0^\infty G\cos\left(\xi x_\mathrm{D}\right)\mathrm{d}\xi \tag{7.89}$$

经过余弦变换，相应的定解条件变化为

$$G\left(\xi,y_\mathrm{D},z_\mathrm{D},u\right)=0 \tag{7.90}$$

$$\left.\frac{\partial G}{\partial y_\mathrm{D}}\right|_{y_\mathrm{D}=0}=\frac{\pi}{2}\frac{1}{u}\sqrt{\frac{2}{\pi}}\frac{\sin\xi}{\xi\left(z_\mathrm{2D}-z_\mathrm{1D}\right)},\quad z_\mathrm{2D}\leqslant z_\mathrm{D}\leqslant z_\mathrm{1D} \tag{7.91}$$

$$\frac{\partial G\left(\xi,y_\mathrm{D},0,u\right)}{\partial z_\mathrm{D}}=0 \tag{7.92}$$

$$\frac{\partial G\left(\xi,y_\mathrm{D},1,u\right)}{\partial z_\mathrm{D}}=0 \tag{7.93}$$

对于式 (7.87)～式 (7.93) 构成的数学模型，可以采用分离变量方法求解，则有

$$G=\sqrt{\frac{2}{\pi}}\frac{2}{u}\sum_{n=0}^\infty A_n\frac{\mathrm{e}^{-q_n y_\mathrm{D}}}{q_n}\cos\left(v_n z_\mathrm{D}\right) \tag{7.94}$$

式中，

$$A_n=\frac{\sin\xi\left[\sin\left(v_n z_\mathrm{2D}\right)-\sin\left(v_n z_\mathrm{1D}\right)\right]}{\xi\left(v_n+\sin v_n\cos v_n\right)\left(z_\mathrm{2D}-z_\mathrm{1D}\right)} \tag{7.95}$$

$$q_n=\left[\xi^2+L_\mathrm{D}^2 v_n^2+uf\left(u\right)\right]^{\frac{1}{2}} \tag{7.96}$$

$$v_n\tan v_n=0 \tag{7.97}$$

根据反余弦变换，从式 (7.94) 中可以得到 Laplace 空间 0 阶解的表达式为

$$\eta_0\left(x_\mathrm{D},y_\mathrm{D},z_\mathrm{D},u\right)=\frac{2}{u}\sum_{n=0}^\infty\int_0^\infty A_n\frac{\mathrm{e}^{-q_n y_\mathrm{D}}}{q_n}\cos\left(v_n z_\mathrm{D}\right)\cos\left(\xi x_\mathrm{D}\right)\mathrm{d}\xi \tag{7.98}$$

定义

$$\eta_\mathrm{0w}\left(x_\mathrm{D},y_\mathrm{D},z_\mathrm{D},u\right)=\int_0^1\eta_0\left(x_\mathrm{D},y_\mathrm{D},z_\mathrm{D},u\right)\mathrm{d}x_\mathrm{D} \tag{7.99}$$

把式 (7.98) 代入式 (7.99) 中，进行积分就可得到

$$\eta_{0\mathrm{w}}\left(x_{\mathrm{D}},y_{\mathrm{D}},z_{\mathrm{D}},u\right)=\frac{2}{u}\sum_{n=0}^{\infty}F(v_n,u)\frac{\left[\sin\left(v_n z_{2\mathrm{D}}\right)-\sin\left(v_n z_{1\mathrm{D}}\right)\right]\cos(v_n z_{\mathrm{D}})}{\xi\left(v_n+\sin v_n\cos u_n\right)\left(z_{2\mathrm{D}}-z_{1\mathrm{D}}\right)} \tag{7.100}$$

式中，

$$F(v_n,u)=\int_0^{\infty}\frac{\sin^2\xi}{\xi^2\left[\xi^2+L_{\mathrm{D}}^2 v_n^2+uf(u)\right]^{1/2}}\mathrm{d}\xi \tag{7.101}$$

当式 (7.100) 求出后，对其进行数值反演就可以获得实空间中的 $\eta_{0\mathrm{w}}$。最终得到

$$m_{\mathrm{wD}}=-\frac{1}{\beta}\ln(1-\beta\eta_{0\mathrm{w}}) \tag{7.102}$$

若考虑井筒储集和表皮效应，可采用第 2 章式 (2.112) 进行数值反演，就可以获得实空间中考虑井储和表皮效应的井底拟压力。

4. 典型曲线图版

根据以上的推导得到的式 (7.101)，可以获得井底无量纲拟压力与无量纲时间的双对数典型曲线。曲线的主要控制参数主要有 $C_{\mathrm{D}}\mathrm{e}^{2S}$、$\omega$、$\lambda$、$\alpha$、$\beta$ 和 L_{D}。这 6 个参数都影响煤层气试井典型曲线的形态。

下面分别对非平衡态拟稳态流的煤层气双对数曲线进行分析，以确定各个参数对典型曲线的影响。

图 7.7 是不同吸附因子 α 对双对数曲线的影响。图 7.7 的参数为 $C_{\mathrm{D}}\mathrm{e}^{2S}=0.00002$，$\omega=0.1$，$\lambda=0.01$，$\beta=0.0$，$L_{\mathrm{D}}=10.0$，$z_{\mathrm{wD}}=0.5$。可以看出，$\alpha$ 值主要影响导数曲线上 "V" 形曲线的深浅和径向流的早晚，α 值越大，"V" 形曲线越深，径向流出现的也越晚。

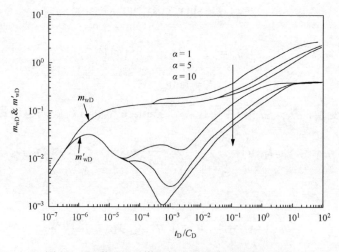

图 7.7　吸附因子对煤层气水平井典型曲线的影响

图 7.8 是不同的储容比 ω 对双对数曲线的影响。图 7.8 的曲线参数为 $C_{\mathrm{D}}\mathrm{e}^{2S} =$ 0.00001，$\alpha = 5.0$，$\lambda = 0.01$，$\beta = 0.0$，$L_{\mathrm{D}} = 10.0$，$z_{\mathrm{wD}} = 0.5$。从图 7.8 可以看出，ω 对曲线的影响与 α 基本相同，即 ω 值主要影响导数曲线上"V"形曲线的深浅和径向流的早晚，但 ω 的影响程度要比 α 弱。

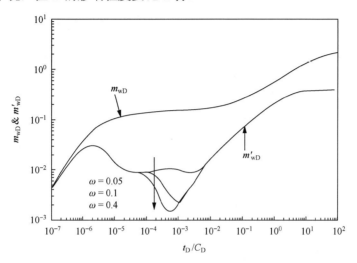

图 7.8　储容比对煤层气水平井典型曲线的影响

图 7.9 是当 $C_{\mathrm{D}}\mathrm{e}^{2S} = 0.00001$，$\alpha = 5.0$，$\omega = 0.1$，$\beta = 0.0$，$L_{\mathrm{D}} = 10.0$，$z_{\mathrm{wD}} = 0.5$ 时，窜流系数 λ 对典型曲线的影响。从图 7.9 可以看出，λ 值主要影响导数曲线偏离或趋近 0.5 水平线的时间，并且 λ 值越大，"V"形曲线出现得越晚。

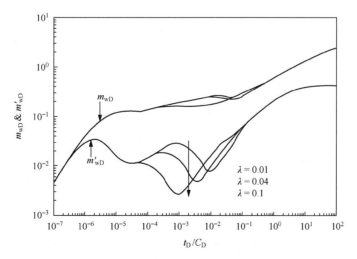

图 7.9　窜流系数对煤层气水平井典型曲线的影响

图 7.10 是不同 L_{D} 对双对数典型曲线的影响。曲线参数为 $C_{\mathrm{DE}}^{2S} = 0.00001$，

$\alpha = 5.0$，$\omega = 0.1$，$\lambda = 0.01$，$\beta = 0.0$，$z_{wD} = 0.5$。从图 7.10 可以看出，L_D 影响典型曲线中压力及压力导数曲线的高低，L_D 越大，即水平井长度越大，无量纲压力和压力导数就越小。

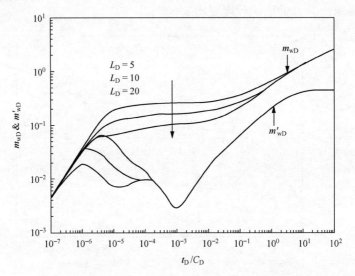

图 7.10　水平井长度对煤层气水平井典型曲线的影响

图 7.11 是当 $C_D e^{2S} = 0.00001$，$\alpha = 5.0$，$\omega = 0.1$，$\lambda = 0.01$，$L_D = 10.0$，$z_{wD} = 0.5$ 时，渗透率变异系数 β 对典型曲线的影响。从图 7.11 可看出，β 值主要影响压力及导数曲线偏离 $\beta=0$ 曲线的程度，且主要影响曲线的后期形态，β 越大，导数曲线上翘越严重。

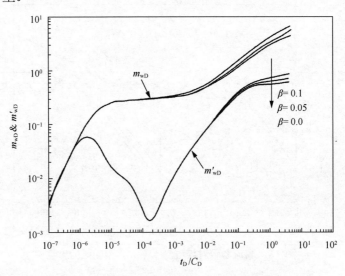

图 7.11　介质变形对煤层气水平井典型曲线的影响

7.2　页岩气藏多段压裂水平井试井

页岩储层特殊的孔渗特征及吸附特性使页岩储层气体赋存状态与常规储层不同，其气体以多种形态分布在页岩储层中，溶解在干酪根中的溶解气、基质孔隙和裂缝孔隙中的游离气及吸附在基质表面的吸附气。气体主要以吸附状态为主，溶解气含量较少，通常可以忽略不计。

在生烃演化过程中，溶解气主要存在干酪根有机质中，少量气体也会因压力的作用溶解于孔隙水及液态烃类中。由于溶解气含量较少，可以忽略不计，只考虑吸附气及游离气的运移。

在页岩气藏形成的初期，由于页岩储层富含有吸附能力的有机碳，可以吸附大量的天然气，因此吸附气是页岩气的主要赋存状态。通常认为常规天然气藏不具有吸附能力，煤层气的平均吸附气含量在 85%以上，而页岩气介于两者之间，平均吸附气含量为 50%。吸附气的含量取决于有机质的含量、孔隙的大小及分布、矿物成分、成岩作用、岩石结构及储层的温度和压力等。吸附作用分为物理吸附及化学吸附。物理吸附是借助储层岩石非平衡分子力，储层骨架内部受分子力作用而保持受力平衡，而骨架表面没有达到受力平衡时天然气接触骨架表面就会产生吸附性，从而吸附大量的天然气。当达到某一条件时，就会发生化学吸附，其吸附具有时间长、不可逆性、不连续性及有选择性的特点。页岩中最重要的吸附是物理吸附。

当有机碳吸附能力达到极限而页岩生气过程继续时才出现游离态的页岩气。随着页岩生气过程的继续，地层压力逐渐升高，会导致页岩薄弱面处出现小规模的裂缝，成为游离气的储存空间及渗流通道。游离气的含量大约为 10%～20%，其储存和运移与常规气藏相同。

由于页岩气藏储层孔隙度极小、渗透率极低，为了提高页岩气藏水平井的单井产量，通常要实施储层改造。根据水力压裂规模和裂缝形成特点的差异，多段压裂形成的裂缝可分为无限导流裂缝和有限导流裂缝。当多段压裂产生的人工裂缝长度较短或者导流能力较强时人工裂缝内的流动阻力就可以忽略，此种情况与无限导流裂缝较为近似。当多段压裂产生的人工裂缝长度较长或者导流能力较低时，人工裂缝内的流动阻力往往不可以忽略。由于页岩气渗流问题极为复杂，考虑因素众多，页岩气藏压裂水平井渗流问题多数考虑无限导流裂缝情况。

页岩气井最佳的压裂效果是产生垂直于水平井段的横向主裂缝的同时，产生垂直于横向裂缝的二级裂缝，以提高裂缝与地层的接触面积，有利于页岩气的解吸附和气体在储层中的流动。

7.2.1　页岩气压裂井裂缝特征

页岩气藏多段压裂水平井微地震监测结果表明裂缝的形态复杂多变。这是由于在压裂过程中人工裂缝主裂缝上存在分支裂缝(图 7.12)，且压裂液容易沿着天然裂缝延伸，使得原本闭合的天然裂缝激活或扩大，产生许多诱导裂缝，使得压裂区与未压裂区渗透率差异很大，当裂缝间距变小时，图 7.12 所示的树枝状裂缝相连，从而形成复杂的裂缝网络。而常规气藏压裂形成的裂缝一般认为是呈双翼对称的形式。

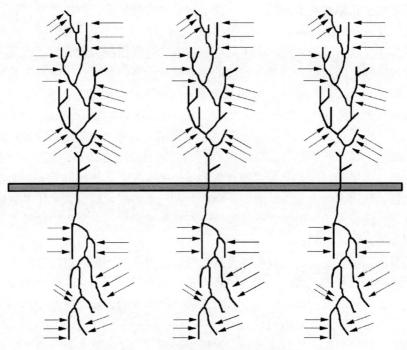

图 7.12　多段压裂水平井平面示意图

7.2.2　三线性流数学模型

根据几何模型的对称性，从一条人工裂缝周围的四分之一储层中抽取出三线性流模型的物理模型(图 7.13)。根据渗透能力的大小可以划分为 3 个区域，依次为人工裂缝区、内区和外区，外区为未压裂的区域，内区为两条人工裂缝中间的区域，存在人工裂缝的诱导裂缝。每个区域流体均为线性流动，线性流 1 为外区向内区的流动，线性流 2 为内区流向人工裂缝区，线性流 3 为人工裂缝区向水平井筒的流动，其中两条人工裂缝间距的中线处无流体流动。令 $2y_e$ 为人工裂缝间距，$2x_e$ 为 X 方向的储层长度，$2x_f$ 为人工裂缝长度，$2w_f$ 为人工裂缝宽度，下标 O、

I 及 F 分别对应外区、内区及人工裂缝区。

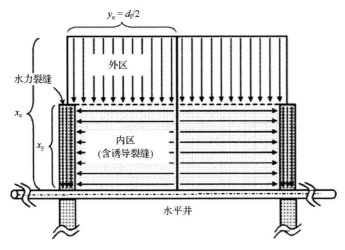

图 7.13　三线性流物理模型示意图

1. 物理模型

单重介质多段压裂水平井三线性流渗流模型将外区、内区及人工裂缝区都视为均匀介质。将 Langmuir 等温吸附方程、Fick 扩散方程与渗流微分方程进行耦合，得到考虑吸附、扩散机理的页岩气藏单重介质多段压裂水平井三线性流渗流模型内外区连续性方程，其中人工裂缝区只考虑页岩气达西渗流。

页岩气藏单重介质多段压裂水平井三线性流物理模型如图 7.13 所示，假设条件如下。

(1) 外区、内区及人工裂缝区均为均匀介质储层。

(2) 页岩气藏的厚度为 h，在初始条件下，地层的原始压力为 p_i。

(3) 人工裂缝性质相同且等间距分布，以水平井轴对称，裂缝半长 x_f；裂缝宽度 w，裂缝高度等于储层厚度 h，裂缝间距 d，在 $d/2$ 处平行裂缝方向无流体流动。

(4) 储层外边界封闭，一口水平井被不可变形的垂直裂缝贯穿。

(5) 单相气体等温渗流，不考虑重力和毛管力的作用。

(6) 与气体的压缩系数相比，储层的压缩系数可以忽略不计。

(7) 水平井筒具有无限导流能力。

2. 数学模型

1) 外区模型

考虑页岩气吸附、扩散特性，有

$$\frac{\partial\left[\rho_{\mathrm{O}}\left(v_{\mathrm{O}}^{p}+v_{\mathrm{O}}^{c}\right)\right]}{\partial x}+\frac{\partial\left(\rho_{\mathrm{O}}\varphi_{\mathrm{O}}\right)}{\partial t}+\frac{\partial\left[\rho_{\mathrm{sc}}\left(1-\varphi_{\mathrm{O}}\right)V_{\mathrm{O}}\right]}{\partial t}=0 \tag{7.103}$$

式中，v_{O}^{p} 为外区内由压力差引起的渗流速度，m/h；v_{O}^{c} 为外区内由浓度差引起的扩散速度，m/h；ρ_{O} 为外区页岩气密度，kg/m³；ρ_{sc} 为标准状况下页岩气的密度，kg/m³；ϕ_{O} 为外区页岩气藏孔隙度，无量纲；t 为生产时间，h；V_{O} 为在标准状况下，外区单位体积页岩骨架的解吸量，m³/m³。

考虑由于压力差引起的达西渗流、由浓度差引起的扩散，所以其运动方程的表达式可以用达西定律及 Fick 方程表示，表示如下：

$$v_{\mathrm{O}}^{P}=-\frac{3.6k_{\mathrm{O}}}{\mu}\frac{\partial p_{\mathrm{O}}}{\partial x} \tag{7.104}$$

$$v_{\mathrm{O}}^{c}=-\frac{MD_{\mathrm{O}}}{\rho_{\mathrm{O}}}\frac{\partial C_{\mathrm{O}}}{\partial x} \tag{7.105}$$

气体状态方程：

$$\frac{\partial C_{\mathrm{O}}}{\partial x}=\frac{\rho_{\mathrm{O}}c_{\mathrm{O}}}{M}\frac{\partial p_{\mathrm{O}}}{\partial x} \tag{7.106}$$

Langmuir 等温吸附方程：

$$V_{\mathrm{O}}=\frac{q_{\mathrm{L}}p_{\mathrm{O}}}{p_{\mathrm{L}}+p_{\mathrm{O}}} \tag{7.107}$$

将运动方程、状态方程及 Langmuir 等温吸附方程代入连续性微分方程式 (7.103)，得

$$\frac{\partial}{\partial x}\left(\frac{p_{\mathrm{O}}}{ZT}\frac{3.6k_{\mathrm{O}}}{\mu}\frac{\partial p_{\mathrm{O}}}{\partial x}+\frac{p_{\mathrm{O}}}{ZT}c_{\mathrm{O}}D_{\mathrm{O}}\frac{\partial p_{\mathrm{O}}}{\partial x}\right)=$$
$$\frac{p_{\mathrm{O}}}{ZT}c_{\mathrm{O}}D_{\mathrm{O}}\frac{\partial p_{\mathrm{O}}}{\partial t}+\rho_{\mathrm{sc}}\frac{p_{\mathrm{sc}}}{Z_{\mathrm{sc}}T_{\mathrm{sc}}}\left(1-\phi_{\mathrm{O}}\right)\frac{p_{\mathrm{L}}q_{\mathrm{L}}}{\left(p_{\mathrm{L}}+p_{\mathrm{O}}\right)}\frac{\partial p_{\mathrm{O}}}{\partial t} \tag{7.108}$$

引入外区拟压力 $m(p_{\mathrm{O}})$：

$$m\left(p_{\mathrm{O}}\right)=\int_{p_{\mathrm{c}}}^{p}\frac{2p_{\mathrm{O}}}{\mu Z}\mathrm{d}p \tag{7.109}$$

式中，p_c 为参考压力，为了计算方便一般取一个大气压或为零。

将式 (7.109) 代入式 (7.108) 得

$$\frac{\partial}{\partial x}\left[\left(1+\frac{\mu c_O D_O}{3.6 k_O}\right)\frac{\partial m_O}{\partial x}\right]=\frac{\mu \phi_O}{3.6 k_O}\left[c_O+\frac{p_{sc}T}{Z_{sc}T_{sc}}\frac{(1-\phi_O)}{\phi_O}\frac{p_L q_L}{(p_L+p_O)^2}\right]\frac{\partial m_O}{\partial t}$$

$$(7.110)$$

引入外区拟压力 $m(p_O)$，令

$$b_O=1+\frac{\mu c_O D_O}{3.6 k_O} \tag{7.111}$$

$$c_{Ot}=c_O+\frac{p_{sc}T}{Z_{sc}T_{sc}}\frac{(1-\phi_O)}{\phi_O}\frac{p_L q_L}{(p_L+p_O)^2} \tag{7.112}$$

式中，b_O 为视渗透率系数。因为 c_{Ot} 是关于压力的表达式，所以是非线性的，为了求得近似解析解，将压力用平均压力化 $\overline{p}_O$ 来代替，页岩气压缩因子用平均压缩因子 $\overline{Z}$ 来代替，将 b_O 及 c_{Ot} 看作常数，则式 (7.110) 可以写为

$$\frac{\partial^2 m_O}{\partial x^2}=\frac{\mu \phi_O c_{Ot}}{3.6 b_O k_O}\frac{\partial m_O}{\partial t} \tag{7.113}$$

为了使上述方程化成无量纲形式，定义无量纲变量如下：

无量纲拟压力：

$$m_D=\frac{k_I h_I}{1.2734\times 10^{-2} q_F T}\left[m(p_I)-m(p)\right] \tag{7.114}$$

无量纲时间：

$$t_D=\frac{\eta_I}{x_f^2}t \tag{7.115}$$

无量纲距离：

$$x_D=\frac{x}{x_g},\ y_D=\frac{y}{x_g},\ x_{eD}=\frac{x_e}{x_g},\ y_{eD}=\frac{y_e}{x_g},\ w_D=\frac{w}{x_g} \tag{7.116}$$

无量纲吸附解吸系数：

$$a_O = \frac{c_O}{c_{Ot}} = \frac{c_O}{c_O + \dfrac{p_{sc}T}{Z_{sc}T_{sc}}\dfrac{\bar{Z}}{\bar{p}_O}\dfrac{(1-\phi_O)}{\phi_O}\dfrac{p_L q_L}{(p_L+p_O)^2}} \tag{7.117}$$

无量纲导压系数：

$$\eta_{OD} = \frac{\eta_O}{\eta_I} \tag{7.118}$$

式中，$\eta_O = \dfrac{3.6k_O}{\mu(\phi c)_O}$；$\eta_I = \dfrac{3.6k_I}{\mu(\phi c)_I}$。

所以式(7.113)的无量纲形式为

$$\frac{\partial^2 m_{OD}}{\partial x_D^2} = \frac{1}{a_O b_O \eta_{OD}}\frac{\partial m_{OD}}{\partial t_D} \tag{7.119}$$

结合初始条件及内外边界条件，建立三线性流模型外区的渗流数学模型为

$$\frac{\partial^2 m_{OD}}{\partial x_D^2} = \frac{1}{a_O \eta_{OD} b_D}\frac{\partial m_{OD}}{\partial t_D} \tag{7.120}$$

$$m_{OD}(x_D, t_D = 0) = 0 \tag{7.121}$$

$$\left.\frac{\partial m_{OD}}{\partial x_D}\right|_{x_D = x_{eD}} = 0 \tag{7.122}$$

$$m_{OD}\big|_{x_D=1} = m_{ID}\big|_{x_D=1} \tag{7.123}$$

2) 内区模型

在内区，结合初始条件及内外边界条件，建立三线性渗流数学模型为

$$\frac{\partial^2 m_{ID}}{\partial y_D^2} + \frac{b_O}{y_{eD} R_{CD} b_I}\frac{\partial m_{OD}}{\partial x_D}\bigg|_{x_D=1} - \frac{1}{a_I b_I}\frac{\partial m_{ID}}{\partial t_D} = 0 \tag{7.124}$$

$$m_{ID}(y_D, t_D = 0) = 0 \tag{7.125}$$

$$\left.\frac{\partial m_{ID}}{\partial y_D}\right|_{y_D = y_{eD}} = 0 \tag{7.126}$$

$$m_{ID}\big|_{y_D=w_D/2} = m_{FD}\big|_{y_D=w_D/2} \tag{7.127}$$

3) 人工裂缝区

将内区扩散速度代入裂缝微分方程中，得到人工裂缝区的连续性方程为

$$\frac{\partial(\rho_O v_F)}{\partial x} + \frac{\partial(\rho_F \phi_F)}{\partial t}\bigg|_{y=w/2} + \frac{\partial \rho_F \phi_F}{\partial t} = 0 \tag{7.128}$$

由于人工裂缝区只考虑人工裂缝中达西渗流，没有解吸扩散作用，所以其运动方程可以用达西定律表示，其表示如下：

$$v_F = -\frac{3.6 k_F}{\mu} \frac{\partial p_F}{\partial x} \tag{7.129}$$

人工裂缝区的渗流微分方程为

$$\frac{\partial}{\partial x}\left(\frac{p_F}{ZT} \frac{3.6 k_F}{\mu} \frac{\partial p_F}{\partial x}\right) + \left(\frac{2 p_F}{ZTw} \frac{3.6 k_F}{\mu}\right)\frac{\partial p_I}{\partial y}\bigg|_{y=w/2} = \frac{p_F}{ZT} c_F \phi_F \frac{\partial p_F}{\partial t} \tag{7.130}$$

引入人工裂缝区拟压力 $m(p_F)$：

$$m(p_F) = \int_{p_c}^{p} \frac{2 p_F}{\mu Z} \mathrm{d}p \tag{7.131}$$

将式 (7.131) 代入式 (7.130) 得

$$\frac{\partial^2 m_F}{\partial x^2} + \frac{2 k_I}{w_F k_F} \frac{\partial m_I}{\partial y}\bigg|_{y=w_F/2} = \frac{\mu \phi_F c_F}{3.6 k_F} \frac{\partial m_F}{\partial t} \tag{7.132}$$

为了使上述方程化成无量纲形式，定义的无量纲变量如下：

无量纲导压系数

$$\eta_{FD} = \frac{\eta_F}{\eta_I} \tag{7.133}$$

无量纲裂缝导流系数：

$$F_{CD} = \frac{k_F w_F}{k_I x_F} \tag{7.134}$$

其他涉及的无量纲定义同上。

式 (7.132) 的无量纲形式为

$$\frac{\partial^2 m_{\mathrm{F}}}{\partial x_{\mathrm{D}}^2} + \frac{2}{F_{\mathrm{CD}}} \frac{\partial m_{\mathrm{ID}}}{\partial y_{\mathrm{D}}}\bigg|_{y=w_{\mathrm{D}}/2} = \frac{1}{\eta_{\mathrm{F}}} \frac{\partial m_{\mathrm{F}}}{\partial t_{\mathrm{D}}} \tag{7.135}$$

式中，$\eta_{\mathrm{F}} = \dfrac{3.6 k_{\mathrm{F}}}{\mu(\phi c)_{\mathrm{F}}}$。

式(7.135)结合初始条件及内外边界条件，建立人工裂缝区的渗流数学模型为

$$\frac{\partial^2 m_{\mathrm{F}}}{\partial x_{\mathrm{D}}^2} + \frac{2}{F_{\mathrm{CD}}} \frac{\partial m_{\mathrm{ID}}}{\partial y_{\mathrm{D}}}\bigg|_{y=w_{\mathrm{D}}/2} - \frac{1}{\eta_{\mathrm{fD}}} \frac{\partial m_{\mathrm{F}}}{\partial t_{\mathrm{D}}} = 0 \tag{7.136}$$

$$m_{\mathrm{F}}(y_{\mathrm{D}}, t_{\mathrm{D}} = 0) = 0 \tag{7.137}$$

$$\frac{\partial m_{\mathrm{F}}}{\partial x_{\mathrm{D}}}\bigg|_{x_{\mathrm{D}}=1} = 0 \tag{7.138}$$

$$\frac{\partial m_{\mathrm{F}}}{\partial x_{\mathrm{D}}}\bigg|_{x_{\mathrm{D}}=0} = -\frac{\pi}{F_{\mathrm{CD}}} \tag{7.139}$$

3. 数学模型的求解

三线性流模型的求解过程需要依次求出外区、内区及人工裂缝区模型的解，其中内区模型需要借助外区模型的解方能求出，人工裂缝区需要借助内区模型的解方能求出。

1) 外区

对式(7.120)~式(7.123)进行关于 t_{D} 的 Laplace 变换得

$$\frac{\partial^2 \bar{m}_{\mathrm{OD}}}{\partial x_{\mathrm{D}}^2} = \frac{u}{a_{\mathrm{O}} \eta_{\mathrm{OD}} b_{\mathrm{D}}} \bar{m}_{\mathrm{OD}} \tag{7.140}$$

$$\frac{\partial \bar{m}_{\mathrm{OD}}}{\partial x_{\mathrm{D}}}\bigg|_{x_{\mathrm{D}}=x_{\mathrm{eD}}} = 0 \tag{7.141}$$

$$\bar{m}_{\mathrm{OD}}\big|_{x_{\mathrm{D}}=1} = \bar{m}_{\mathrm{ID}}\big|_{x_{\mathrm{D}}=1} \tag{7.142}$$

式中，u 为 Laplace 空间变量；$\bar{m}_{\mathrm{OD}}$ 为 Laplace 空间下的外区无量纲拟压力。

令

$$f_O(u) = \frac{u}{a_O \eta_{OD} b_D} \tag{7.143}$$

求外区模型的解为

$$\bar{m}_{OD} = \bar{m}_{ID}\big|_{x_D=1} \frac{\cos\left[\sqrt{f_O(u)}\left(x_{eD} - x_D\right)\right]}{\cos\left[\sqrt{f_O(u)}\left(x_{eD} - 1\right)\right]} \tag{7.144}$$

2）内区

求得内区模型的拉氏空间解为

$$\bar{m}_{ID} = \bar{m}_F\big|_{y_D=w_D/2} \frac{\cos\left[\sqrt{\alpha_I}\left(y_{eD} - y_D\right)\right]}{\cos\left[\sqrt{\alpha_I}\left(y_{eD} - w_D/2\right)\right]} \tag{7.145}$$

式中，

$$\alpha_I = \frac{\beta_I b_O}{R_{CD} y_{eD} b_I} + f_I(u) \tag{7.146}$$

$$f_I(u) = \frac{u}{a_I b_I} \tag{7.147}$$

$$\beta_I = \sqrt{f_O(u)} \tan\left[\sqrt{f_O(u)}\left(x_{eD} - 1\right)\right] \tag{7.148}$$

3）人工裂缝区

人工裂缝区的 Laplace 空间解为

$$\bar{m}_{FD} = \frac{\pi}{F_{CD} u \sqrt{\alpha_f}} \frac{\cos\left[\sqrt{\alpha_f}\left(1 - x_D\right)\right]}{\sin\left(\sqrt{\alpha_f}\right)} \tag{7.149}$$

式中，

$$\alpha_f = \frac{2\beta_f}{F_{CD}} + \frac{u}{\eta_F} \tag{7.150}$$

$$\beta_f = \sqrt{\alpha_I} \tan\left[\sqrt{\alpha_I}\left(y_{eD} - w_D/2\right)\right] \tag{7.151}$$

在不考虑井筒储集和表皮效应的条件下，人工裂缝区在 $x_D = 0$ 处的压力即水

平井筒压力，由于沿水平井筒无附加压力降，水平井筒的压力即井底压力，所以Laplace 空间中无量纲井底压力的表达式为

$$\bar{m}_{wD} = \frac{\pi}{F_{CD} u \sqrt{\alpha_f} \tan\left(\sqrt{\alpha_f}\right)} \tag{7.152}$$

在上述推导过程中，假设人工裂缝区流体是线性流动，而人工裂缝和水平井筒流体流动方向不同，在人工裂缝与水平井筒的衔接处形成汇流表皮。

如果考虑井筒储集效应和表皮效应，类似于第 2 章式(2.112)的形式，得到Laplace 空间井底压力表达式。

7.2.3　典型曲线图版及敏感性参数分析

式(7.152)利用 Stehfest 数值反演方法，通过计算机编制程序，计算得到真实空间压力解。取参数 $C_D = 10^{-5}$，$S_c = 10^{-3}$，$a_O = 0.3$，$b_O = 2$，$b_I = 5$，$x_{eD} = 5$，$w_D = 10^{-6}$，$y_{eD} = 1$，$F_{CD} = 0.1$，$R_{CD} = 10$，$\eta_{OI} = 1$，$\eta_{FI} = 600$，绘制试井典型曲线(图 7.14)。

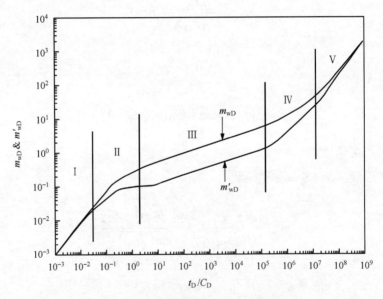

图 7.14　页岩气藏多段压裂水平井典型曲线

从图 7.15 看出，页岩气藏多段压裂水平井三线性流压力响应特征曲线，可以划分为 5 个流动阶段：第Ⅰ段，早期井筒储集阶段，无量纲拟压力与拟压力导数曲线重合，且是斜率为 1 的直线；第Ⅱ段，井储后的过渡段，主要受表皮系数和井筒储集系数来影响其持续时间的长短；第Ⅲ段，裂缝系统与地层的双线性流阶

段，无量纲拟压力与拟压力导数曲线平行，且是斜率为 1/4 的直线；第Ⅳ段，地层线性流阶段，其是斜率为 1/2 的直线；第Ⅴ段，系统的拟稳态流动阶段，无量纲拟压力与拟压力导数曲线上翘重合，且是斜率为 1 的直线。

实际上，该压力响应特征曲线还包括许多流动阶段，如裂缝线性流阶段、线性流与双线流过渡段、外区与内区的双线性流动阶段等，实际测试中很难观测到这些流动阶段。

下面分析典型图版的敏感性参数。

1. 无量纲吸附解吸系数 a

从图 7.15 看出，外区吸附解吸系数主要影响地层线性流及系统拟稳态流动阶段。吸附解吸系数越大，吸附量越小，在压力下降过程中，供给的解吸气越少，到达系统拟稳态流动时间越早。吸附解吸系数越小，吸附量越大，在压力下降过程中，供给的解吸气越多，并且到达系统拟稳态流动时间较晚。

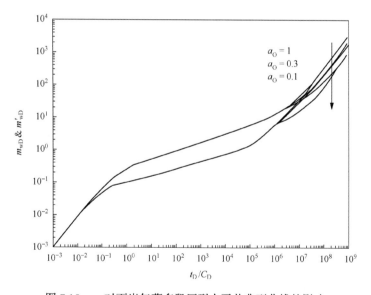

图 7.15　a_O 对页岩气藏多段压裂水平井典型曲线的影响

从图 7.16 看出，内区吸附解吸系数影响除井筒储集段外的所有流动阶段。吸附解吸系数越大，吸附量越少，双线性流、线性流及系统拟稳态流动段发生越早；反之，双线性流、线性流及系统拟稳态流动段发生越晚。

2. 视渗透率系数

从图 7.17 看出，外区视渗透率系数主要影响线性流动及系统拟稳态流动段。视渗透率系数越大，扩散能力越大，外区线性流阶段持续时间越短，到达系统拟稳态流动段越早；反之，到达系统拟稳态流动越晚。

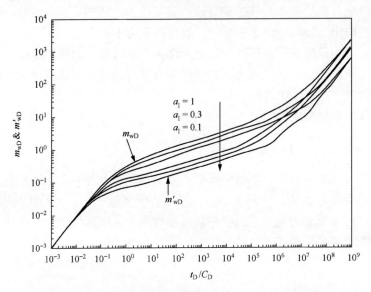

图 7.16　a_I 对页岩气藏多段压裂水平井典型曲线的影响

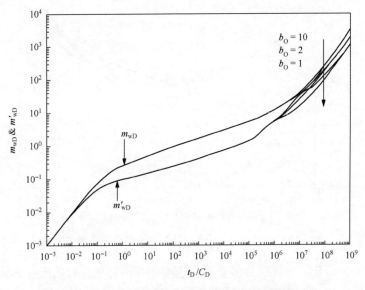

图 7.17　b_O 对页岩气藏多段压裂水平井典型曲线的影响

从图 7.18 看出，内区视渗透率系数影响除井筒储集段外的所有流动阶段。视渗透率系数越大，气体扩散能力越大，内区气体容易流动，反应在曲线上为线性流及双线性流阶段发生越早，持续时间越短，到达系统拟稳态流动越早；反之，线性流及双线性流阶段发生越晚，持续时间越长，到达系统拟稳态流动越晚。

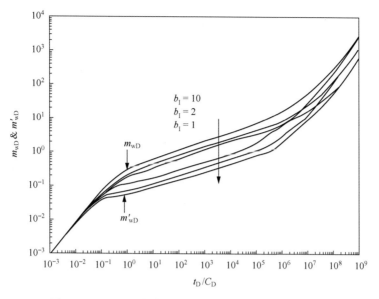

图 7.18 b_I 对页岩气藏多段压裂水平井典型曲线的影响

3. 裂缝导流系数 F_{CD}

从图 7.19 看出，裂缝导流系数主要影响过渡阶段、双线性流和线性流阶段。裂缝导流系数越大，裂缝输送气体的能力越强，裂缝中的流动结束越早，容易出现双线性流和地层线性流，且过渡段、双线性及线性流段出现的时间越早；裂缝

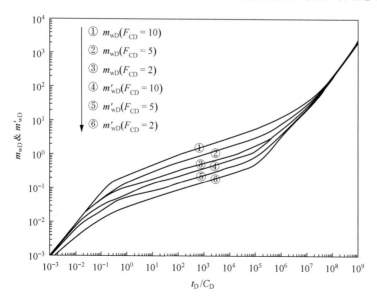

图 7.19 F_{CD} 对页岩气藏多段压裂水平井典型曲线的影响

导流系数较小，裂缝输送气体的能力越差，裂缝流动与地层流动共存时间越长，甚至可能不出现地层线性流动阶段。

4. 储层边界长度 x_{eD}

从图 7.20 可以看出，储层边界长度主要影响系统拟稳态流动阶段。储层边界长度越长，气体流动时间越久，到达系统拟稳态流动段越晚；储层边界长度越短，气体流动时间越晚，到达系统拟稳态流动段越早。

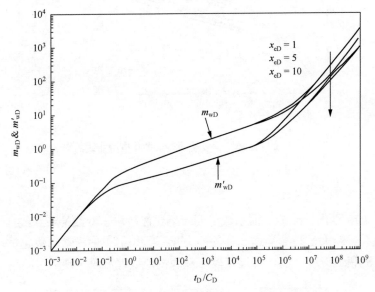

图 7.20　x_{eD} 对页岩气藏多段压裂水平井典型曲线的影响

5. 裂缝间距 y_{eD}

从图 7.21 可以看出，裂缝间距主要影响地层线性流及系统拟稳态流动段。在裂缝半长一定时，裂缝间距越小，即内外区面积越小，气体流动阻力越大，地层线性流及系统拟稳态流动段发生时间越早，无量纲拟压力导数曲线位置越靠上；裂缝间距越大，内外区面积越大，气体流动阻力越小，地层双线性流动阶段持续时间越长，有可能掩盖地层线性流阶段，且无量纲拟压力导数曲线位置越靠下。

6. 无量纲导压系数 η_{oD} 及 η_{FD}

从图 7.22 看出，无量纲外区导压系数主要影响地层线性流及系统拟稳态流动段。当内区导压能力一定时，导压系数越大，外区传递压力能力越强，系统到达拟稳态的时间越早。

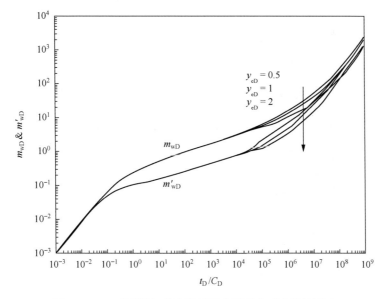

图 7.21　y_{eD} 对页岩气藏多段压裂水平井典型曲线的影响

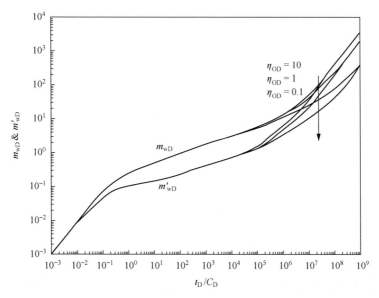

图 7.22　η_{OD} 对页岩气藏多段压裂水平井典型曲线的影响

从图 7.23 看出，无量纲人工裂缝区导压系数主要影响井筒储集后的过渡段。当内区导压能力一定时，导压力系数越大，裂缝区传递压力能力越强，相同时间内，压降越明显，反映在压力导数曲线上过渡段越高。

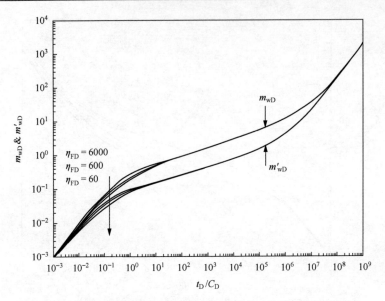

图 7.23　η_{FD} 对单重介质页岩气藏多段压裂水平井典型曲线的影响

7.3　小　　结

(1)煤层气直井试井典型曲线具有 3 个主要流动阶段：早期径向流动阶段，压力导数曲线出现第一水平段，该段反映了早期井筒附近的径向流动；拟稳态扩散阶段，随着地层压力的进一步降低，吸附于基质中煤层气扩散出来，相当于双重介质的窜流阶段。在压力导数图中表现为"V"形曲线；后期径向流阶段，当压降进一步向外传播，压力导数会出现第二个水平段。吸附因子主要影响导数曲线偏离直线段的时间，吸附因子值越大，导数曲线越早偏离直线段，且偏离的程度也越大。在实际测试中，很难观测到早期径向流阶段的水平段。

(2)煤层气水平井试井曲线形态与双重介质水平井特征类似,压力曲线出现下凹。吸附因子主要影响导数曲线上"V"字形状的深浅和径向流出现的时间，吸附因子越大，"V"形曲线越深，径向流出现的时间也越晚。

(3)页岩气水平井试井数学模型需要考虑页岩气的吸附、压裂裂缝的分布和导流能力，一般采用三线性模型。试井典型曲线具有 3 个主要流动阶段：裂缝系统与地层的双线性流阶段，压力与压力导数曲线平行，且是斜率为 1/4 的直线；地层线性流阶段，出现斜率为 1/2 的直线；系统的拟稳态流动阶段，压力与压力导数曲线上翘重合，且是斜率为 1 的直线。

(4)页岩气外区吸附解吸系数主要影响地层线性流以及系统拟稳态流动阶段。吸附解吸系数越大，吸附量越小，到达系统拟稳态流动时间越早；吸附解吸系数越小，吸附量越大，在压力下降过程中，供给的解吸气越多，且到达系统拟稳态流动时间较晚。裂缝导流系数越大，裂缝输送气体的能力越强，裂缝中的流动结束越早，容易出现双线性流和地层线性流，且过渡段、双线性及线性流段出现的时间越早；裂缝导流系数较小，裂缝输送气体的能力越差，裂缝流动与地层流动共存时间越长，甚至可能不出现地层线性流动阶段。

参 考 文 献

程时清, 陈平中. 1995. 利用试井压力描述储层非均质性. 石油与天然气地质, 16(3): 285-289.

程时清, 刘斌. 2014. 多段生产水平井试井解释方法. 中国海上油气, 26(6): 44-50.

程时清, 张利军, 李相方. 2009. 三重介质分支水平井试井分析. 水动力学研究与进展, 24(2): 127-132.

段永刚, 陈伟, 黄天虎, 等. 2007. 多分支井渗流和不稳定压力特征分析. 西安石油大学学报, 22(2): 136-139.

高杰, 张烈辉, 刘启国, 等. 2014. 页岩气藏压裂水平井三线性流试井模型研究. 水动力学研究与进展, A辑, 29(1): 108-113.

何应付, 刘先贵, 鲜保安, 等. 2006. 煤层气藏水平井渗流规律与压力动态分析. 煤田地质与勘探, 35(1): 41-45.

黄瑶, 程时清, 何佑伟, 等. 2016. 流量不均鱼骨状多分支水平井不稳定压力分析. 深圳大学学报(理工版), 33(2): 202-210.

孔祥言. 2010. 高等渗流力学. 第二版. 合肥: 中国科学技术大学出版社.

孔祥言, 徐献芝, 卢德唐. 1996. 各向异性油藏中分支水平井的压力分析. 天然气工业, 16(6): 26-29.

孔祥言, 徐献芝, 卢德唐. 1997. 分支水平井的样板曲线和试井分析. 石油学报, 3(18): 98-103.

李树松, 段永刚, 陈伟, 等. 2006. 压裂水平井多裂缝系统的试井分析. 大庆石油地质与开发, 25(3): 67-69.

刘斌, 程时清, 聂向荣, 等. 2013. 用等效水平段长度评价水平井损害程度. 石油勘探与开发, 40(3): 352-355.

刘能强. 2008. 实用现代试井解释方法. 第五版. 北京: 石油工业出版社.

刘晓旭, 杨学锋, 陈远林, 等. 2013. 页岩气分段压裂水平井渗流机理及试井分析. 天然气工业, 12: 66-81.

刘义坤, 阎宝珍, 翟云芳, 等. 1994. 均质复合油藏试井分析方法. 石油学报, 15(1): 92-100.

裘亦楠, 薛淑浩. 1994. 油气储层评价技术. 北京: 石油工业出版社.

石国新, 聂仁仕, 路建国, 等. 2012. 2区复合油藏水平井试井模型与实例解释. 西南石油大学学报(自然科学版), 34(5): 99-106.

王晓冬, 刘慈群. 1997a. 分支水平井三维不定常渗流研究. 石油大学学报, 2(21): 43-46.

王晓冬, 刘慈群. 1997b. 复合油藏中水平井压力分析. 石油学报, 18(2): 75-8.

王晓冬, 罗万静, 侯晓春, 等. 2014. 矩形油藏多段压裂水平井不稳态压力分析. 石油勘探与开发, 41(1): 74-78.

吴胜和, 熊琦华. 1998. 油气储层地质学. 北京: 石油工业出版社.

张利军, 程时清. 2009. 分支水平井试井压力分析. 石油钻采技术, 37(1): 23-28.

张义堂, 童宪章. 1991. 试井分析中有效井径模型、表皮效应模型及其压降解、样板曲线对比. 石油学报, 12(2): 51-59.

庄惠农. 2014. 气藏动态描述和试井. 第二版. 北京: 石油工业出版社.

Agarwal R G, Al-Hussainy R, Ramey J H J. 1970. An investigation of wellbore storage and skin effect in unsteady liquid flow: Ⅰ. analytical treatment. Society of Petroleum Engineers Journal, 10(3): 279-290.

Aguilera R, Ng M C. 1991. Transient pressure analysis of horizontal wells in anisotropic naturally fractured reservoirs. SPE Formation Evaluation, 6(1): 95-100.

Al Rbeawi S J H, Djebbar T. 2012. Transient pressure analysis of a horizontal well with multiple inclined hydraulic fractures using type-curve matching. SPE International Symposium and Exhibition on Formation Damage Control, Lafayette.

Al Rbeawi S J H, Tiab D. 2012. Effect of penetrating ratio on pressure behavior of horizontal wells with multiple-inclined hydraulic fractures. SPE Western Regional Meeting, Bakersfiled.

Al-Kaabl A A U, Mcvay D A, Lee J W. 1990. Using an expert system to identify a well-test-interpretation model. Journal of Petroleum Technology, 42(5): 654-661.

Al-Kobaisi M, Ozkan E, Kazemi H, et al. 1990. Pressure-transient-analysis of horizontal wells with transverse, finite-conductivity fractures. Canadian International Petroleum Conference, Calgary.

Al-Kobaisi M, Ozkan E, Kazemi H. 2006. A hybrid numerical/analytical model of a finite-conductivity vertical fracture intercepted by a horizontal well. SPE Reservoir Engineering & Evaluation, 24(10), 345-355.

Allain O F, Horne R N. 1990. Use of artificial intelligence in well-test interpretation. Journal of Petroleum Technology, 42(03): 342-349.

Al-Shamma B, Nicole H, Nurafza P R, et al. 2014. Evaluation of multi-fractured horizontal well performance: Babbage field case study. SPE Hydraulic Fracturing Technology Conference, The Woodlands.

Al-Thawad F, Agyapong D, Banerjee R, et al. 2004. Pressure transient analysis of horizontal wells in a fractured reservoir; gridding between art and science. SPE Asia Pacific Conference on Integrated Modelling for Asset Management, Kuala Lumpur.

Anderson D M, Nobakht M, Moghadam S, et al. 2010. Analysis of production data from fractured shale gas wells. SPE Unconventional Gas Conference, Pittsburgh.

Archer R A, Horne R N. 2000. The Green element method for numerical well test analysis. SPE Annual Technical Conference and Exhibition, Dallas.

Archer R A, Yildiz T T. 2001. Transient well index for numerical well test analysis. SPE Annual Technical Conference and Exhibition, New Orleans.

Aziz K. 2001. A general single-phase wellbore/reservoir coupling model for multilateral wells. SPE Reservoir Evaluation & Engineering, 4(4): 327-335.

Abdalhafid F, Djebbar T. 2003. Transient pressure behavior of lateral wells. SPE Offshore Europe 2003 Conference, Aberdeen.

Barenblatt G L, Yu P, Zheltov, 1960. Basic flow equations for homogeneous fluids in naturally fractured rocks. Dakl. Akad. Nauk USSR, 132(3): 545-548.

Barenblatt G I, Zheltov I P, Kochina I N. 1960. Basic concepts in the theory of seepage of homogeneous liquids in fissured rocks strata. Journal of Applied Mathematics and Mechanics, 24(5): 1286-1303.

Barua J, Kucuk F, Gomez-Angulo J. 1985. Application of computers in the analysis of well tests from fractured reservoirs. SPE California Regional Meeting, Bakersfield.

Barua J, Horne R N, Greenstadt J L, et al. 1988. Improved estimation algorithms for automated type-curve analysis of well tests. SPE Formation Evaluation, 3(1): 186-196.

Bettam Y, Zerzar A, Tiab D. 2005. Interpretation of multi-hydraulically fractured horizontal wells in naturally fractured reservoirs. SPE International Improved Oil Recovery Conference in Asia Pacific, Kuala Lumpur.

Blasingame T A, Johnston J L, Lee W J. 1989. Type-curve analysis using the pressure integral method. SPE California Regional Meeting, Bakersfield.

Bourdet D. 2007. 现代试井解释模型及应用. 张义堂, 李贵恩, 高朝阳, 等译. 北京: 石油工业出版社.

Bourdet D, Gringarten A C. 1980. Determination of fissure volume and block size in fractured reservoirs by type-curve analysis. SPE Annual Technical Conference and Exhibition, Dallas.

Bourdet D, Whittle T M, Douglas A A. 1983. A new set of type curves simplifies well test analysis. World Oil, 1983, 196(6): 95-106.

Brown M, Ozkan E, Raghavan R, et al. 2011. Practical solutions for pressure-transient responses of fractured horizontal wells in unconventional shale reservoirs. SPE Reservoir Evaluation & Engineering, 14(6): 663-676.

Carslaw H S, Jaeger J C. 1959. Conduction of Heat in Solids. Oxford: Clarendon Press.

Chen Z, Liao X, Zhao X, et al. 2015. Performance of horizontal wells with fracture networks in shale gas formation. Journal of Petroleum Science and Engineering, 133: 646-664.

Chen Z, Liao X, Zhao X, et al. 2016. A semianalytical approach for obtaining type curves of multiple-fractured horizontal wells with secondary-fracture networks. SPE Journal, 21(2): 538-549.

Cinco-Ley H, Meng H Z. 1988. Pressure transient analysis of wells with finite conductivity vertical fractures in double porosity reservoirs. SPE Annual Technical Conference and Exhibition, Houston.

Cinco-Ley H, Ramey J H J, Miller F G. 1975. Unsteady-state pressure distribution created by a well with an inclined fracture. Fall Meeting of the Society of Petroleum Engineers of AIME, Dallas.

Cinco-Ley H, Samaniego V, Dominguez A. 1978. Transient pressure behavior for a well with a finite-conductivity vertical fracture. Society of Petroleum Engineers Journal, 18(4): 253-264.

Cossio M, Moridis G, Blasingame T A. 2013. A semianalytic solution for flow in finite-conductivity vertical fractures by use of fractal theory. SPE Journal, 18(1): 83-96.

Crump K S. 1976. Numerical inversion of Laplace transforms using a Fourier series approximation. Journal of the ACM (JACM), 23(1): 89-96.

Chen C, Rajagopal R. 1997. A multiply-fractured horizontal well in a rectangular drainage region. SPE Journal, 2(04): 455-465.

Christian W, Durlofsky L J, Khalid A. 1999. An approximate model for the productivity of Non-conventional wells in heterogeneous reservoirs. SPE Annual Technical Conference and Exhibition, Houston.

Daviau F, Mouronval G, Bourdarot G, et al. 1988. Pressure analysis for horizontal wells. SPE Formation Evaluation, 3(4): 716-724.

De Carvalho R S, Rosa A J. 1988. Transient pressure behavior for horizontal wells in naturally fractured reservoir. SPE Annual Technical Conference and Exhibition, Houston.

Ding Y. 1996. A generalized 3D well model for reservoir simulation. SPE Journal, 1(4): 437-450.

Ding Y. 1999. Using boundary integral methods to couple a semi-analytical reservoir flow model and a wellbore flow model. SPE Symposium on Reservoir Simulation, Houston.

Ding Y, Jeannin L. 2001. New numerical schemes for the near-well modelling with discretization around the wellbore boundary using flexible grids. SPE Reservoir Simulation Symposium, Houston.

Duong A N. 1989. A new set of type curves for well-test interpretation with the pressure/pressure-derivative ratio. SPE Formation Evaluation, 4(2): 264-272.

Dongyan F, Jun Y, Hai S, et al. 2015. A composite model of hydraulic fractured horizontal well with stimulated reservoir volume in tight oil & gas reservoir[J]. Journal of Natural Gas Science and Engineering, 24: 115-123.

Earlougher R G, Kersch K M. 1972. Field examples of automatic transient test analysis. Journal of Petroleum Technology, 24(10): 1271-1277.

Earlougher R G, Kersch K M. 1974. Analysis of short-time transient test data by type-curve matching. Journal of Petroleum Technology, 24(10): 793-800.

Engler T W, Rajtar J M. 1992. Pressure transient testing of horizontal wells in coalbed reservoirs. SPE Rocky Mountain Regional Meeting, Casper.

Escobar F H, Tiab D. 2002. PEBI grid selection for numerical simulation of transient tests. SPE Western Regional/AAPG Pacific Section Joint Meeting, Anchorage.

Escobar F H, Tiab D, Berumen-Campos S. 2003. Well pressure behavior of a finite-conductivity fracture intersecting a finite sealing-fault. SPE Asia Pacific Oil and Gas Conference and Exhibition, Jakarta.

Fair J W B. 1981. Pressure buildup analysis with wellbore phase redistribution. Society of Petroleum Engineers Journal, 21 (2): 259-270.

Fletcher R. 2013. Practical methods of optimization. Hoboken: John Wiley & Sons.

Furui K, Zhu D, Hill A D. 2003. A rigorous formation damage skin factor and reservoir inflow model for a horizontal well (includes associated papers 88817 and 88818). SPE Production & Facilities, 18 (3): 151-157.

Giger F M. 1985. Horizontal wells production techniques in heterogeneous reservoirs. Middle East Oil Technical Conference and Exhibition, Bahrain.

Giger F M. 1987. Low-permeability reservoirs development using horizontal wells. Low Permeability Reservoirs Symposium, Denver.

Goode P A, Kuchuk F J. 1991. Inflow performance of horizontal wells. SPE Reservoir Engineering, 6 (3): 319-323.

Goode P A, Thambynayagam R K M. 1987. Pressure drawdown and buildup analysis of horizontal wells in anisotropic media. SPE Formation Evaluation, 2 (4): 683-697.

Gringarten A C. 1986. Computer-Aided well test analysis. International Meeting on Petroleum Engineering, Beijing.

Gringarten A C. 2008. From Straight Lines to Deconvolution: The evolution of the state of the art in well test analysis. SPE Reservoir Evaluation & Engineering, 11 (01): 41-62.

Gringarten A C, Ramey J H J. 1973. The use of source and Green's functions in solving unsteady-flow problems in reservoirs. Society of Petroleum Engineers Journal, 13 (5): 285-296.

Gringarten A C, Ramey J H J. 1974. Unsteady-state pressure distributions created by a well with a single horizontal fracture, partial penetration, or restricted entry. Society of Petroleum Engineers Journal, 14 (4): 413-426.

Gringarten A C, Ramey J H J. 1975. An approximate infinite conductivity solution for a partially penetrating line-source well. Society of Petroleum Engineers Journal, 15 (2): 140-148.

Gringarten A C, Ramey J H J, Raghavan R. 1974. Unsteady-state pressure distributions created by a well with a single infinite-conductivity vertical fracture. Society of Petroleum Engineers Journal, 14 (4): 347-360.

Gringarten A C, Ramey J H J, Raghavan R. 1975. Applied pressure analysis for fractured wells. Journal of Petroleum Technology, 27 (7): 887-892.

Gringarten A C, Bourdet D P, Landel P A, et al. 1979. A comparison between different skin and wellbore storage type-curves for early-time transient analysis. SPE Annual Technical Conference and Exhibition, Las Vegas.

Guo G, Evans R D. 1993. Pressure-transient behavior and inflow performance of horizontal wells intersecting discrete fractures. SPE Annual Technical Conference and Exhibition, Houston.

Guo G, Evans R D, Chang M M. 1994. Pressure-transient behavior for a horizontal well intersecting multiple random discrete fractures. SPE Annual Technical Conference and Exhibition, New Orleans.

Guppy K H, Cinco-Ley H, Ramey Jr H J. 1982. Non-Darcy flow in wells with finite-conductivity vertical fractures. Society of Petroleum Engineers Journal, 22 (5): 681-698.

Hawkins M F J. 1956. A note on the skin effect. Journal of Petroleum Technology, 8 (12): 65-66.

He Y, Cheng S, Li S, et al. 2017. A semianalytical methodology to diagnose the locations of underperforming hydraulic fractures through pressure-transient analysis in tight gas reservoir. SPE Journal, 22 (3): 924-939.

Hegeman P S, Hallford D L, Joseph J A. 1993. Well test analysis with changing wellbore storage. SPE Formation Evaluation, 8(3): 201-207.

Hegre T M, Larsen L. 1994. Productivity of multifractured horizontal wells. European Petroleum Conference, London.

Horne R N. 1994. Advances in computer-aided well test Interpretation. Journal of Petroleum Technology, 46(7): 599-606.

Horne R N, Temeng K O. 1995. Relative productivities and pressure transient modeling of horizontal wells with multiple fractures. Middle East Oil Show, Bahrain.

Horner D R. 1951. Pressure build-up in wells. Third Word Petroleum Conference, Hague.

Jasti J K, Penmatcha V R, Babu D K. 1997. Use of analytical solutions in improvement of simulator accuracy. SPE Annual Technical Conference and Exhibition, San Antonio.

Joshi S D. 1988. Augmentation of well productivity with slant and horizontal wells(includes associated papers 24547 and 25308). Journal of Petroleum Technology, 40(6): 729-739.

Karakas M, Yokoyama Y M, Arima E M. 1991. Well test analysis of a well with multiple horizontal drainholes. Middle East Oil Show, Bahrain.

Kong X Y, Xu X Z, Lu D T. 1996. Pressure transient analysis for horizontal well and multi-branched horizontal wells. International Conference on Horizontal Well Technology, Calgary.

Kuchuk F J. 1995. Well testing and interpretation for horizontal wells. Journal of Petroleum technology, 47(1): 36-41.

Kuchuk F J. 1996. Pressure behavior of horizontal wells in multilayer reservoirs with crossflow. SPE Formation Evaluation, 11(1): 55-64.

Kuchuk F J, Kirwan P A. 1987. New skin and wellbore storage type curves for partially penetrated wells. SPE Formation Evaluation, 2(4): 546-554.

Kuchuk F J, Habusky T M. 1994. Pressure behavior of horizontal wells with multiple fractures. Tulsa: University of Tulsa Centennial Petroleum Engineering Symposium.

Kuchuk F J, Goode P A, Brice B W, et al. 1990. Pressure-transient analysis for horizontal wells. Journal of Petroleum Technology, 42(8): 974-1, 031.

Kuchuk F J, Goode P A, Wilkinson D J, et al. 1991. Pressure-transient behavior of horizontal wells with and without gas cap or aquifer. SPE Formation Evaluation, 6(1): 86-94.

Kumar A, Ramey H J. 1974. Well-test analysis for a well in a constant-pressure square. Society of Petroleum Engineers Journal, 14(2): 107-116.

Kuppe F, Settari A. 1998. A practical method for theoretically determining the productivity of multi-fractured horizontal wells. Journal of Canadian Petroleum Technology, 37(10): 68-81.

Larsen L. 2000. Pressure-transient behavior of multibranched wells in layered reservoirs. SPE Reservoir Evaluation & Engineering, 3(1): 68-73.

Larsen L, Hegre T M. 1991. Pressure-transient behavior of horizontal wells with finite-conductivity vertical fractures. International Arctic Technology Conference, Alaska.

Larsen L, Hegre T M. 1994. Pressure transient analysis of multifractured horizontal wells. SPE Annual Technical Conference and Exhibition, New Orleans.

Lee J, Rollins J B, Spivey J P. 2003. Pressure Transient Testing. Henry L. Doherty Memorial Fund of AIME Society of Petroleum.

Lee S T, Brockenbrough J R. 1986. A new approximate analytic solution for finite-conductivity vertical fractures. SPE Formation Evaluation, 1(1): 75-88.

Levitan M M. 2003. Practical application of pressure-rate deconvolution to analysis of real well tests. SPE Annual Technical Conference and Exhibition, Denver.

Levitan M M. 2007. Deconvolution of multiwell test data. SPE Journal, 12(4): 420-428.

Levitan M M, Crawford G E, Hardwick A. 2006. Practical considerations for pressure-rate deconvolution of well test data. SPE Journal, 11(1): 35-47.

Levitan M M, Wilson M R. 2012. Deconvolution of pressure and rate data from gas reservoirs with significant pressure depletion. SPE Journal, 17(3): 727-741.

Lu P. 1998. Horizontal and slanted wells in layered reservoirs with crossflow. Palo Alto: Stanford University.

Mattar L. 1999. Derivative analysis without type curves. Journal of Canadian Petroleum Technology, 38(13).

Mckinley R M. 1971. Wellbore transmissibility from afterflow-dominzted pressure build data.Journal of Petroleum Technology, 251(7): 863-872.

Miller C G, Dyes A B, Hytcginson C A. 1950. The estimation of permeability and reservoir pressure from bottom-hole pressure build-up charcteristics. Transaction of American Institute of Mining, Metallurgical, and Petroleum Engineers, 189: 91-104.

Mukherjee H, Economides M J. 1991. A parametric comparison of horizontal and vertical well performance. SPE Formation Evaluation, 6(2): 209-216.

Muskat M. 1937. The Flow of Homogeneous Fluid through Porous Media. New York: McGraw-Hill Book Co., Inc.

Nnadi M, Onyekonwu M. 2004. Numerical Welltest Analysis. Nigeria Annual International Conference and Exhibition, Abuja.

Obinna E D, Alpheus I O. 2013. Pressure testing of segmented horizontal wells in anisotropic composite reservoirs. SPE Nigeria Annual International Conference and Exhibition, Lagos.

Odeh A S, Babu D K. 1989. Transient flow behavior of horizontal wells, pressure drawdown, and buildup analysis. SPE California Regional Meeting, Bakerfield.

Onur M, Reynolds A C. 1988. A new approach for constructing derivative type curves for well test analysis. SPE formation evaluation, 3(1): 197-206.

Onur M, Yeh N, Reynolds A C. 1989. New applications of the pressure derivative in well-test analysis. SPE Formation Evaluation, 4(3): 429-437.

Ouyang L B, Aziz K. 1998. A simplified approach to couple wellbore flow and reservoir inflow for arbitrary well configurations. SPE Annual Technical Conference and Exhibition, New Orleans.

Ouyang L B, Thomas L K, Evans C E, et al. 1997. Simple but accurate equations for wellbore pressure drawdown calculation. SPE Western Regional Meeting, Long Beach.

Ozkan E. 1994. New solutions for well-test-analysis problems: part III-additional algorithms. SPE Annual Technical Conference and Exhibition, New Orleans.

Ozkan E, Raghavan R. 1990. Performance of horizontal wells subject to bottomwater drive. SPE reservoir Engineering, 5(3): 375-383.

Ozkan E, Raghavan R. 1991a. New solutions for well-test-analysis problems: Part 2 computational considerations and applications. SPE Formation Evaluation, 6(3): 369-378.

Ozkan E, Raghavan R. 1991b. New solutions for well-test-analysis problems: Part 1-analytical considerations(Iincludes associated papers 28666 and 29213). SPE Formation Evaluation, 6(3): 359-368.

Ozkan E, Raghavan R. 1991c. Supplement to new solutions for well-test-analysis problems: Part 1—analytical considerations.

Ozkan E, Brown M L, Raghavan R, et al. 2011. Comparison of fractured-horizontal-well performance in tight sand and shale reservoirs. SPE Reservoir Evaluation & Engineering, 14(2): 248-259.

Ozkan E, Raghavan R, Joshi S D. 1987. Horizontal well pressure analysis. SPE California Regional Meeting, Ventura.

Ozkan E, Raghavan R, Joshi S D. 1989. Horizontal well pressure analysis. SPE Formation Evaluation, 4(4): 567-575.

Ozkan E, Sarica C, Haciislamoglu M, et al. 1995. Effect of conductivity on horizontal well pressure behavior. SPE Advanced Technology Series, 3(1): 85-94.

Ozkan E, Yildiz T, Kuchuk F. 1998. Transient pressure behavior of dual-lateral wells. SPE Journal, 3(2): 181-190.

Padmanabhan L. 1979. Welltest-a program for computer-aided analysis of pressure transients data from well tests. SPE Annual Technical Conference and Exhibition, Las Vegas.

Penmatcha V R, Aziz K. 1998. A comprehensive reservoir/wellbore model for horizontal wells. SPE India Oil and Gas Conference And Exhibition, New Delhi.

Pierce H R, Rawlines E L. 1929. The study of fundamental basis for controlling and gauging natural gas wells. US Bur. Mines RI 2929.

Puchyr P J. 1991. A numerical well test model. Low Permeability Reservoirs Symposium, Denver.

Qasem F H, Nashawi I S, Mir M I. 2001. A new method for the detection of wellbore phase redistribution effects during pressure transient analysis. SPE Production and Operations Symposium, Oklahoma.

Raghavan R S, Chen C C, Agarwal B. 1997. An analysis of horizontal wells intercepted by multiple fractures. SPE Journal, 2(3): 235-245.

Raghavan R, Joshi S D. 1993. Productivity of multiple drainholes or fractured horizontal wells. SPE Formation Evaluation, 8(1): 11-16.

Raghavan R, Ambastha A K. 1998. An assessment of the productivity of multilateral completions. Journal of Canadian Petroleum Technology, 37(10): 58-67.

Ramey H J. 1970. Approximate solutions for unsteady liquid flow in composite reservoirs. Journal of Canadian Petroleum Technology, 9(1).

Ramey Jr H J. 1976. Practical use of modern well test analysis. SPE California Regional Meeting, Long Beach.

Ramey Jr H J. 1996. Application of the line source solution to flow in porous media-a review. SPE-AIChE Joint Symposium, Dallas.

Rawlins E L, Schellhardt M A. 1936. Backpressure Data on natural gas wells and their application to production practices, U. S. Bureauni of Mines, Monograph7.

Rees H R, Foot J, Heddle R. 2011. Automated Pressure Transient Analysis with Smart Technology. SPE Digital Energy Conference and Exhibition, The Woodlands.

Riley M F, Brigham W E, Horne R N. 1991. Analytical solutions for elliptical finite-conductivity fractures. SPE Annual Technical Conference and Exhibition, Dallas.

Ruben J, Patzek T W. 2003. Multiscale numerical modeling of three-phase flow. SPE Annual Technical Conference and Exhibition, Denver.

Rosa A J, Horne R N. 1983. Automated type-curve matching in well test analysis using Laplace space determination of parameter gradients. SPE Annual Technical Conference and Exhibition, San Francisco.

Rosa A J, Carvalho R S. 1989. A mathematical model for pressure evaluation in an Infinite-conductivity horizontal well. SPE Formation Evaluation, 4(04): 559-566.

Rosa A J, Horne R N. 1996. New approaches for robust nonlinear parameter estimation in atomated well test analysis using the least absolute value criterion. SPE Annual Technical Conference and Exhibition, Houston.

Schroeter T V, Gringarten A C. 2009. Superposition principle and reciprocity for pressure transient analysis of data from interfering wells. SPE Journal, 14(3): 488-495.

Schroeter T, Hollaender F, Gringarten A. 2001. Deconvolution of well test data as a nonlinear total least squares problem. SPE Annual Technical Conference and Exhibition, New Orleans.

Schroeter T, Florian H, Gringarten A. 2002. Analysis of well test data from permanent downhole gauges by deconvolution. SPE Annual Technical Conference and Exhibition, San Antonio.

Schroeter T, Hollaender F, Gringarten A. 2004. Deconvolution of well test data as a nonlinear total least squares problem. SPE Journal, 9(9): 375-390.

Schulte W M. 1986. Production from a fractured well with well inflow limited to part of the fracture height. SPE Production Engineering, 1(5): 333-343.

Shi Y, Eberhart R. 1998. A modified particle swarm optimizer. The 1998 IEEE International Conference on Computational Intelligence.

Soliman M Y, Hunt J L, Rabaa A M E. 1990. Fracturing Aspects of Horizontal Wells. Journal of Petroleum Technology, 42(8): 966-973.

Spivey J P, Lee W J. 1998. New solutions for pressure transient response for a horizontal or a hydraulically fractured well at an arbitrary orientation in an anisotropic reservoir. SPE Annual Technical Conference and Exhibition, New Orleans.

Spivey J P, Lee W J. 1999. Variable wellbore storage models for a dual-volume wellbore. SPE Annual Technical Conference and Exhibition, Houston.

Spivey J P, Lee W J. 2016. 实用试井解释方法. 韩永新, 孙贺东, 邓兴梁, 等译. 北京: 石油工业出版社.

Stalgorova E, Mattar L. 2012. Practical analytical model to simulate production of horizontal wells with branch fractures. SPE Canadian Unconventional Resources Conference, Calgary.

Stehfest H. 1970. Algorithm 368: Numerical inversion of Laplace transforms. Communications of the ACM, 13(1): 47-49.

Theis C V. 1935. The relation between the lowering of the Piezometric surface and the rate and duration of discharge of a well using ground-water storage. EOS Transactions American Geophysical Union, 16(2): 519-524.

Tiab D. 1989. Direct type-curve synthesis of pressure transient tests. Low Permeability Reservoirs Symposium, Denver.

Tiab D. 1995. Analysis of pressure and pressure derivative without type-curve matching-Skin and wellbore storage. Journal of Petroleum Science and Engineering, 12(3): 171-181.

Tiab D, Crichlow H B. 1979. Pressure analysis of multiple-sealing-fault systems and bounded reservoirs by type-curve matching. Society of Petroleum Engineers Journal, 19(6): 378-392.

Tsang C F, Narasimhan T N, Witherspoon P A. 1977. Variable flow well test analysis by a computer assisted matching procedure. SPE California Regional Meeting, Bakersfield.

Valko P P, Amini S. 2007. The method of distributed volumetric sources for calculating the transient and pseudosteady-state productivity of complex well-fracture configurations. SPE Hydraulic Fracturing Technology Conference, College Station.

Valkó P, Economides M J. 1996. Performance of a longitudinally fractured horizontal well. SPE Journal, 1(1): 11-19.

Van Everdingen A F. 1953. The skin effect and its influence on the productive capacity of a well. Journal of Petroleum technology, 5(6): 171-176.

Van Everdingen A F, Hurst W. 1949. The application of the Laplace transformation to flow problem in reservoirs. Journal of Petroleum Technology, 1(12): 305-324.

Vicente R, Sarica C, Ertekin T. 2000. A numerical model coupling reservoir and horizontal well flow dynamics: Transient behavior of single-phase liquid and gas flow. SPE/CIM International Conference on Horizontal Well Technology, Calgary.

Vongvuthipornchai S, Raghavan R. 1988. A note on the duration of the transitional period of responses influenced by wellbore storage and skin. SPE formation evaluation, 3(1): 207-214.

Wan J, Aziz K. 1999. Multiple hydraulic fractures in horizontal wells. SPE Western Regional Meeting, Anchorage.

Warren J E, Root P J. 1963. The behavior of naturally fractured reservoirs. Society of Petroleum Engineers Journal, 3(3): 245-255.

Watson A T, Lee W J. 1986. A new algorithm for automatic history matching production data. SPE Unconventional Gas Technology Symposium, Louisville.

Wooden B, Azari M, Soliman M. 1992. Well test analysis benefits from new method of Laplace space inversion. Oil and Gas Journal, 90(29).

Yang D, Zhang F, Styles J A, et al. 2015. Performance evaluation of a horizontal well with multiple fractures by use of a slab-source function. SPE Journal, 20(3): 652-662.

Yao S, Zeng F, Liu H. 2013. A semi-analytical model for hydraulically fractured wells with stress-sensitive conductivities. SPE Unconventional Resources Conference Canada, Calgary.

Yeh N S, Agarwal R G. 1988. Development and application of new type curves for pressure transient analysis. International Meeting on Petroleum Engineering, Tianjing.

Yildiz T. 2000. Multilateral Pressure-transient response. SPE/CIM International Conference on Horizontal Well Technology, Calgary.

Zerzar A, Bettam Y. 2004. Interpretation of multiple hydraulically fractured horizontal wells in closed systems. Canadian International Petroleum Conference, Calgary.

Zerzar A, Tiab D, Bettam Y. 2004. Interpretation of multiple hydraulically fractured horizontal wells. Abu Dhabi International Conference and Exhibition, Abu Dhabi.

Zhao Y L, Zhang L H, Luo J X, et al. 2014. Performance of fractured horizontal well with stimulated reservoir volume in unconventional gas reservoir. Journal of Hydrology, 512: 447-456.

Zheng S, Corbett P, Stewart G. 1996. The impact of variable formation thickness on pressure transient behavior and well test permeability in fluvial meander loop reservoirs. SPE Annual Technical Conference and Exhibition, Denver.